国家级重点技工学校推荐教材

焊接无损检测

主　编　陈　萍
副主编　王　臻
主　审　谢　荣

HEUP 哈爾濱工程大學出版社

内容简介

本教材重点介绍焊接质量外观检查、射线探伤、超声波、磁力探伤等检测工艺及规范。内容包括：认知焊接无损检测、识别及预防焊接缺陷、焊接部件缺陷外观检验、射线探伤、超声波探伤、磁粉探伤、渗透探伤、其他焊接检验。

本书可供职业技术学校、职业培训学校、高职高专及成人高校的焊接技术、机械制造等专业的师生使用，也可供从事与焊接技术相关的工程技术人员、管理人员学习参考。

图书在版编目(CIP)数据

焊接无损检测/陈萍主编. —哈尔滨：哈尔滨工程大学出版社，2015.6
ISBN 978-5661-0947-7

Ⅰ. ①焊…　Ⅱ. ①陈…　Ⅲ. ①焊接缺陷-无损检验
Ⅳ. ①TG441.7

中国版本图书馆 CIP 数据核字(2015)第 116021 号

出版发行　哈尔滨工程大学出版社
社　　址　哈尔滨市南岗区东大直街 124 号
邮政编码　150001
发行电话　0451-82519328
传　　真　0451-82519699
经　　销　新华书店
印　　刷　哈尔滨市石桥印务有限公司
开　　本　787mm×1 092mm　1/16
印　　张　13.75
字　　数　357 千字
版　　次　2015 年 6 月第 1 版
印　　次　2015 年 6 月第 1 次印刷
定　　价　29.00 元
http://www.hrbeupress.com
E-mail:heupress@hrbeu.edu.cn

教材编写委员会

教材审定行业专家委员会

前　言

本教材从现代高等职业人才培养目标出发，注重教学内容的实用性，根据焊接无损检测技术岗位需要，结合生产实际组织教材内容。本教材在编写过程中，结合现行的生产检验标准，引用大量生产案例，并将焊接检验理论知识及技能操作有机组合，依照“项目式任务驱动”进行编写。本书是针对三年制中等职业教育编写的，二年制的也可参考使用。同时，本书还适用于船舶企业焊接无损检测的培训和自学以及其他形式的职业教育。

焊接无损检测是焊接技术及自动化专业重要的专业课程之一，按照焊接无损检测课程标准要求而编写。本书按项目式教材编写，共分八个项目，主要内容包括：认知焊接无损检测、识别及预防焊接缺陷、焊接部件缺陷外观检验、射线探伤、超声波探伤、磁粉探伤、渗透探伤及其他焊接检验等方面的知识。

本书由陈萍任主编，撰写项目一、三、五、六、八，并负责全书的组织、设计、统稿；由王臻任副主编，撰写项目二、四、七；本书由江苏海事职业技术学院谢荣担任主审，中国船级社南京分社参与编写和指导，在此表示衷心感谢！

由于编者水平有限，书中有疏漏甚至错误之处，敬请读者批评指正，以便在今后的教学和再版修订中改正。

编　者

2014 年 9 月

目　　录

项目一　认知焊接无损检测

［开篇案例］

2013 年，我国的辽宁号航空母舰正式列装海军，新华网的一则报道引人深思："监造航母过程中，有数千千米的焊缝需要检验。遇到狭小舱室和管路通道，军代表们需要钻进去爬行检验探伤，确保不留任何安全质量隐患"。这充分说明焊接技术和其他制造技术一样，对于我国工业和国防建设的影响是巨大的。现实要求我们认真学习、掌握先进的焊接技术，同时也要不断探索新的焊接方法、创新技术，更好地为国民经济服务。

为什么焊缝检验数量如此之大？采取何种焊接检验方法？如何评定焊接质量？

在我国有 40% 以上的钢材都用于制造焊接结构生产，在航空航天、海洋工程、船舶建造、原子能、石油化工、电子技术、交通、电力和机械制造等诸多领域，焊接已成为最主要、最关键的生产技术。

焊接方法类别较多，不同焊接技术使用的能源和方式不同，焊接生产过程也千差万别。为及时发现焊接构件和焊接接头中的焊接缺陷，避免或减少焊接缺陷产生，保证焊接结构与产品质量及装备安全，生产过程中必须进行焊接检验。

任务 1　初识焊接无损检测

［知识目标］

1. 了解焊接检验的作用。
2. 掌握 pWPS，WPQR 和 WPS 之间的关系。

［能力目标］

掌握各检测手段的基本特征及应用。

焊接无损检测是以近代物理学、化学、力学、电子学和材料科学为基础的焊接学科之一，是按照规范条例来控制焊接质量的关键手段。焊接无损检测的本质，是利用调查、检查、度量、试验和监测等方法，将产品的焊接质量同其使用要求不断进行比较的过程。

一、概述

1. 焊接无损检测原理

焊接无损检测是指在不损害或不影响被检测对象的使用性能，不伤害被检测对象内部组织的前提下，利用焊接材料内部结构异常或缺陷存在引起的热、声、光、电、磁等反应的变化，以物理或化学方法为手段，借助现代化的技术和设备器材，对试件内部及表面的结构、性质、状态及缺陷的类型、性质、数量、形状、位置、尺寸、分布及其变化进行检查和测试的方法。焊接无损检测是工业发展必不可少的技术手段,在一定程度上反映了一个国家的焊接技术发展水平,焊接无损检测的重要性已得到公认,主要有射线检验(RT)、超声检测(UT)、磁粉检测(MT)和液体渗透检测(PT) 四种。其他焊接无损检测方法有涡流检测(ECT)、声发射检测(AE)、热像/红外(TIR)、泄漏试验(LT)、交流场测量技术(ACFMT)、漏磁检验(MFL)、远场测试检测方法(RFT)、超声波衍射时差法(TOFD)等。

2. 焊接无损检测的特点

焊接无损检测是利用物质的声、光、磁和电等特性,在不损害或不影响被检测对象使用性能的前提下,检测被检对象中是否存在缺陷或不均匀性,给出缺陷大小、位置、性质和数量等信息。与破坏性检测相比,无损检测有以下特点:第一,具有非破坏性。因为它在做检测时不会损害被检测对象的使用性能。第二,具有全面性。由于检测是非破坏性的,因此必要时可对被检测对象进行100%的全面检测,这是破坏性检测办不到的。第三,具有全程性。破坏性检测一般只适用于对原材料进行检测,如机械工程中普遍采用的拉伸、压缩、弯曲等试验。破坏性检验都是针对制造用原材料进行的,对于产成品和在用品,除非不准备让其继续服役,否则是不能进行破坏性检测的,而无损检测因不损坏被检测对象的使用性能。所以,它不仅可对制造用原材料、各中间工艺环节、最终产成品进行全程检测,也可对服役中的设备进行检测。

焊接无损检测具有以下工艺特点:

(1)非破坏性

非破坏性是指在获得检测结果的同时,除了剔除不合格品外,不损失零件。因此,检测规模不受零件多少的限制,既可抽样检验,又可在必要时采用普检。因而,更具有灵活性(普检、抽检均可)和可靠性。

(2)互容性

互容性是指检验方法的互容性,即同一零件可同时或依次采用不同的检验方法,而且又可重复地进行同一检验。这也是非破坏性带来的好处。

(3)动态性

动态性是指无损检测探伤方法可对使用中的零件进行检验,而且能够适时考察产品运行期的累计影响。因而,可查明结构的失效机理。

(4)严格性

严格性是指焊接无损检测技术的严格性。首先无损检测需要专用仪器、设备,同时也需要经过专门训练的检验人员,按照严格的规程和标准进行操作。

(5)检验结果的分歧性

检验结果的分歧性是指不同的检测人员对同一试件的检测结果可能有分歧。特别是在超声波检验时,同一检验项目要由两个检验人员来完成。需要“会诊”。

二、焊接无损检测形式

焊接无损检测方法很多,据美国国家宇航局调研分析,认为可分为6大类约70余种,但在实际应用中比较常见的有以下几种:

1. 目视检测(VT)

目视检测,在国内实施的比较少,但在国际上是非常重视的无损检测第一阶段首要方法。按照国际惯例,目视检测要先做,以确认不会影响后面的检验,再接着做四大常规检验。例如BINDT的PCN认证,就有专门的VT1,2,3级考核,更有专门的持证要求。目视检测常常用于目视检查焊缝，焊缝本身有工艺评定标准，都是可以通过目测和直接测量尺寸来做初步检验，发现咬边等不合格的外观缺陷，就要先打磨或者修整，之后才做其他深入的仪器检测。例如，接件表面和铸件表面目视检测做得比较多，而锻件就很少，并且其检查标准是基本相符的。

2. 射线照相法（RT）

射线照相法是指用 X 射线或 γ 射线穿透试件，以胶片作为记录信息器材的无损检测方法，该方法是最基本的、应用最广泛的一种非破坏性检验方法。

原理：射线能穿透肉眼无法穿透的物质使胶片感光，当 X 射线或 γ 射线照射胶片时，与普通光线一样，能使胶片乳剂层中的卤化银产生潜影，由于不同密度的物质对射线的吸收系数不同，照射到胶片各处的射线强度也就会产生差异，便可根据暗室处理后的底片各处黑度差来判别缺陷。

总的来说，RT 的定性更准确，有可供长期保存的直观图像，总体成本相对较高，而且射线对人体有害，检验速度会较慢。

3. 超声波检测（UT）

超声波检测是通过超声波与试件相互作用，就反射、透射和散射的波进行研究，对试件进行宏观缺陷检测、几何特性测量、组织结构和力学性能变化的检测和表征，进而对其特定应用性进行评价的技术，参见图 1－1。

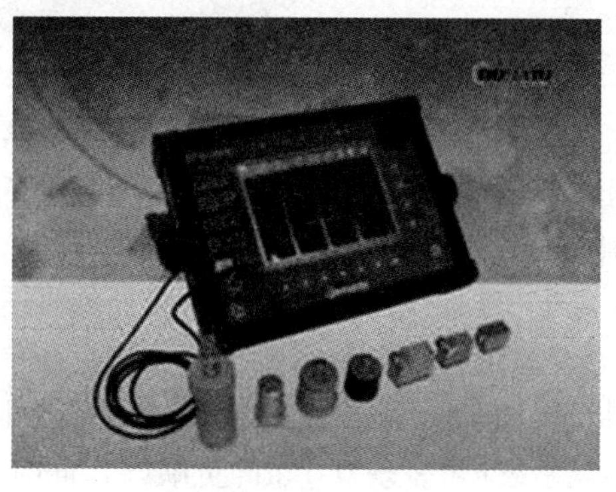

图 1－1　超声波检测

超声波检测适用于金属、非金属和复合材料等多种试件的无损检测，可对较大厚度的试件内部缺陷进行检测。如对金属材料，可检测厚度为 1 ~ 2 mm 的薄壁管材和板材，也可检测几米长的钢锻件，而且缺陷定位较准确，对面积型缺陷的检出率较高，灵敏度高，可检测试件内部尺寸很小的缺陷，并且检测成本低、速度快，设备轻便，对人体及环境无害，现场使用较方便；但其对具有复杂形状或不规则外形的试件进行超声波检测有困难，并且缺陷的位置、取向和形状以及材质和晶粒度都对检测结果有一定影响，检测结果也无直接见证记录。

4. 磁粉检测（MT）

磁粉检测是通过铁磁性材料和工件被磁化后，由于不连续性的存在，使工件表面和近表面的磁力线发生局部畸变而产生漏磁场，吸附施加在工件表面的磁粉，形成在合适光照下目视可见的磁痕，从而显示出不连续性的位置、形状和大小的检测，参见图 1－2。

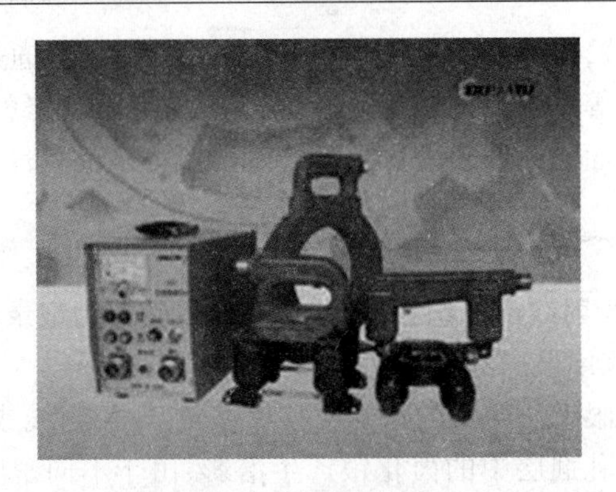

图1-2　磁粉检测

磁粉探伤适用于检测铁磁性材料表面和近表面尺寸很小、间隙极窄(如可检测出长0.1 mm、宽为微米级的裂纹)、目视难以看出的不连续性,也可对原材料、半成品、成品工件和在役的零部件检测,还可对板材、型材、管材、棒材、焊接件、铸钢件及锻钢件进行检测,可发现裂纹、夹杂、发纹、白点、折叠、冷隔和疏松等缺陷。

但磁粉检测不能检测奥氏体不锈钢材料和用奥氏体不锈钢焊条焊接的焊缝,也不能检测铜、铝、镁、钛等非磁性材料。对于表面浅的划伤、埋藏较深的孔洞和与工件表面夹角小于20°的分层和折叠难以发现。

5. 渗透检测(PT)

原理:零件表面被施涂含有荧光染料或着色染料的渗透剂后,在毛细管作用下,经过一段时间,渗透液可以渗透进表面开口缺陷中。经去除零件表面多余的渗透液后,再在零件表面施涂显像剂,同样,在毛细管的作用下,显像剂将吸引缺陷中保留的渗透液,渗透液回渗到显像剂中,在一定的光源下(紫外线光或白光),缺陷处的渗透液痕迹被显示(黄绿色荧光或鲜艳红色),从而探测出缺陷的形貌及分布状态。

渗透检测可检测各种材料,如金属、非金属材料,磁性、非磁性材料,检测焊接、锻造、轧制等加工方式;具有较高的灵敏度(可发现0.1 μm宽缺陷),同时具有显示直观、操作方便、检测费用低等优点。

渗透检测也有局限,它只能检出表面开口的缺陷,不适于检查多孔性疏松材料制成的工件和表面粗糙的工件;只能检出缺陷的表面分布,难以确定缺陷的实际深度,因而很难对缺陷做出定量评价;检出结果受操作者的影响也较大。

6. 涡流检测(ECT)

涡流检测是将通有交流电的线圈置于待测的金属板上或套在待测的金属管外。这时线圈内及其附近将产生交变磁场,使试件中产生呈旋涡状的感应交变电流,称为涡流。涡流的分布和大小,除与线圈的形状和尺寸、交流电流的大小和频率等有关外,还取决于试件的电导率、磁导率、形状和尺寸、与线圈的距离以及表面有无裂纹缺陷等。因而,在保持其他因素相对不变的条件下,用一探测线圈测量涡流所引起的磁场变化,可推知试件中涡流的大小和相位变化,进而获得有关电导率、缺陷、材质状况和其他物理量(如形状、尺寸等)的变化或缺陷存在等信息。但由于涡流是交变电流,具有集肤效应,所检测到的信息仅能反映试件表面或近表面处的情况。

按试件的形状和检测目的的不同,可采用不同形式的线圈,通常有穿过式、探头式和插入式线圈3种。穿过式线圈用来检测管材、棒材和线材,它的内径略大于被检物件,使用时使被检物体以一定的速度在线圈内通过,可发现裂纹、夹杂、凹坑等缺陷。探头式线圈适用于对试件进行局部探测。应用时线圈置于金属板、管或其他零件上,可检查飞机起落撑杆内筒上和涡轮发动机叶片上的疲劳裂纹等。插入式线圈也称内部探头,放在管子或零件的孔内用来做内壁检测,可用于检查各种管道内壁的腐蚀程度等。为了提高检测灵敏度,探头式和插入式线圈大多装有磁芯。涡流法主要用于生产线上的金属管、棒、线的快速检测以及大批量零件,如轴承钢球、气门等的探伤(这时除涡流仪器外尚需配备自动装卸和传送的机械装置)、材质分选和硬度测量,也可用来测量镀层和涂膜的厚度。

优缺点:涡流检测时线圈不需与被测物直接接触,可进行高速检测,易于实现自动化,但不适用于形状复杂的零件,而且只能检测导电材料的表面和近表面缺陷,检测结果也易于受到材料本身及其他因素的干扰。

7. 声发射(AE)

通过接收和分析材料的声发射信号来评定材料性能或结构完整性的无损检测方法。材料中因裂缝扩展、塑性变形或相变等引起应变能快速释放而产生的应力波现象称为声发射。1950年联邦德国J. 凯泽对金属中的声发射现象进行了系统的研究。1964年美国首先将声发射检测技术应用于火箭发动机壳体的质量检验并取得成功。此后,声发射检测方法获得迅速发展。这是一种新增的无损检测方法,通过材料内部的裂纹扩张等发出的声音进行检测。主要用于检测在用设备、器件的缺陷,即缺陷发展情况,以判断其良好性。

声发射技术的应用已较广泛。可以用声发射鉴定不同范性变形的类型,研究断裂过程并区分断裂方式,检测出小于0.01 mm长的裂纹扩展,研究应力腐蚀断裂和氢脆,检测马氏体相变,评价表面化学热处理渗层的脆性,以及监视焊后裂纹产生和扩展等。在工业生产中,声发射技术已用于压力容器、锅炉、管道和火箭发动机壳体等大型构件的水压检验,评定缺陷的危险性等级,做出实时报警。在生产过程中,用PXWAE声发射技术可以连续监视高压容器、核反应堆容器和海底采油装置等构件的完整性。声发射技术还应用于测量固体火箭发动机火药的燃烧速度和研究燃烧过程,检测渗漏,研究岩石的断裂,监视矿井的崩塌,并预报矿井的安全性。

8. 超声波衍射时差法(TOFD)

TOFD技术于20世纪70年代由英国哈威尔的国家无损检测中心Silk博士首先提出,其原理源于Silk博士对裂纹尖端衍射信号的研究。在同一时期我国中科院也检测出了裂纹尖端衍射信号,发展出一套裂纹测高的工艺方法,但并未发展出现在通行的TOFD检测技术。TOFD技术首先是一种检测方法,但能满足这种检测方法要求的仪器却迟迟未能问世。详细情况在下一部分内容进行讲解。TOFD要求探头接收微弱的衍射波时达到足够的信噪比,仪器可全程记录A扫波形,形成D扫描图谱,并且可用解三角形的方法将A扫时间值换算成深度值。而同一时期工业探伤的技术水平没能达到可满足这些技术要求的水平。直到20世纪90年代,计算机技术的发展使得数字化超声探伤仪发展成熟后,研制便携、成本可接受的TOFD检测仪才成为可能。但即便如此,TOFD仪器与普通A超仪器之间还是存在很大的技术差别。TOFD仪器是一种依靠从待检试件内部结构(主要是指缺陷)的“端角”和“端点”处得到的衍射能量来检测缺陷的方法,用于缺陷的检测、定量和定位。

9. 非常规检测方法

除以上指出的8种,还有以下3种非常规检测方法值得注意:泄漏检测(Leak Testing,

缩写 LT)、相控阵检测(Phased Array,缩写 PA)、导波检测(Guided Wave Testing)。

三、焊接无损检测的意义和应用

随着现代工业的发展,对产品质量、结构安全和使用可靠性提出了越来越高的要求,由于无损检测技术不破坏试件、检测灵敏度高等特点,所以其应用日益广泛,目前无损检测技术不仅应用于锅炉压力容器的制造检验和在用检验,而且在国内许多行业和部门都得到了广泛的应用。例如在航空航天、船舶、铁道、机械、冶金、石油天然气、石化、化工、电力、核工业、兵器、煤炭、有色金属和建筑等领域都得到了广泛的应用。以上列举的行业中,都是关系到国计民生、国民经济发展、人民生命和财产安全的行业,所以了解无损检测的目的和意义以及如何准确地应用无损检测技术尤为重要。

1. 焊接无损检测的意义

应用无损检测技术的目的和意义主要体现在以下几个方面:

(1)确保焊接结构制造产品质量

应用无损检测技术,可以探测到肉眼无法看见的试件内部的缺陷;在对焊接结构试件表面质量进行检验时,通过无损检测的方法可以探测出许多肉眼很难看见的细小缺陷。由于无损检测技术对缺陷检测应用范围广,灵敏度高,检测结果可靠性好,因此利用焊接无损检测,可以有效控制缺陷和预防废品,以避免不合格品出厂。另外,在使用过程中利用检验手段不断进行监测,可保证焊接产品能在规定的使用条件下安全运行并保证预期的使用寿命。

应用无损检测的另一个优点是可以百分之百检验。众所周知,采用破坏性检测,在检测完成的同时,试件也被破坏了,因此破坏性检测只能用于抽样检验。

与破坏性检测不同,无损检测不需要损坏试件就能完成检测过程,因此无损检测能够对产品进行百分之百或逐件检验,许多重要的材料、结构或产品,都必须保证万无一失,只有采用无损检测手段,才能为质量提供有效保证。

(2)保障焊接结构试件使用安全

即使是设计和制造质量都符合规范要求的焊接产品,在经过一段时间的使用后,也有可能发生破坏事故。

这是由于苛刻的运行条件使设备状态发生变化,例如由于高温和应力的作用导致材料蠕变;由于温度、压力的波动产生交变应力,使设备的应力集中产生疲劳;由于腐蚀作用使壁厚减薄或材料劣化等。上述因素有可能使设备、构件、零部件中原来存在的、制造允许的小缺陷扩展开裂,使设备、构件、零部件原来没有缺陷的地方产生这样或那样的新缺陷,最终导致设备、构件、零部件失效。为了保障使用安全,对重要的设备、构件、零部件必须定期进行检验,及时发现缺陷,避免事故发生,因而无损检测就是这些重要设备、构件、零部件定期检验的主要内容和发现缺陷的最有效手段。

(3)改进焊接技术,提高产品质量

焊接检验可以评定制造工艺正确与否,利用焊接检验技术选择最佳生产工艺程序,使焊接接头达到规定的质量等级要求。在产品生产中,为了了解制造工艺是否适宜,必须先进行工艺试验。在工艺试验中,经常对试样进行无损检测,并根据无损检测结果进行改造工艺,最终确定理想的制造工艺。例如,为了确定焊接工艺规范,在焊接试验时对焊接试样进行射线照相,随后根据检验结果修正焊接参数,最终得到能够达到质量要求的焊接工艺。又如,在进行铸造工艺设计时,通过射线照相探测试件的缺陷发生情况,并据此改进冒口的位置,最终确定合适的铸造工艺。

中国船级社(CCS)《材料与焊接规范》2012 规定,焊接工艺计划书(pWPS)是由船厂或产品制造厂在焊接工艺认可试验前编制,用以指导完成焊接工艺认可试验的技术文件。焊接工艺计划书应包括焊接工艺规程中所有的技术参数。在认可试验中,可根据试验的结果对相关的技术参数进行修改和完善。焊接工艺试验报告(WPQR)是准确描述和详细记录焊接工艺认可试验中实际使用和得到的技术参数的技术文件,用作焊接工艺规程认可的依据。报告中涉及的每项试验结果(包括复试结果)均应予以评价。焊接工艺规程(WPS)是工厂根据合格的焊接工艺试验报告,对焊接工艺计划书修改完善后并经 CCS 正式批准的技术文件,用以指导产品生产焊接。

(4)降低产品成本,正确进行安全评定

焊接检验贯穿于焊接生产的全过程,可及时发现缺陷并制订整改措施,大大减少了原材料和工时浪费。在产品制造过程中进行无损检测,往往被认为要增加检验费用,从而使制造成本增加。可是如果在制造过程中间的适当环节正确地进行无损检测,就可以防止以后工序浪费,减少返工,减低废品率,从而降低成本。例如,对铸件进行机械加工,有时不允许机加工后的表面出现夹渣、气孔、裂纹等缺陷,选择在机加工前对要进行加工的部位进行无损检测,对发现缺陷的产品就不再加工,从而降低废品率,节省机加工成本。

2. 焊接无损检测的应用

无损检测在应用时有以下几方面的特点:

(1)无损检测要和破坏性检测相配合

无损检测最大的特点就是在不损伤材料、工件和结构的前提下进行检测,所以实施无损检测后,产品的检查率可以达到 100% 。但是,并不是所有需要测试的项目和指标都能进行无损检测,无损检测技术自身还有局限性。某些试验只能采用破坏性检测,因此,在目前无损检测还不能完全代替破坏性检测的情况下,对一个工件、材料、机械设备的评价,必须把无损检测的结果与破坏性检测的结果互相对比和配合,才能做出准确的评定。

(2)正确地选用实施无损检测的时机

在无损探伤时,必须根据无损检测的目的,正确地选择无损检测的时机。例如,锻件的超声波探伤,一般安排在锻造完成且进行粗加工后,打孔、铣槽、精磨等最终加工前,因为此时扫查面较平整,耦合较好,有可能干扰探伤的孔、槽、台还未加工,发现质量问题处理也较容易,损失也较小;又例如,要检查高强钢焊缝有无延迟裂纹,无损检测实施时机要放在热处理之后进行。只有正确地选用实施无损检测的时机,才能顺利地完成检测,正确地评价产品质量。

(3)正确选用适当的无损检测方法

无损检测在应用中,由于检测方法本身有局限性,不能适用于所有工件和所有缺陷,为提高检测结果的可靠性,必须在检测前,根据被检物的材质、结构、形状、尺寸,预计可能产生哪些种类、什么形状的缺陷,在什么部位、什么方向产生;根据以上种种情况分析,然后根据无损检测方法各自的特点选择最合适的检测方法。

例如,钢板的分层缺陷因其延伸方向与板平行,就不适合用射线检测而应选择超声波检测。检查工件表面细小的裂纹就不应选择射线和超声波检测,而应选择磁粉和渗透检测,此外,选用无损检测的方法和时机时还应充分认识到,检测的目的不是片面地追求过高要求的产品"高质量",而是在保证充分安全性的同时要保证产品的经济性。只有这样,无损检测方法的选择和应用才会是正确的、合理的。

(4)综合应用各种无损检测方法

在无损检测应用中,必须认识到任何一种无损检测方法都不是万能的,每种无损检测方法都有它的优点,也有它的缺点。因此,在无损检测的应用中,如果可能,不要只采用一种无损检测方法,而应尽可能多地同时采用几种方法,以便保证各种检测方法互相取长补短,从而取得更多的信息,另外,还应根据无损检测以外其他的检验所得的信息,利用有关材料、焊接、加工工艺和产品结构的知识,综合起来进行判断。例如,超声波对裂纹缺陷探测灵敏度高,但定性不准是其不足之处,而射线的优点之一是对缺陷定性比较准确,两者配合使用,就能够保证检测结果既可靠又准确。

综上所述,从提高无损检测结果可靠性考虑,应把无损检测的各种方法视为一个完整的体系,发挥不同方法的特点,尽可能多地获得各种有用的信息,以做出正确的判断。即使是一种检测方法,也应将其视为一个完整的系统,这样才能真正实现无损检测的目的,保证产品质量,降低生产成本。

任务2 实施焊接检验工艺

[知识目标]

1. 了解焊接检验种类及特征。
2. 掌握焊接检验程序。

[能力目标]

1. 了解焊接检验方法、标准选择的依据。
2. 掌握焊前检验、焊接过程检验及焊后检验的具体要求。

一、焊接检验方法

通常将焊接检验分为破坏性检验和非破坏性检验两大类,两大类检验方法在应用中差别较大。根据试验原理不同,每类中又可分为若干检验方法,具体方法见图1-3。

1. 破坏性检验的特点

采用破坏性焊接检验具有以下优点:

(1)能直接而又可靠地测量出使用情况的反应。

(2)测定结果定量。

(3)试验结果与使用情况之间的关系大多直接、一致。

采用破坏性焊接检验局限性主要体现在以下几个方面:

(1)破坏性焊接检验只能用于某一抽样,且需要证明该抽样的典型性。

(2)试验过的零件不能再交付使用。

(3)常常不能对同一件产品进行重复性试验,不同形式的试验需要用不同的试样。

(4)报废的损失很大。对使用中的零件很难应用,往往都要中断其有效寿命。

(5)试验用的试样,往往需要大量的机加工或其他的制备工作,投资和人力消耗往往很大。

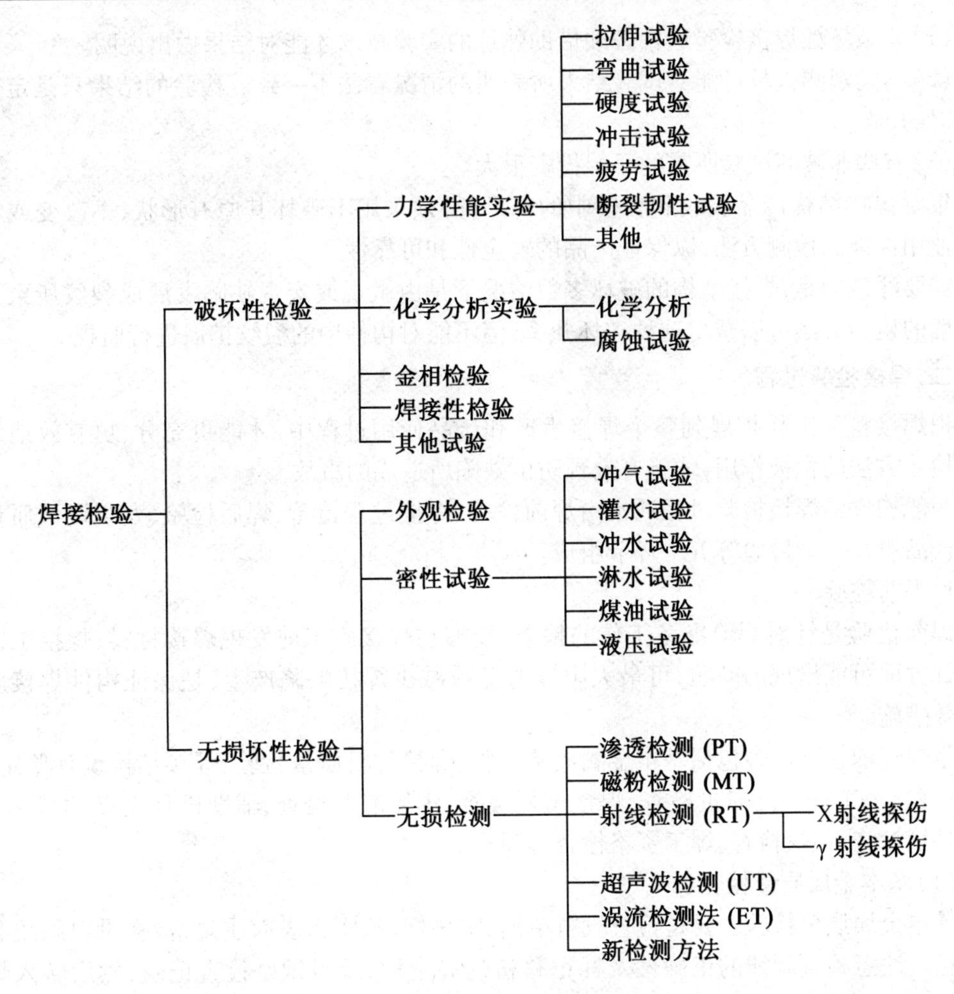

图1－3　无损检测技术体系图

破坏性检验可以提供焊接结构的材料性能、组织结构和化学成分的定性、定量数据，由于提取的数据是构件局部或试样的实验结果，所以随机性较强，所获数据必然存在较大的局限性。

2. 非破坏性检验的特点

采用非破坏性焊接检验具有以下优点：

(1) 非破坏性焊接检验可直接对所生产的产品进行试验，而与零件的成本或可得到的数量无关，除去破损零件外损失较小。

(2) 非破坏性焊接检验既能对产品进行普检，也可对典型抽样进行试验。

(3) 对同一产品既可同时又可依次采用不同的试验方法。对同一产品可以重复进行同一种试验。

(4) 可对使用的零件进行试验，可直接测量运转使用期内的累计影响，可查明失效的机理。

(5) 试样很少或无需制备。为了应用于现场，设备往往是可以携带式配置。

(6) 劳动成本往往很低，尤其对同类零件进行重复性试验。

采用非破坏性焊接检验局限性主要体现在以下几个方面：

(1)非破坏性焊接检验通常必须借助熟练的实验技术才能对结果做出说明。

(2)不同观测人员可能对试验结果所表明的情况看法不一致。检验的结果只是定性的或相对的。

(3)有些非破坏试验所需的原始投资很大。

重要焊接结构产品验收和在役中的产品,必须采用不破坏其原有形状、不改变或不影响其使用性能的检测方法,以保证产品的安全性和可靠性。

需要注意的是,焊接结构的破坏多数情况下是由微观或宏观缺陷发展成裂纹所致。采用一般的检验方法可以减少这种破坏几率,但不能对构件中的裂纹扩展进行监视。

二、焊接检验过程

把焊接检验工作扩展到整个焊接生产和产品使用过程中,才能更充分、更有效地发挥各种检验方法的积极作用,才能有效预防由缺陷所造成的事故。

一般构件的焊接检验过程通常由焊前检验、焊接过程检验、焊后检验、安装调试质量检验和产品服役质量检验等五个环节组成。

1. 焊前检验

焊前检验是针对焊前准备工作的检查,能够在焊接施工前发现焊接材料、焊接工艺以及设计方面可能出现的问题,可最大限度避免或减少焊接缺陷产生,是保证构件焊接质量的有效措施。

常规焊前检验内容包括基本金属质量检验、焊接材料质量检验、焊接结构设计鉴定、工件备料检查、工件装配质量检查、焊接试板检查、焊接能源检查、辅助机具检查、工具检查、焊接环境检查、预热检查、焊工资格检查等项目。

(1)基本金属质量检验

基本金属质量检验主要是检查投料单据、实物标记、实物表面质量,检查投料画线和标记移植。注意检查画线的正确性及标记移植的齐全性,及时做好检查记录,然后转入焊前备料、下料等工序。

中国船级社《船舶材料与焊接规范》要求,进行船舶焊接时,需对焊接板材化学成分进行确认,工厂的化学分析报告可以得到 CCS 的承认,但若验船师有要求时,可进行取样核查。

合格的船用材料和产品均应打上中国船级社规定的标志。包括:钢厂名称及商标;钢材等级标记;炉罐号及其他能够追溯钢材全部生产过程的编号或缩写;如订货方要求,可标上订货合同号或其他识别标记。

船用钢材的表面质量均应符合要求,船用钢材材质应均匀,无分层、裂纹等缺陷;钢材中的偏析和非金属夹杂应尽可能减少或消除。轻微的表面缺陷可以用机械方法去除,在适当的条件下,也可采用焊接方法修补缺陷,但应符合相关要求。同时,缺陷修整的范围和方法,应征得验船师同意。

船用材料应有使用合格证书,合格证书内容包括:订货方的名称和合同号以及使用该材料的船名或机号(可能时),材料运往的目的地,材料的说明书和尺寸,材料的技术规格或等级,炉罐号和桶样化学成分,力学性能试验结果,除轧制状态以外的供货状态。

(2)焊接材料质量检验

焊接材料质量检验主要是焊丝质量检验、焊条质量检验、焊剂质量检验、保护气体和压缩空气质量检验。进行焊接材料质量检验时应注意核对焊接材料是否符合图样、文件规定,并核对实物标记。焊接材料代换时,应符合等同性能及改善性能及焊接性原则,并履行审批手续。

船舶焊接时,根据中国船级社要求,焊接材料制造厂应向 CCS 验船师提交焊接材料的试验报告,试验报告内容应包括:焊接材料试验日期、环境条件、焊接材料预处理状态,焊接材料认可等级、牌号、型号、尺寸,试板材料(牌号)、等级、力学性能、化学成分(包括细化晶粒元素),焊接位置,焊接采用的电流、电压、焊接速度和设备型号、保护气体成分和各项试验的结果。

(3)焊接结构设计鉴定

焊接结构设计鉴定是对焊接结构的可焊性、可检测性检查,要求焊接结构的焊接和检测位置必须方便操作。

(4)工件备料检查

工件备料检查是对坡口形式及加工过程的检查。要求加工方法、工艺符合规定,坡口形式、尺寸、表面粗糙度及表面清理质量符合要求。

船舶焊接时,船体构件焊接除能保证完全焊透外,对接焊焊件边缘应开单面或双面坡口,坡口角度一般在 40°~60°之间;若焊件边缘拟加工成其他坡口形式时,则应征得中国船级社的同意。

若全焊透对接焊缝因结构原因而无法进行封底焊时,经 CCS 验船师同意,允许加固定垫板进行对接焊。此种接头的坡口形式及装配间隙应保证熔敷金属与垫板能完全熔合。

焊缝坡口区域的铁锈、氧化皮、油污和杂物等应予以清除,并保持清洁和干燥。涂有底漆的钢材,如在焊接之前未能将底漆清除,则应证明该底漆对焊缝的质量没有不良的影响,相关资料应交 CCS 备查。

(5)工件装配质量检查

工件装配质量检查主要是装配结构检查、装配工艺检查、定位焊缝质量检查。要求装配工艺、装配质量符合规定,定位焊缝质量等同正式焊缝。

船舶焊接时,构件的坡口加工、装配次序、定位精度及装配间隙应符合认可的工艺规程的要求,并应避免强制装配,以减少构件的内应力。若因焊缝坡口或装配间隙过大必需修正时,其修正方法应征得验船师的同意。

定位焊的数量应尽量减少,定位焊缝应具有足够的高度。其长度,对一般强度钢,应不小于 30 mm;对高强度钢,应不小于 50 mm。

定位焊的质量应与施焊的焊缝质量相同,有缺陷的定位焊应在施焊前清除干净。

(6)焊接试板检查

焊接试板检查主要是焊前试板检查、工序试板检查、产品试板检查。焊前试板主要用于单批生产的设备工作状态选择,以控制产后焊接质量。工序试板用于复杂工序之间,控制不合格焊缝转入下道工序。产品试板可评定成品焊缝质量。

(7)焊接能源检查

焊接能源检查主要是针对焊接电源和气体燃烧进行检查。电源检查应注意电源波动程序,气体燃料检查应注意气体纯度、压力。

(8)辅助机具检查

辅助机具检查是指变位机检查、转动胎架检查、装配夹具检查、焊接夹具检查。主要是检查机具动作的灵活性、定位精度以及夹紧力。

(9)工具检查

工具检查主要是面罩、手把、电缆等操作工具检查。要求面罩遮光性,手把绝缘性、隔热性,电缆接线合理。

(10)焊接环境检查

焊接环境检查是指对影响焊接质量的环境温度、湿度、风速、雨雪等作业条件进行确认。如果检查环境条件不利时要采取防护措施,确保焊接作业的有效性。

船舶焊接时,当焊接需要在潮湿、多风或寒冷的露天场地进行时,应对焊接作业区域提供适当的遮蔽和防护措施。

(11)预热检查

预热检查是指对预热方式检查和预热温度检查。要求预热方式、温度及加热范围符合规定。

中国船级社要求,进行船舶焊接时,当施工环境的温度低于 0 ℃,结构刚性过大、构件板较厚或焊段较短,当碳当量 Ceq 大于 0.45% 时应考虑对焊件采取适当的预热和(或)缓冷措施,以防焊件内产生过大的应力或不良的组织。

(12)焊工资格检查

对焊工证书进行检查,检查焊工证书的有效期限、焊工证书的施焊项目。

进行船舶焊接时需持有船舶焊工资格证书,船舶焊工资格证书的内容包括:焊工个人信息(姓名、身份证号及照片),工作单位名称,焊接方法、接头形式、母材的材质和规格、焊接位置等的认可范围,水下焊工的工作水深,有效期满日期,工厂 6 个月考察记录,CCS 批准的延期记录。

焊工资格证书的有效期为发证之日起 3 年。定位焊科目的《焊工资格证书》为长期有效。

焊工考试(包括定位焊)合格后,如连续 6 个月未从事焊接操作,则应在重新操作前,先焊一件本人证书规定科目中最难位置的试件,经试验合格后,方能从事焊接操作。

2. 焊接过程检验

焊接过程包括形成焊缝过程、后热以及焊后热处理过程。焊接过程检验主要是指焊接规范检验、焊接材料复核、焊接顺序检查、焊缝表面质量检查、后热检查和焊后热处理检查等。

(1)焊接规范检验

焊接规范检验通常是指焊接规范参数检查。操作时应严格执行工艺文件规定,如有变化时应办理焊接工艺变更手续。

(2)焊接材料复核

焊接材料复核主要是对焊接材料特征(颜色、尺寸)、焊缝外观特征进行再次复核。复核中发现问题要及时查找原始标记,确保材料牌号、规格符合规定。

(3)焊接顺序检查

焊接顺序检查主要是对施焊时的焊接顺序和施焊方向进行检查。不同结构工件的焊接顺序、施焊方向应符合相关规定。

(4)焊缝表面质量检查

焊缝表面质量检查主要是对焊缝外观形状、几何尺寸的检查及测定和对表面缺陷的检查。要求焊缝表面应波纹均匀、圆滑过渡,焊缝几何尺寸符合规定,焊缝表面不得存在超标的焊接缺陷。

(5)后热检查

后热检查主要是后热温度检查以及保温时间检查,这项检查应在焊接时及时进行。

(6)焊后热处理检查

焊后热处理检查是指热处理温度检查。检查应符合相关规定要求。

中国船级社《船舶材料与焊接》要求,船体结构的焊缝应按已认可的焊接工艺规程施焊。对较长的焊缝应尽可能从焊缝中间向两端施焊,以减小结构的变形和内应力。焊缝末端收口处应填满弧坑,以防止产生弧坑裂纹。如采用自动焊,一般应使用引弧板和熄弧板。

进行多道焊时,在下道焊接之前,应将前道焊渣清除。除中国船级社特别同意外,对有焊透要求的焊缝,在焊接第二面焊缝前应进行清根,清根后应具有适当的坡口形状,以便进行封底焊。

在去除临时焊缝、定位焊缝、焊缝缺陷、焊疤和清根时,均不应损伤母材。

3. 焊后检验

焊接质量的保证应以焊接技术人员和焊接设备作基础,焊后检验则是焊接产品的最重要环节之一,也是保证焊接产品质量的最后屏障。

焊接产品焊后检验通常包括外观检查、无损检验、力学性能检验、金相检验、致密性检验、焊缝强度检验等。

(1)外观检查

外观检查主要是对焊缝外观形状、几何尺寸及测定表面缺陷进行检查。重点检查焊接接头的引弧、收弧部位,形状及尺寸突变部位及焊趾处。几何尺寸检查时应使用焊接检验尺。

(2)无损检验

无损检验是通过射线探伤、超声波擦伤、磁力探伤、渗透探伤等方式进行的焊接质量检验。目前无损检验技术发展较快,操作时应根据焊接部件要求按规定选择探伤方法及探伤比例。

(3)力学性能检验

力学性能检验主要是采用拉伸试验、弯曲试验、冲击试验等方式进行。焊接产品检验的数量、部位、尺寸应符合相关规定。

(4)金相检验

金相检验是针对焊接金属表面和心部组织,分析金属材料在焊接中出现的缺陷和组织,以及对在使用过程中出现的缺陷进行分析。

焊接构件的金相检验可分为宏观金相、微观金相,目前也有采用焊缝晶间腐蚀检验、焊缝铁素体含量检验等方法进行一些特殊性检验。检验中实施检查的部位应符合焊接规范要求。

(5)致密性检验

致密性检验主要采用气密性吹气试验、煤油试验、氨渗透试验等方法进行,进行检验前通常要对密封容器进行检查。

(6)焊缝强度检验

焊缝强度检验通常采用水压试验、气压试验等方法进行。根据焊缝强度要求,通常需要致密性较高的压力容器。

三、焊接检测方法选择

1. 船舶无损检测技术人员资格的认证

基于无损检测的特点，无损检测技术人员责任重大，必须具备一定的技术水平才能从事此项工作。因此，世界各国都实行无损检测人员资格鉴定与认证制度，中国船级社在船舶系统推行了这一制度，制定了《无损检测人员资格鉴定与认证规范》。规范规定了无损检测人员资格认证机构的组织和职责，无损检测人员的资格等级和技术职责以及认证程序、资格鉴定考试等内容。资格证书分成三个等级：Ⅰ级（初级）、Ⅱ级（中级）、Ⅲ级（高级），在中国船级社的有关规范中规定，各种无损检测方法的操作人员应按 CCS《无损检测人员资格鉴定与认证规范》执行，或经与 ISO 9712 等国际通用标准相当的中心认证程序考试合格，获得 CCS 颁发或承认的合格证书，并经聘用单位授权后才能进行与合格类别和等级相应的无损检测工作。

2. 船舶无损检测标准

目前，国内外制定的无损检测标准，按内容可分为方法标准、质量控制标准、器材标准和术语标准等。对于一般无损检测人员，需要掌握的主要是各种无损检测技术的方法标准及其质量控制标准。国内许多标准在方法标准中增加了质量验收标准，是一种综合性标准。国内标准和国际及国外重要标准见表 1－1。

表 1－1　国内标准和国际及国外重要标准

国内标准	国际及国外重要标准
CB/T 3558《船舶钢焊缝射线照相工艺和质量分级》	JISZ 3104《钢焊缝射线无损检测方法及检验结果的等级分类方法》
CB/T 3559《船舶钢焊缝手工超声波探伤工艺和质量分级》	JISZ 3060《钢焊缝的超声波无损检测方法及检验结果的等级分类方法》
CB/T 3958《船舶钢焊缝磁粉检测渗透检测工艺和质量分级》	JISG 0565《钢铁材料的磁粉无损检测检验方法及缺陷磁痕的等级分类》
CB/T 3177《船舶钢焊缝射线照相和超声波检查规则》	JISZ 2343《渗透无损检测检验方法及缺陷显示痕迹的等级分类》
JB/T 4730《承压设备无损检测》	JCSSII《船体铸钢件检查标准》
GB 11345《钢焊缝手工超声波探伤方法和探伤结果分级》	JFSS《船体锻钢件检查标准》
GB/T 3323《金属熔化焊焊接接头射线照相》	AWSD1. 1《美国国家标准：钢结构无损检测规范》
	ABS《船体焊缝无损检验规范》
	DNV《船舶入级规范》
	DIN《德国劳氏钢质海船入级和建造规范》
	API RP 2X 美国石油协会《近海结构建造的超声波检验和超声技术人员考核指南》

3. 无损检测方法的选择

选择焊接无损检测方法须根据各行业和结构设备的要求进行，如船舶无损检测方法的选用由船舶建造规范做了原则规定，并在船舶施工设计图纸上有明确的要求，通常分段制造中主要以超声波检测为主，大合龙焊缝则主要以射线检测为主，表面无损检测采用磁粉或渗透检测为主。具体的要求视产品的使用性能确定，在船舶建造过程中，验船师和船东有权对生产环节中不放心的部位提出修改相应无损检测方法的要求，但需与船舶制造企业协商。

焊接生产中必须按图样、技术标准和检验文件规定进行相关检验。检验主要依据以下几个方面：

(1) 焊接结构设计说明书

根据焊接结构设计说明书，对应产品制造过程中焊接接头的各项技术指标（如接头的质量等级要求、力学性能指标、焊接参数等）进行必要的检测。

(2) 焊接技术标准

焊接技术标准规定了焊接产品的质量要求和质量评定方法，是从事检验工作的指导性文件。如中国船级社《材料与焊接规范》对船体结构焊接检验做出了如下规定。

船体结构施焊完工后，应对所有焊缝进行外观检查。焊缝表面应成型均匀，平滑地向母材过渡，无过大的余高，不应有裂纹、未熔合、单面焊根部未焊透等缺陷存在。表面气孔和咬边均应在允许范围之内。

焊缝的内部质量可采用射线、超声波或其他适当的方法进行无损检测。必要时有些焊缝还应增加适当数量的磁粉或渗透检测。无损检测的方法、工艺和评定标准应经 CCS 同意。

船体焊缝无损检测的数量和位置可根据实际情况由船厂和 CCS 验船师商定。必要时验船师可要求增加无损检测的数量。

对于在船中 $0.6L$ 范围内强力甲板和外板，拍片数量可以按下式作为计算基础：

$$n = 0.25(i + 0.1WT + 0.1WL)\text{张}$$

式中　i——船中 $0.6L$ 范围内纵、横向对接焊缝交叉处的总数；

WT——船中 $0.6L$ 范围内横向对接焊缝的总长，m；

WL——船中 $0.6L$ 范围内分段合龙的纵向对接焊缝的总长，m。

(3) 工艺性文件

工艺文件包括焊接工艺规程、焊接检测规程及焊接检测工艺等，具体规定了结构的检测方法、检测程序，可现场指导检测人员工作。

此外，工艺文件还包含质量检查过程中收集的检验单据，如检验报告、不良品处理单及更改通知单（图样更改、工艺更改、材料代用、追加或改变检验要求）等，为焊接检测工作提供了变更依据。

(4) 焊接施工图样

图样是生产中使用的最基本资料，加工制作应依照图样的规定进行。在图样中，规定了原材料、焊缝位置、坡口形式和尺寸及焊缝的检验要求等。

(5) 焊接质量管理制度

企业的管理制度包含质量检测，可直接或间接作为焊接检测的依据。

(6)订货合同

用户对产品焊接质量的要求在合同中有明确标定,也可作为结构生产、检测的图样和技术文件的补充规定。

【思考与练习】

1. 简述焊接检验的作用。
2. 焊接检验过程包括哪些内容?
3. 焊接检验包括哪几种类型?说明其特点。
4. 焊接检验方法、标准选择的依据有哪些?
5. 试述焊前检验涉及的检查项目。
6. 试述焊接过程检验涉及的检查项目。
7. 试述焊后检验涉及的检查项目。
8. CCS《船舶材料与焊接》2012 焊前检验包括哪些项目?
9. 说明 CCS《船舶材料与焊接》2012 对焊接过程检验的具体要求。
10. CCS 要求材料的合格证书包括哪些内容?
11. CCS 焊工证书中有哪些内容?
12. 论述 CCS 规范中 pWPS,WPQR 和 WPS 之间的关系。

项目二　识别及预防焊接缺陷

[开篇案例]

车主贾先生驾驶新买的某品牌越野车沿路行驶，在转弯时正常在左侧超车道超车，而在转动方向盘要回右侧正常车道时突然转向、制动全部失效，车辆随即冲入路边地沟，车上多人受伤。

事故发生后，厂家和车主贾先生就转向失效原因产生了争论。车主贾先生认为，转向失效肯定是车辆本来存在问题而造成；但是厂家表示，碰撞是由于消费者在转向时超车导致车辆受力过大引发事故。

那么车辆到底是什么原因导致转向失效的呢？

根据车辆的相关测试发现，车辆的扭力推杆处存在断裂现象。整车左后悬架支撑杆(一头铸件，一头焊接件)铸件处断裂，该断裂处使左后车轮前后无约束且不能传递驱动力，形成左后车轮前后摆动，有时滚动，有时滑动，转弯时以致转弯半径圆心不断地变化，造成转向失控，而车祸的发生主要是由于转向失控造成。这个断裂才是造成车辆转向失控的关键。

根据《机动车运行安全技术条件》、汽车产品说明书、事故当地公安局交警大队事故勘察报告等分析，完全可以确定车辆在该部位的焊接处存在一定的缺陷，这个缺陷是直接造成断裂的原因。

思考：造成事故的原因是什么焊接缺陷，这些焊接缺陷是如何形成的？

焊接结构中可能存在焊接缺陷，缺陷将影响焊接接头质量，直接危及焊接结构的安全运行，降低结构使用寿命。随着现代工业的发展，焊接结构趋向大型化、大容量和高参数的方向发展，有些结构还需要在低温、深冷及腐蚀介质等恶劣环境下工作。这就给焊接生产带来许多新的问题，其中较为普遍而又十分严重的就是焊接缺陷。

对焊接缺陷进行分析，找出缺陷产生原因，从而在材料选择、工艺制订及结构设计等方面采取有效措施。同时，在焊接结构制造或使用过程中，可利用缺陷的性质正确选择焊接检验技术手段，及时发现缺陷，从而定性或定量评定焊接结构质量，避免焊接质量事故。

任务1　焊接过程与焊接接头

[知识目标]

1. 了解焊接缺欠的表示方法。
2. 掌握典型焊接缺欠的说明。

[能力目标]

1. 掌握焊接缺欠的特征。

2. 掌握焊接缺欠的分布。

一、焊接与焊接过程

1. 焊接

焊接是通过加热、加压或两者并用,使两工件产生原子间结合的加工工艺和连接方式。焊接应用广泛,既可用于金属,也可用于非金属。焊接,也称作熔接、镕接,是一种以加热方式接合金属或其他热塑性材料的制造工艺及技术。焊接结构是采用焊接方法加工而成的工程结构,通常由型钢和钢板制成筒体、梁、柱和架等结构,广泛应用于锅炉、容器、管道、机械、桥梁、船舶、航空、航天等领域。

(1)焊接结构的优点

焊接结构与螺栓连接、胀接、铸件及锻件相比具有下列优点:

①节省金属材料、减轻结构质量,经济效益好。据统计,焊接结构比胀接结构质量可减轻15% ~20%,比铸件轻30% ~40%,比锻件轻30%。

②简化加工与装配工序,生产周期短,生产效率高。

③结构强度高,接头密封性好。焊接接头的密封性比胀接和螺栓连接好得多,因此焊接的容器能充分满足高温、高压条件下对强度和密封性的要求。

④为结构设计提供较大的灵活性。可以按结构的受力情况优化配置材料,按工程需要在不同部位选用不同强度,不同耐磨、耐腐蚀及耐高温等性能的材料。例如,以碳钢为基材,堆焊不锈钢衬里层制作石油化工压力容器,这样既保证了设备的抗腐蚀性,又节省了大量的贵重金属材料和资金。

⑤用拼焊的方法可以大大突破铸锻能力的限制,可以生产特大型煅-焊结构,提供特大、特重型毛坯和设备。

⑥焊接工艺过程容易实现机械化和自动化。

(2)焊接结构的局限性

采用焊接结构的局限性主要体现在以下几个方面:

①用焊接方法加工的结构易产生较大的焊接变形和焊接残余应力,从而影响结构的承载能力、加工精度和尺寸稳定性。同时,在焊缝处还会产生应力集中,对结构的疲劳断裂有较大影响。

②焊接接头中存在着一定数量的缺陷,如裂纹、气孔、夹渣、未焊缝、未熔合等,这些缺陷的存在会降低强度,引起应力集中,损坏焊缝致密性,这是造成焊接结构破坏的主要原因之一。

③焊接接头具有较大的性能不均匀性。由于焊缝的成分及金相组织与母材不同,焊接接头各部位经历的热循环不同,使焊接接头不同区域的组织和性能不同。

2. 焊接过程

常用的焊接方法有熔焊、压焊、钎焊和特种焊接等。虽然新焊接方法不断出现,但应用最广泛的仍是熔焊,特别是在特种设备制造过程中。熔焊过程实际上是一个冶炼和铸造过程,首先利用电能或其他形式能量产生高温使金属熔化,形成熔池,熔融金属在熔池中经过冶金反应后冷却，将两个工件牢固地结合在一起。

焊条电弧焊（SMAW）是指用手工操纵焊条进行焊接的电弧焊方法。焊条由焊芯和药皮两部分组成，焊接时焊芯可作为电极和填充材料，药皮在高温下分解产生中性或还原性气体作为保护层，防止空气中的氧、氮进入熔融金属，同时药皮可对焊缝金属起脱氧、脱硫、向焊缝渗入合金元素、调节焊缝金属凝固和冷却速度等作用。

埋弧焊（SAW）是利用焊剂作保护层，电弧在焊剂层下加热并熔化金属，利用电气和机械装置控制送丝和移动电弧的焊接方法。主要用于碳素钢、低合金钢、耐热钢及不锈钢焊缝的水平位置焊接，适用于厚度 20 mm 以上的纵缝、环缝焊接，也可进行不锈钢和低合金钢的带极堆焊，在锅炉、压力容器和船舶制造中应用广泛。

气体保护焊（GMAW）是利用氩气或二氧化碳等保护气体作保护层的电弧焊方法。其中，氩弧焊通常适用于 0.5 ~ 5 mm 范围的薄板或管子的焊接和堆焊，还经常用于锅炉及压力容器重要受压元件焊缝根部的打底焊，从而确保焊缝根部质量。用二氧化碳气体或其他混合气体作为保护气体的电弧焊，在锅炉、压力容器制造中，已逐步取代焊条电弧焊。

二、焊接接头

焊接接头是指用焊接方法把金属材料连接起来的接头，简称接头。它是组成焊接结构的最基本要素，在某些情况下，它又是焊接结构最薄弱的环节。

1. 焊接接头的类型

焊接结构上的接头，按被连接构件之间的相对位置及其组成的几何形状，常见的接头型式可以归纳为图 2 – 1 中所示的四种类型：对接接头、角接接头、T 形接头和搭接接头。

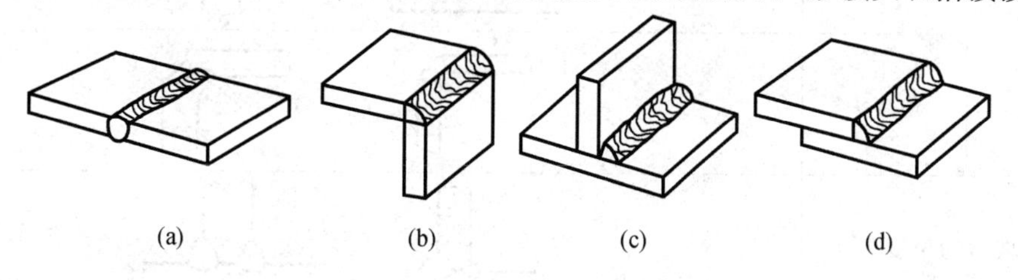

图 2 – 1　焊接接头的类型

（a）对接接头；（b）角接接头；（c）T 形接头；（d）搭接接头

2. 焊接接头的组成

经熔焊所形成的各种接头，都是由焊缝、熔合区、热影响区及其邻近的母材组成，见图 2 – 2。

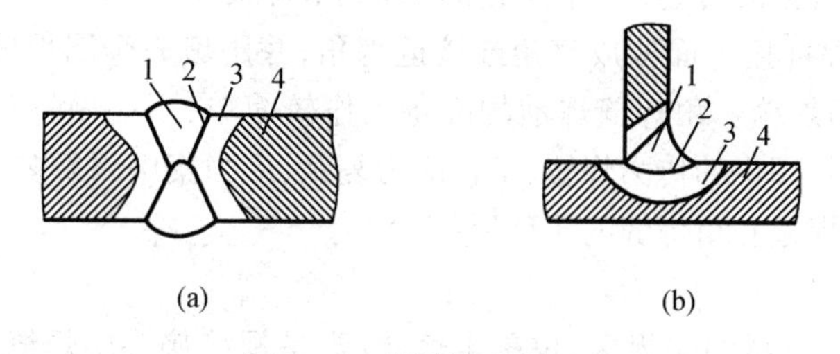

图 2 – 2　焊接接头的组成

（a）对接接头；（b）T 形接头

1—焊缝；2—熔合区；3—热影响区；4—母材

（1）焊缝

焊缝起着连接金属和传递力的作用。它是在焊接过程中由填充金属（当使用时）和部分母材熔合后凝固而成。焊缝金属的性能取决于两者熔合后的成分和组织。

焊接接头中的焊缝按其焊前准备和工作特性可归纳成表 2－1 所示的坡口焊缝和角焊缝两大类。

表 2－1　接头焊缝的类型

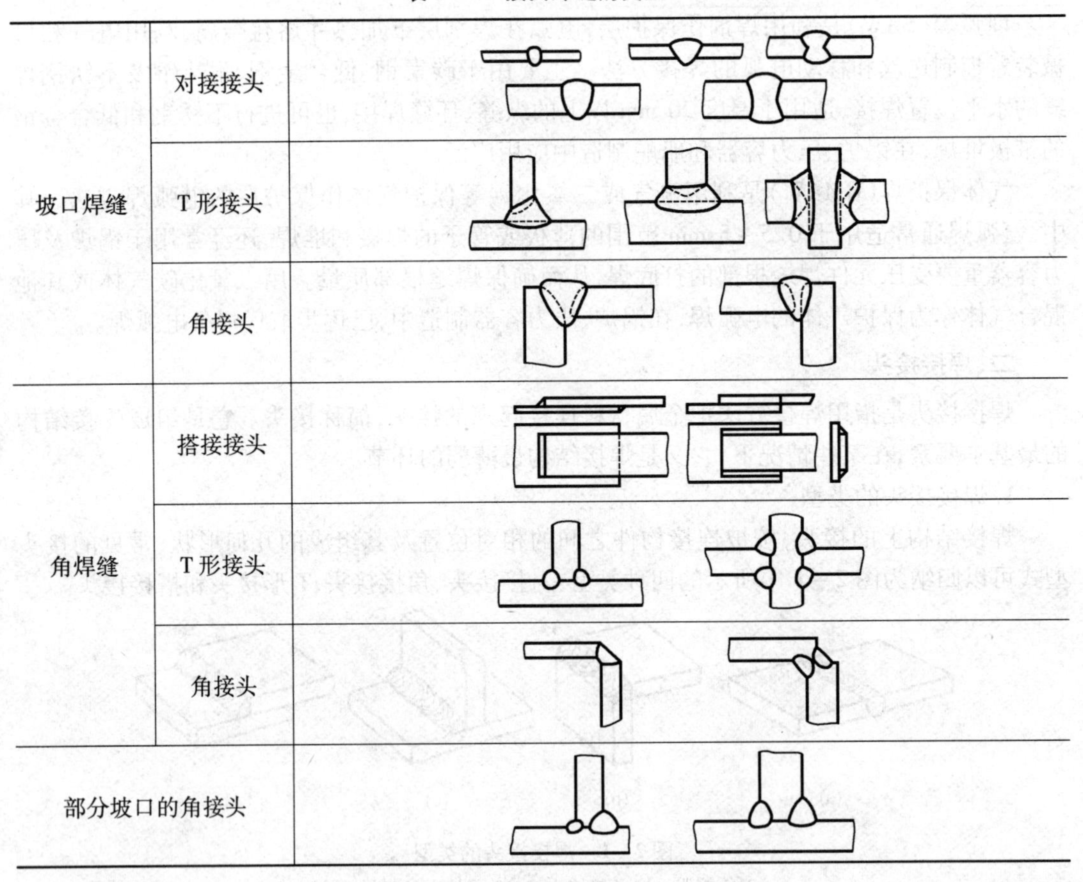

类型	接头	图示
坡口焊缝	对接接头	
	T 形接头	
	角接头	
角焊缝	搭接接头	
	T 形接头	
	角接头	
部分坡口的角接头		

①坡口焊缝　根据设计或工艺需要，将焊件待焊部位加工成一定几何形状的沟槽称为坡口。在焊接过程中，用填充金属填满坡口形成的焊缝称坡口焊缝。合理设计坡口焊缝可以起到厚板熔透、改善力的传递、节省填充金属和调节焊接变形等作用。

②角焊缝　两焊件接合面构成直角或接近直角，并用填充金属焊成的焊缝称角焊缝，又称贴角焊缝或填角焊缝。角焊缝焊前的准备工作较简单，不必做特殊加工，而且装配也较容易。但是，它不是理想的传力焊缝，工作应力复杂，应力集中因素多。

图 2－3 为坡口焊缝和角焊缝的典型形状。

(2)熔合区

熔合区是焊缝和母材的交界区，也称半熔化区，是焊接接头中焊缝金属向热影响区过渡的区域。该区很窄，低碳钢和低合金钢的熔合区约 0.1～0.5 mm。熔合区是接头中最薄弱部分，许多焊接结构破坏的事故，都因该处的某些缺陷引起，如冷裂纹、脆性相、再热裂纹、奥氏体不锈钢的腐蚀等均源于此。这与该区经历热、冶金和结晶等过程，造成化学成分和物理性能极不均匀有关。熔合区的构成如图 2－4 所示。

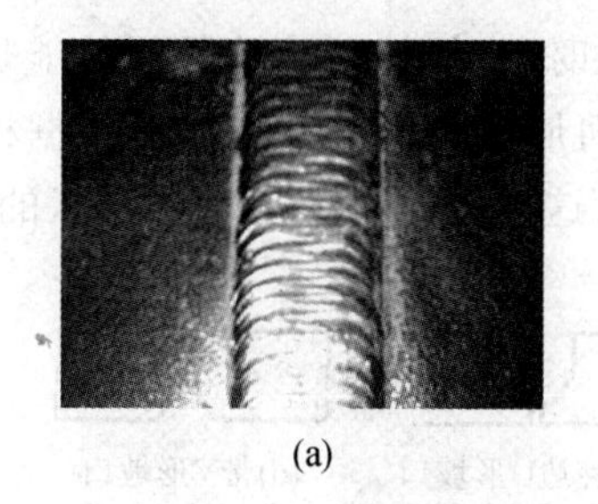

(a)

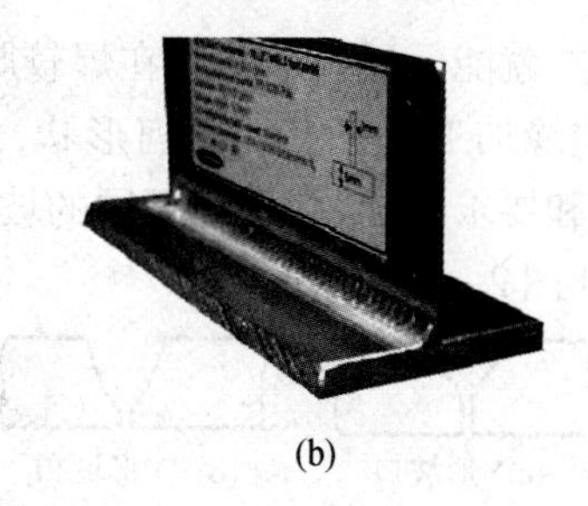

(b)

图 2-3　坡口焊缝和角焊缝的典型形状

(a)坡口焊缝;(b)角焊缝

图 2-4　熔合区构成示意图

1—焊缝;2—熔合区(*AB*);3—热影响区(*BC*);4—热应变脆化区(*CD*)

(3)热影响区

热影响区是母材受焊接热的影响(未熔化)而发生金相组织和力学性能变化的区域。它的宽度与焊接方法及热输入量有关。它的组织与性能的变化与材料的化学成分、焊前预热处理以及焊接热循环等因素有关。热影响区有可能产生脆化、硬化和软化等不利现象。

3. 焊接接头的特点

焊接接头具有下列特点:

(1)几何不连续性

当接头位于结构几何形状和尺寸发生变化的部位时,该接头就是一个几何不连续体,工作时传递着复杂的应力。即使是对接接头,只要有余高存在,在焊趾处也会出现不同程度的应力集中。制造过程中发生的错边、焊接缺陷、角变形等,都将加剧应力集中,使接头工作应力分布更加复杂。

(2)性能不均匀性

焊缝金属与母材在化学成分上常存在差异,再经受不同的焊接热循环和热应变循环,必然造成焊接接头各区域的金属组织存在着不同程度的差异,导致了焊接接头在力学性能、物理化学性能及其他性能的不均匀性。

(3)有残余应力和变形

焊接过程热源集中作用于焊接部位,不均匀的温度场产生了较高的焊接残余应力和较大的焊接变形,使接头的区域过早地达到屈服点和强度极限,同时也会影响焊接结构的刚度、尺寸稳定性及结构的其他使用性能。

三、焊接接头坡口形式

根据设计或工艺需要,为适应电弧熔化的要求,焊件厚度小于 6 mm 时,只需在接头处留一定的间隙,就能保证焊透。但在焊较厚的工件时,在焊接时为确保焊件能焊透,焊前常将母材焊口边缘加工成一定的几何形状,这种几何形状称为坡口形式。根据板厚、焊接方法、接头形式和要求不同,可采用不同的坡口形式,这样也就形成了不同形状的焊缝。常见的坡口形式如图 2-5 所示。

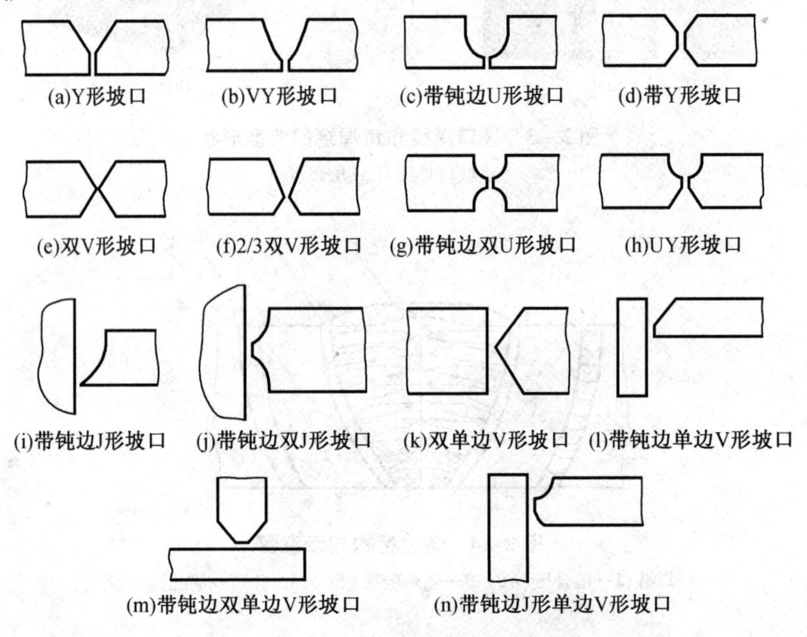

图 2-5 常见的坡口形式

V 形坡口各部分的名称如图 2-6 所示。通常 V 形坡口适用条件:板厚 δ 为 5 ~ 12 mm,间隙 b 为 2 ~ 3 mm,钝边 p 为 2 ~ 3 mm,坡口角度 α 为 60° ~ 70°。值得注意的是,不论接头形式如何,最基本的焊缝只有角焊缝和坡口焊缝两种。

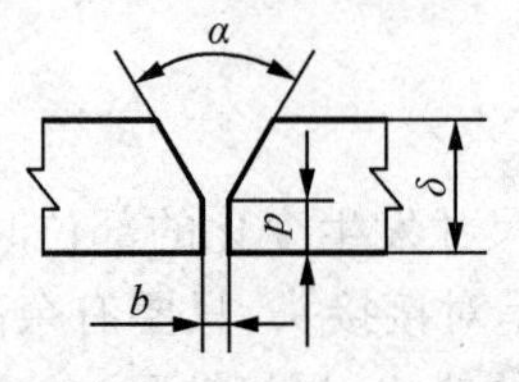

图 2-6 V 形坡口各部分的名称

1. 无坡口接头

图 2-7 是工业上几种常见的无坡口焊接(I 形)接头形式。它是按原始的垂直切割面对接或预留间隙。

对平行切割而又相互紧贴的对接面施焊是完全可能的,但对这种贴合对接面施焊会导致焊缝中产生夹渣,因为接头不开口,这些夹渣无法排出。不过只要母材处于液态,产生这种缺陷的概率就会大大降低。如果这种材料较薄(1.5 ~ 3 mm),用钨极产生的电弧熔化接头,就可焊出完全合格的焊缝。如果工件已经适当清理,接头中就不会有外来杂质侵入。同样也要保证电极(电极不熔化)不受污染,并保证气体屏蔽避免产生夹渣。

焊接时需要惰性气体保护,是因为氧气或其他气体会与基体金属发生化学反应产生氧化物。大多数氧化物是陶瓷类的,而许多陶瓷类氧化物在焊缝金属达到熔点时不会熔化。

因此,它们存在于接头中往往会产生夹杂。在气体保护焊中,不使气体受潮是很重要的,因为电弧会使水分分解为氢和氧。在游离状态下,氧有机会与基体金属结合生成氧化物,而逸出的氢则易在焊缝金属中造成脆化和裂纹。

在不加填充金属的无坡口接头焊接中,会产生体现这种接头形状和所用焊接工艺特征的典型缺陷。当有大量夹渣存在时,这些缺陷会在射线底片上形成笔直的直线。通常它们比焊接金属的质量小,因而在射线底片上呈现较黑的影像。

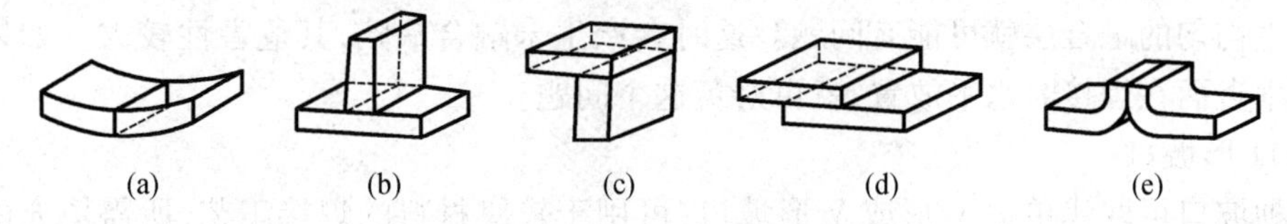

图 2－7　几种常见的无坡口焊接形式

(a)对接接头;(b)T 形接头;(c)角接接头;(d)焊接接头;(e)端接接头

2. 坡口接头

(1)单面坡口

图 2－8 中的图(a)、图(b)、图(c)、图(d)和图(e)为有预制坡口的单面焊接接头的几种形式;图(f)、图(g)、图(h)、图(i)和图(j)是双面焊接接头的几种形式,双面焊接接头主要用于厚板材料。

这些坡口可以是对称的,也可以是非对称的。坡口对较厚材料的接头是必要的,因为厚材料必须要有一个通道,使金属在受控条件下被电弧熔化后可以堆积或流动。通常根据经济性要求选择 V 形坡口或单边 V 形坡口。用较小的单边 V 形坡口焊接时,只需耗用较少的焊接材料,而较少的焊接材料就意味着变形较小。在上述单面焊接接头中,金属只从单面加入。当有变形存在时,变形是朝焊缝一侧弯曲。

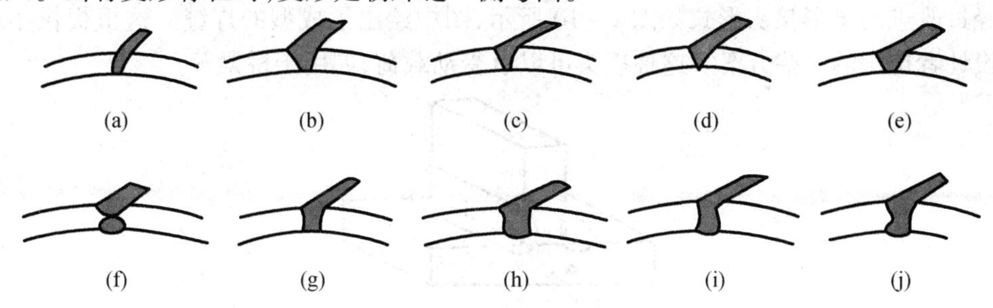

图 2－8　坡口形式

(a)I 形坡口单面焊;(b)单边 V 形坡口;(c)J 形坡口;(d)V 形坡口;(e)U 形坡口;(f)I 形坡口双面焊;(g)K 形坡口;(h)X 形坡口;(i)双面 J 形坡口;(j)双面 U 形坡口

从图中可见,接头底部均为平坦区,这种形状能使底部尖角有一定的稳定性。如果底部呈尖 V 形,则所示区域可能会在电弧作用下熔化掉,以致产生焊穿。位于根部的这一小区域实际上是一种小型的 I 形接头,当需要多层焊来完成接头时,对这个小 I 形对接接头要求很严格。

在管子焊接中,很难进行清根,这种困难有时会造成不良的焊接接头。利用从背面嵌入坡口的填料,可以改善单面焊的质量。这种填料被熔化后,从开口面进入第一层焊道,因为它能全部熔化在根部焊道中,被称为“熔化填料”。

(2)K 形坡口

这里包括图 2－8(g)K 形坡口和(h)X 形坡口两种,常用于材料厚度较大,不能从单面施焊的场合。一般说来,这种接头的难点往往集中在中间截面附近。焊缝的中间截面靠近焊缝中心轴线,该区受弯曲时,既无拉应力又无压应力存在。

焊接单边 V 形和 K 形坡口焊缝时,如果在水平位置施焊,就会碰到一个垂直面,这种布置可能会造成焊接中的某些困难。对垂直取向的坡口面来说,要使焊接金属熔化并在坡口面上产生均匀的融合层就可能有问题。这时会产生未融合缺陷,其危害性较大。如果接头布置使垂直面在焊接时水平放置,就可避免这个问题。

(3)J 形坡口

这种坡口可取代单边 V 形或 V 形坡口,可用于较厚材料的焊接工艺,所需填充的金属少于 V 形坡口。使用较少的填充金属有两个优点:①节省费用;②由于坡口上部比单边坡口窄得多,焊缝金属收缩引起的变形较小。当焊缝处于水平位置时,J 形坡口的侧面接近垂直取向。因为是垂直面,这种接头有可能产生如上所述坡口特征的缺陷。

(4)U 形坡口

U 形坡口是由相对的两个 J 形坡口组成。U 形坡口有单 U 形和双 U 形两种形式。采用 U 形坡口的目的是确保焊路畅通,并能减少填充金属量。但它也会产生与 J 形坡口相同的缺陷,在根部区域还可能产生未熔合。

3. 其他形式接头

(1)T 形接头

还有一些更为复杂的接头形式,T 形接头即为一例,它可以用一条或两条角焊缝连接起来(见图 2－9),这是 T 形接头最常用的形式。由于不需要特殊的机加工,通常也是最经济的焊接形式。

经过改进的 T 形接头形式如图 2－10 所示,图中绘出了成型的焊缝。这里提供了可供焊缝设计者选用的一些方案。这种接头可以承受动载荷,如用于桥梁等。

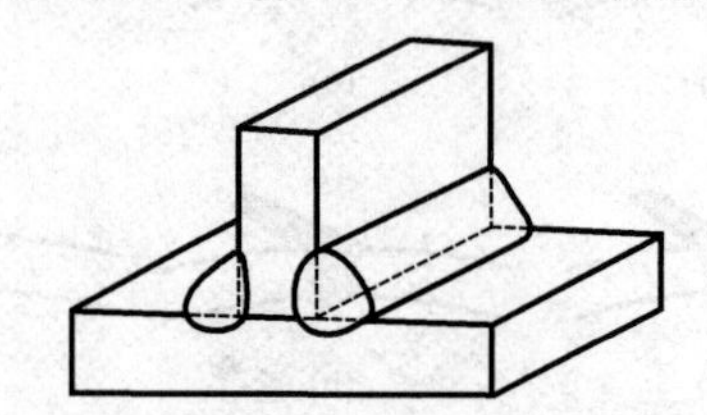

图 2－9　用填角焊的 T 形接头

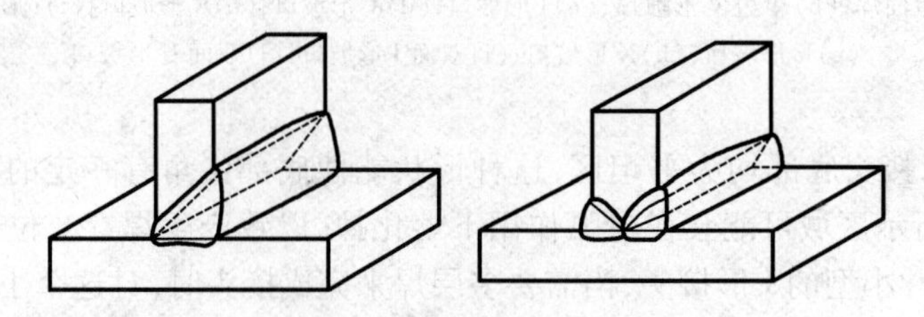

图 2－10　开坡口的 T 形接头

(2)角接接头

角接接头可以用几种焊缝连接。具有预制单边 V 形坡口的全焊透角焊缝如图 2－11

所示。这是固定角接接头的几种方法之一。其实最简单的固定方法是在角内施焊，如图2－10所示。这里也可以使用其他单面坡口。

对于静载荷设备，这种简单的角焊缝可用于内角焊接。

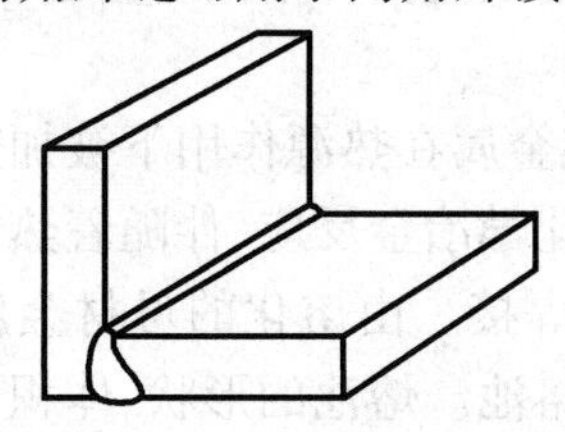

图2－11　开单边V形坡口的角接接头

(3)搭接接头

这种接头可参见图2－12所示的一对角焊缝组合。这种看似不平衡的接头，其实是角焊缝的一种自然形式。它没有预制坡口的部位，类似的接头可用于连接两块延伸的钢板，即将两板对接并附加用角焊焊上的垫板。

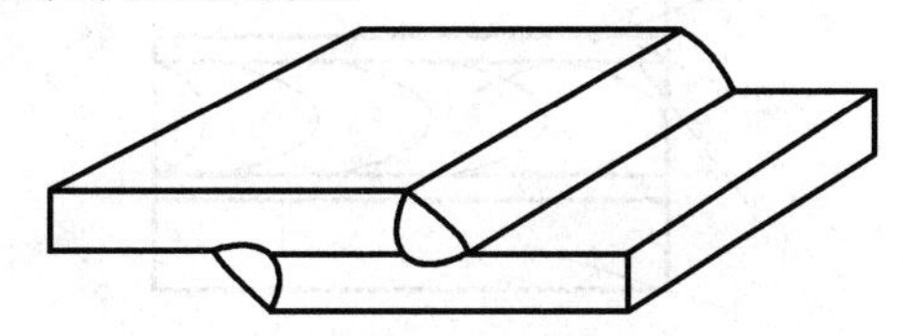

图2－12　有双面角焊缝的搭接接头

(4)端接接头

通常这种接头是通过熔化现成的凸缘来实现的，如图2－13所示。可在反面利用该处的自然坡口焊接，然后按坡口焊缝归类。

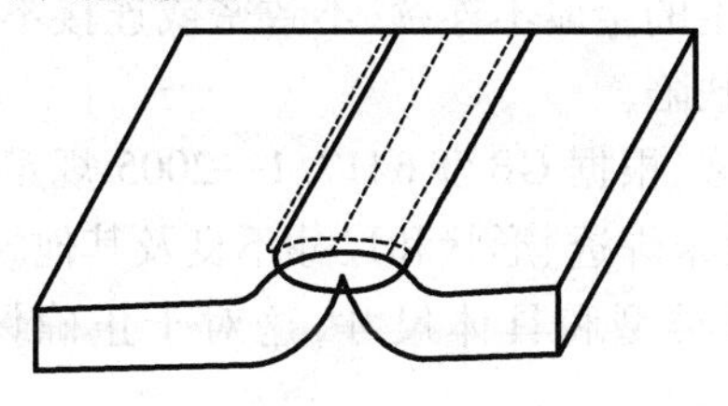

图2－13　端接接头

任务2　识别熔焊焊接缺欠

[知识目标]

1. 了解焊接缺欠的表示方法。

2. 掌握典型焊接缺欠的说明。

[能力目标]

1. 掌握焊接缺欠的特征。

2. 掌握焊接缺欠的分布。

从微观上看,焊接是材料通过原子或分子间的结合和扩散形成永久性连接的工艺过程。为了达到焊接的目的,焊接工艺采用两种措施:对被焊接金属施加热量;对被焊接金属施加压力使金属表面紧密接触。焊接有多种不同的方法,下面仅以常用的电弧熔焊为例讨论焊接接头缺陷。

简单地说,熔焊过程是被焊接金属在热源作用下被加热,母材金属局部被熔化,熔化的金属、熔渣、气相之间进行一系列化学冶金反应,伴随着热源移开,熔化的金属凝固结晶,从液态转变为固态,形成焊缝,实现焊接。由熔化的母材金属和焊条金属在母材金属上形成的具有一定形状的液态金属称为熔池。熔池的形状、体积、存在的时间、温度等不仅影响焊缝的成型,而且也直接影响着焊接缺欠的产生。

图 2－14 是熔焊接头的结构,粗略地可以把焊接接头分为 3 个部分:焊缝区、熔合区和热影响区。焊缝区是由焊条金属和熔化母材金属发生化学反应后形成的焊缝金属区域;熔合区是焊缝区外侧至母材部分熔化的区域,是焊缝区与热影响区之间的过渡区;热影响区是母材部分熔化区和母材发生固相组织变化的区域。检测时,这 3 个区都是被检测的区域。

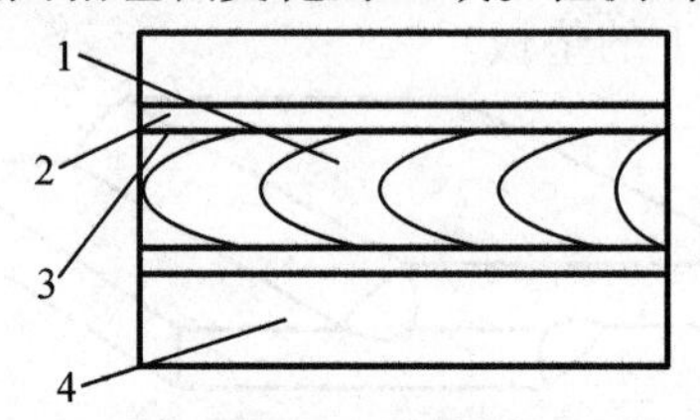

图 2－14　熔焊接头的结构

1—焊缝;2—热影响区;3—熔合区;4—母材

一、焊接缺欠分类

在焊接过程中因焊接产生的金属不连续、不致密或连接不良的现象,称为焊接缺欠,超过规定限值的缺欠称为焊接缺陷。

熔焊焊接缺欠的种类很多,根据 GB/T 6417.1—2005 规定,可将其按性质、特征分为裂纹、孔穴、固体杂质、未熔合及未焊透、形状和尺寸不良及其他缺陷 6 类,在评定识别缺陷时,应首先了解焊接接头的坡口类型和具体尺寸,这对于正确评定识别缺陷是重要的基础资料。

1. 裂纹

裂纹是危害最严重的焊接缺陷,也是熔焊接头中可能出现的缺陷。

焊接过程中产生的裂纹是多种多样的,可分布在接头的各个部位,图 2－15 是各部位可能出现裂纹的示意图。按照裂纹产生的原因,裂纹可以分为 5 类:热裂纹、冷裂纹、再热裂纹、层状撕裂和应力腐蚀裂纹。

热裂纹是在高温下由拉应力作用产生的裂纹。由于焊接过程是一个局部不均匀加热和冷却的过程,因此冷却时会产生拉应力。在拉应力的作用下焊缝的薄弱处发生开裂。

热裂纹的主要形态是焊缝纵向裂纹、焊缝横向裂纹、弧坑裂纹、焊缝根部裂纹。

冷裂纹是在焊后较低的温度下产生的裂纹,它与焊接金属材料的成分和特性、与氢的作用和拘束应力密切相关。冷裂纹经常出现的形态是焊道下裂纹、焊趾裂纹、焊缝根部裂纹。

再热裂纹是焊后进行消除应力热处理过程中产生的裂纹,它一般出现在热影响区、熔合线附近。层状撕裂是由于母材金属中原有的夹杂物在焊接残余应力作用下导致的开裂,它总是出现在热影响区或母材金属中。应力腐蚀裂纹是焊件在某些腐蚀介质中,由于拉应力的作用所产生的延迟裂纹,它是腐蚀介质和拉应力共同作用产生的。

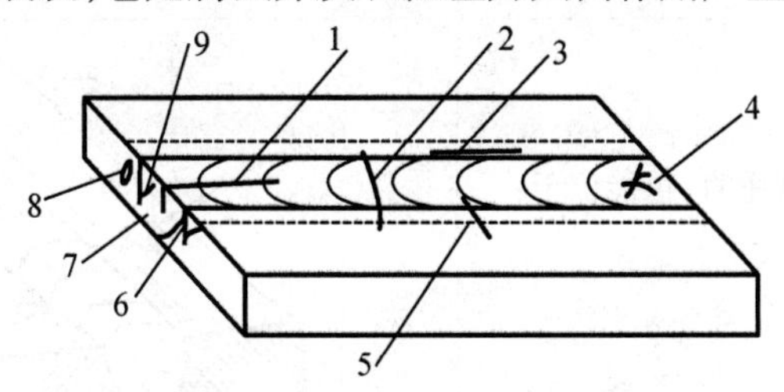

图 2-15　焊缝裂纹分布示意图

1—焊缝纵向裂纹;2—焊缝横向裂纹;3—热影响区纵向裂纹;4—弧坑裂纹;5—热影响区横向裂纹;6—焊趾裂纹;7—焊缝根部裂纹;8—焊道下裂纹;9—焊缝内晶间裂纹

表 2-2 为各类裂纹缺欠的代号、分类及说明。为便于使用,一般应采用缺欠代号表示焊接缺欠。需要对缺欠标注时,应采用"缺欠 + 标准编号 + 代号"的表示方法,例如裂纹(100),可标记为缺欠 GB/T 6417.1—100。

表 2-2　裂纹缺欠代号、分类及说明

代号	名称及说明	示意图
第 1 类　裂纹		
100	裂纹 一种在固态下由局部断裂产生的缺欠,它可能源于冷却或应力效果	
1001	微观裂纹 在显微镜下才能观察到的裂纹	
101 1011 1012 1013 1014	纵向裂纹 基本与焊缝轴线平行,可能位于: 焊缝金属 熔合区 热影响区 母材	1 1014 1011 1013 1012 1—热影响区

表 2－2(续)

代号	名称及说明	示意图
	第 1 类　裂纹	
102	横向裂纹 基本与焊缝轴线垂直,可能位于:	
1021	焊缝金属	
1023	热影响区	
1024	母材	
103	放射状裂纹 具有某一公共点,呈放射状,可能位于:	
1031	焊缝金属	
1033	热影响区	
1034	母材 注:此类型的小裂纹称为“星形裂纹”	
104	弧坑裂纹 位于焊缝弧坑处,可能是:	
1045	纵向的	
1046	横向的	
1047	放射状的(星形裂纹)	
105	间断裂纹群 在任意方向间断分布,可能位于:	
1051	焊缝金属	
1053	热影响区	
1054	母材	
106	枝状裂纹 源于同一裂纹并连在一起的裂纹群,和间断裂纹群及放射状裂纹明显不同,可能位于:	
1061	焊缝金属	
1063	热影响区	
1064	母材	

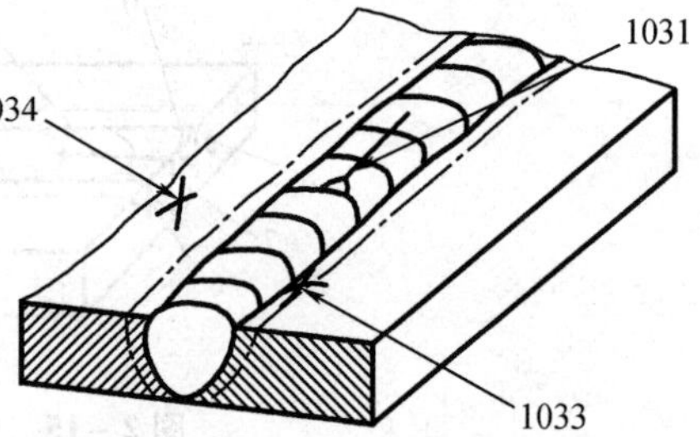

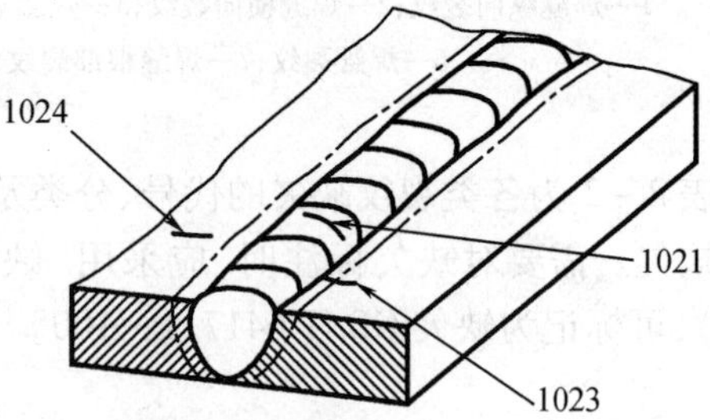

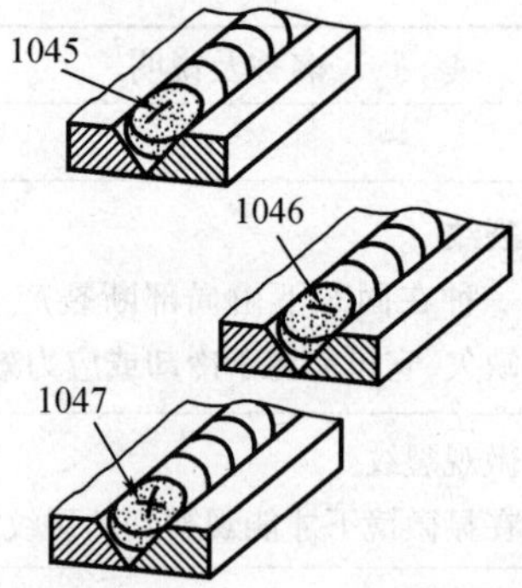

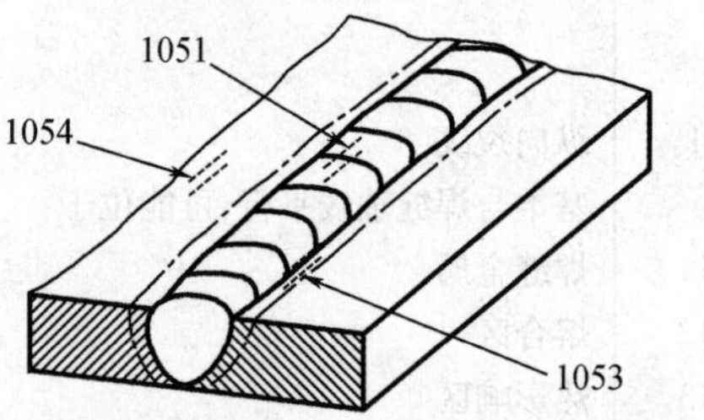

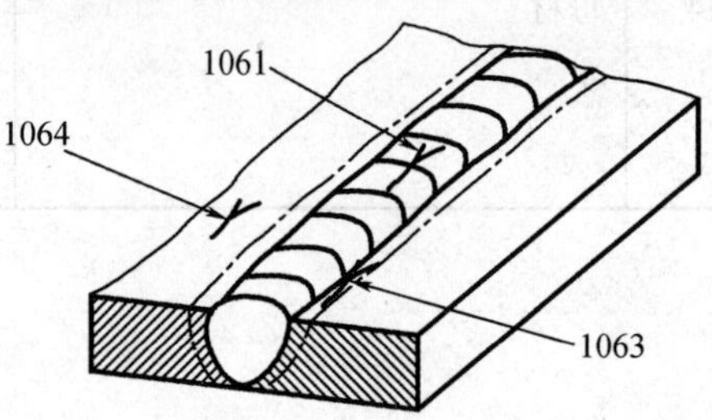

2. 气孔

气孔是焊缝中常见的缺陷,它是在熔池结晶过程中未能逸出而残留在焊缝金属中的气体形成的孔洞。

在焊接过程中,焊接区内充满了大量气体,这些气体来源有焊接材料在加热时分解、燃烧所析出的气体,电弧区内的空气,焊条、母材表面吸附的水分,污染物受热析出的气体,高温下气体溶解度降低析出的气体等。焊缝中形成气孔的气体主要是氢气和一氧化碳。

气孔的形成都将经历下面的过程:熔池内发生气体析出→析出的气体聚集形成气泡→气泡长大到一定程度后开始上浮→上浮中受到熔池金属的阻碍不能逸出→被留在焊缝金属中形成气孔。

常见气孔的形态有 4 种:孤立气孔、密集气孔、链状气孔和虫孔,图 2 - 16 是它们的示意图。虫孔主要是一氧化碳形成的气孔,它是一氧化碳气体从焊缝内部上浮排出过程中,熔池结晶造成气孔拉长,并沿结晶方向分布,形成形状如小虫、呈人字形规则排列的气孔。表 2 - 3 为各类孔穴缺欠的代号、分类及说明。

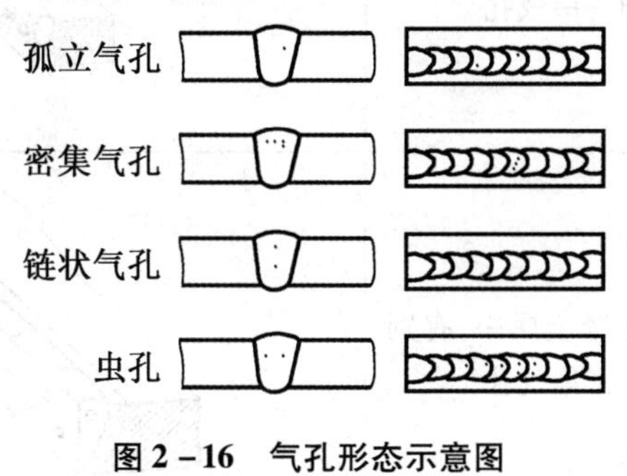

图 2 - 16 气孔形态示意图

表 2 - 3 孔穴缺欠代号、分类及说明

代号	名称及说明	示意图
200	孔穴	
201	气孔 残留气体形成的孔穴	
2011	球形气孔 近似球形的孔穴	2011

表 2 -3(续)

代号	名称及说明	示意图
2013	局部密集气孔 呈任意几何形分布	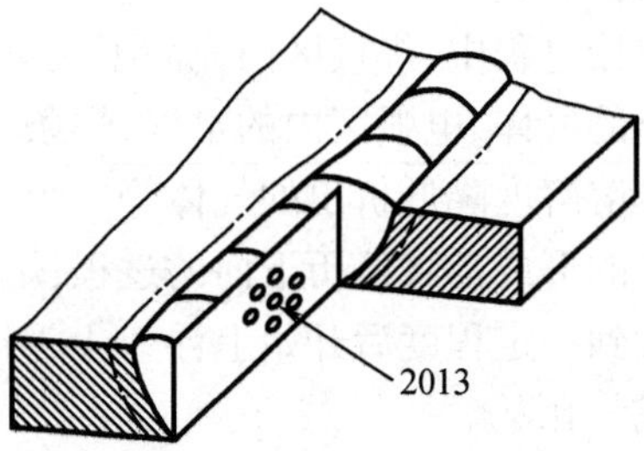 2013
2014	链状气孔 与焊缝轴线平行的一串气孔	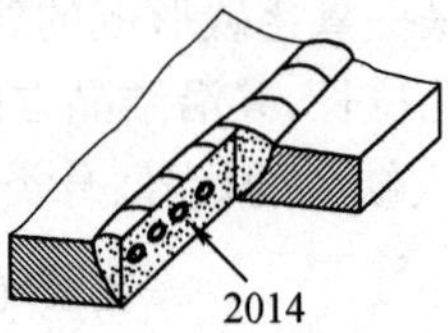 2014
2012	均布气孔 均匀分布在整个焊缝金属中,有别于链状气孔和局部密集气孔	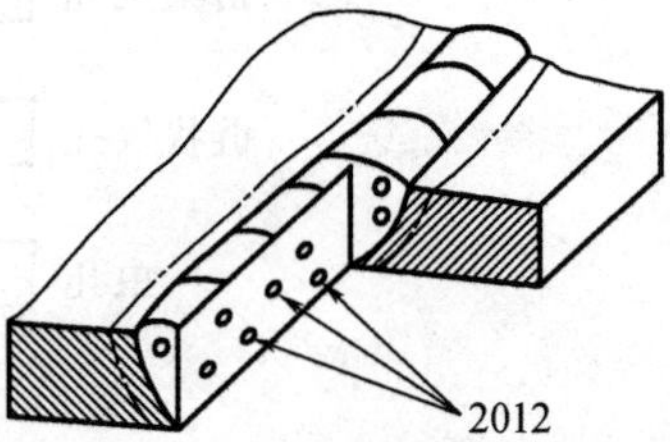 2012
2015	条形气孔 长度与焊缝轴线平行的非球形长气孔	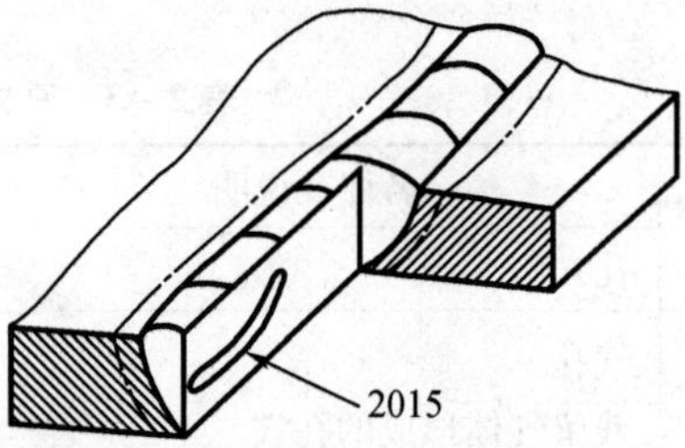 2015
2016	虫形气孔 因气体逸出而在焊缝金属中产生的一种管状气孔穴,其形状和位置由凝固方式和气体来源所决定。通常成串密集并呈腓骨形状,有些可能暴露在焊缝表面。	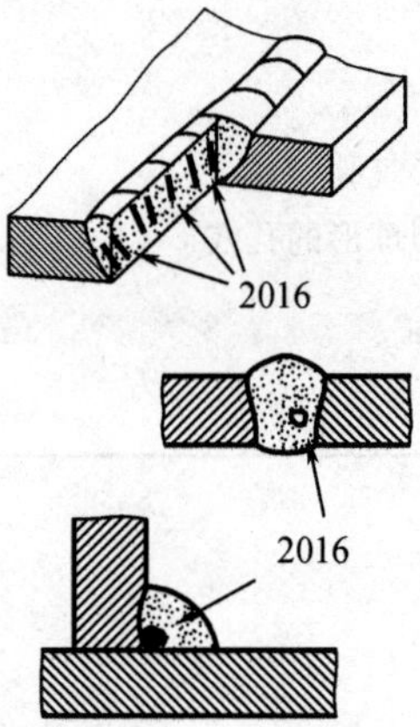 2016 2016

表 2-3(续)

代号	名称及说明	示意图
2017	表面气孔 暴露在焊缝表面	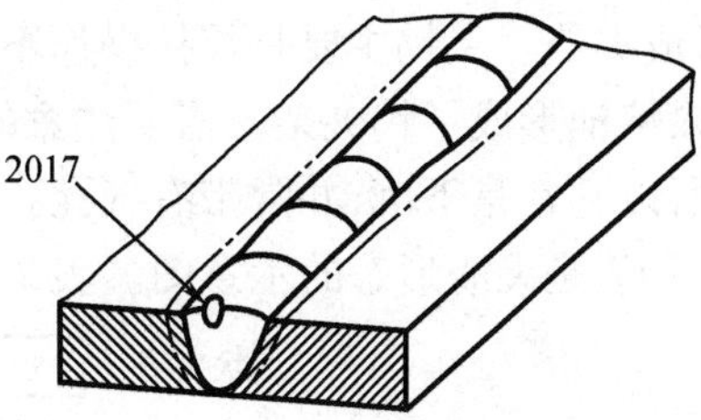 2017
202	缩孔 因凝固时收缩造成的孔穴	
2021	结晶缩孔 冷却过程中在树枝晶间形成的长形收缩孔,可能残留有气体,通常可在焊缝表面的垂直处发现	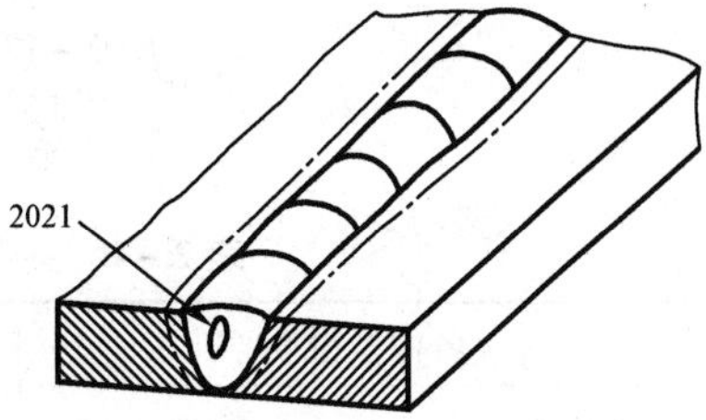 2021
2024	弧坑缩孔 焊道末端的凹陷孔穴,未被后续焊道消除	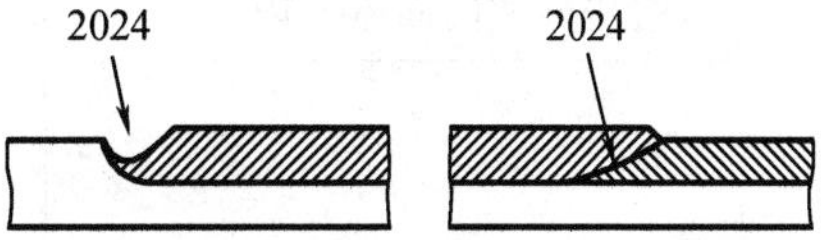 2024　2024
2025	末端弧坑缩孔 减少焊缝横截面积的外露缩孔	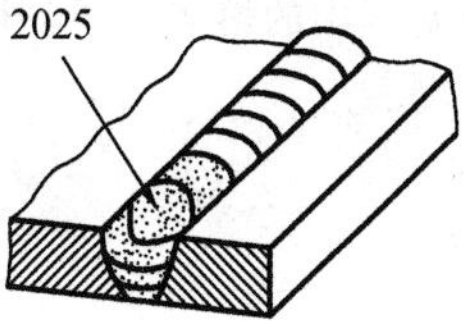 2025
203	微型缩孔 仅在显微镜下可观察到的缩孔	
2031	微型结晶缩孔 冷却过程中沿晶界在树枝晶间形成的长形缩孔	
2032	微型穿晶缩孔 凝固时穿过晶界形成的长形缩孔	

3. 夹杂物

焊缝中残留的各种非熔焊金属以外的物质称为夹杂物。夹杂物一般分为两类:夹渣和夹钨。

夹渣包括焊后残留在焊缝内的熔渣和焊接过程中产生的各种非金属杂质,如氧化物、氮化物和硫化物等。夹钨是钨极惰性气体保护焊时,钨极熔入焊缝中的钨粒,夹钨也称为钨夹杂。在铝合金焊接时，有可能还会产生夹铜，这时一般都会伴随有裂纹。

焊缝中产生夹渣的主要原因是焊接电流小或焊接速度快，使杂质不能与液态金属分开并浮出。在多层焊时，如果前一层的熔渣清理不彻底，焊接操作又未能将其完全浮出，也会在焊缝形成夹渣。夹钨主要是焊接操作不当，使钨极进入熔池，或焊接电流过大，导致钨极熔化，落入熔池形成了钨夹杂。需要注意的是，对于铝合金，由于三氧化二铝是密度大于铝的夹渣，所以它常是下沉，并常带有气孔。

图 2－17 是夹渣形态的示意图。表 2－4 为各类夹杂缺欠的代号、分类及说明。

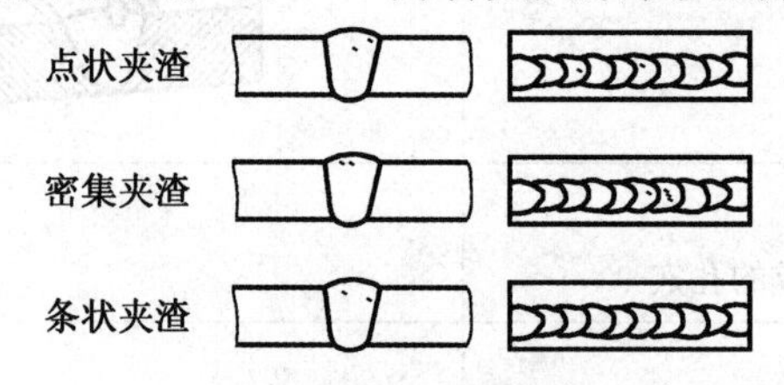

图 2－17　夹渣形态示意图

表 2－4　夹杂缺欠代号、分类及说明

代号	名称及说明	示意图
300	固体夹杂 在焊缝中残留的固体杂物	
301 3011 3012 3014	夹渣 残留在焊缝中的熔渣，按其形成情况可能是： 线状的 孤立的 成簇的	3011 3012 3014
302 3021 3022 3024	焊剂夹渣 残留在焊缝中的焊剂渣，按其形成情况可能是： 线状的 孤立的 成簇的	参见 3011～3014
303 3031 3032 3033	氧化物夹杂 残留在焊缝中的金属氧化物，可能是： 线状的 孤立的 成簇的	参见 3011～3014

表 2-4(续)

代号	名称及说明	示意图
3034	皱褶 在某些情况下,特别是铝合金焊接时,因焊接熔池保护不善和紊流的双重影响而产生的大量氧化膜	
304 3041 3042 3043	金属夹杂 残留在焊缝中的外来金属颗粒,可能是: 钨 铜 其他金属	

4. 熔合不良

在焊接过程中,如果焊接参数(电压、电流、预热等)不适当,或焊接操作不正确,将影响所形成的熔池形状、大小和温度等,造成焊接缺陷。焊接电流过大或过小、焊接速度过快、焊条角度不正确、坡口不适当、清理不干净等都可能造成熔合不良。

熔合不良缺陷分为两类:未焊透和未熔合。它们对焊缝都是危害性缺陷。未焊透(如图 2-18)是母材金属与母材金属之间局部未熔化成为一体,它出现在坡口根部,因此常称为根部未焊透。未熔合(如图 2-19)是母材金属与焊缝金属之间局部未熔化成为一体,或焊缝金属与焊缝金属之间未熔化成为一体。按照它出现的位置,常分为 3 种:根部未熔合、坡口未熔合和层间未熔合。根部未熔合是指坡口根部处发生的焊缝金属与母材金属未熔化成一体的缺陷,坡口未熔合是指坡口侧壁处发生的焊缝金属与母材金属未熔化成一体的缺陷,层间未熔合是多层焊时各层焊缝金属之间未熔化成一体的缺陷。表 2-5 为各类未熔合及未焊透缺欠的代号、分类及说明。

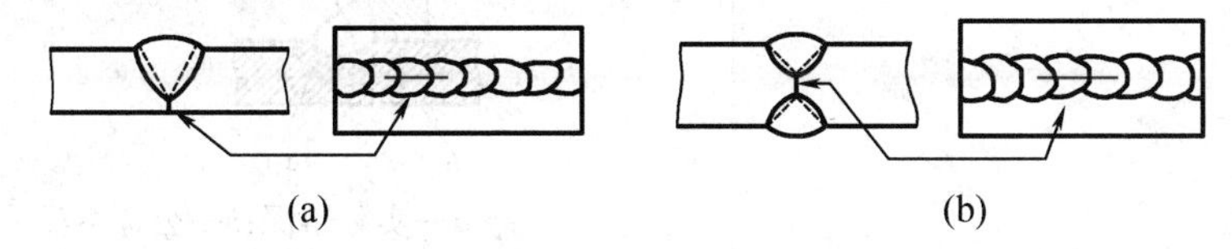

图 2-18　未焊透示意图

(a)单面焊;(b)双面焊

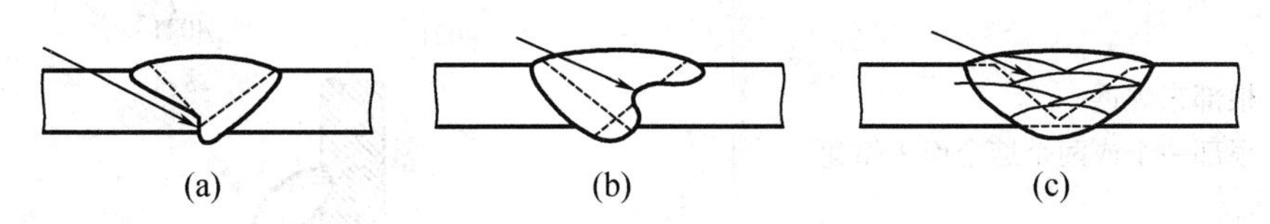

图 2-19　未熔合示意图

(a)根部未熔合;(b)坡口未熔合;(c)层间未熔合

表 2－5　未熔合及未焊透缺欠分类及说明

代号	名称及说明	示意图
401 4011 4012 4013	未熔合 焊缝金属和母材或焊缝金属各焊层间未结合部分，可能是： 侧壁未熔合 焊道间未熔合 根部未熔合	4011 4012 4012 4012 4013 4013
402	未焊透 实际熔深与公称熔深间的差异	a b 402 a b a 402 a b 402 *a*—实际熔深；*b*—公称熔深
4021	根部未焊透 根部一个或两个熔合面未熔化	4021　4021 4021

表 2－5(续)

代号	名称及说明	示意图
403	钉尖 电子束或激光焊接时产生的极不均匀的熔透,呈锯齿状,可能包括孔穴、裂纹、缩孔等	

5. 成型不良

由于焊接参数不当或焊接操作不当,可以造成焊缝成型不良缺陷。常见的成型不良缺陷有咬边、烧穿和焊瘤。此外,还有一些其他成型不良缺陷,如收缩沟(内凹)、塌陷等。咬边(见图 2－20)是在母材上沿焊趾产生的沟槽,产生咬边的原因主要是焊接电流过大、电弧过长、焊条角度不正确等。咬边是一种危险的缺陷,它减少了母材金属的有效截面,造成应力集中,容易引起裂纹。烧穿(见图 2－21) 是由于熔化深度超出母材金属厚度,熔化金属自坡口背面流出,形成穿孔缺陷。产生这种缺陷的原因主要是焊接电流过大、焊接速度过慢、坡口间隙过大。表 2－6 为各类成型不良缺欠的代号、分类及说明。

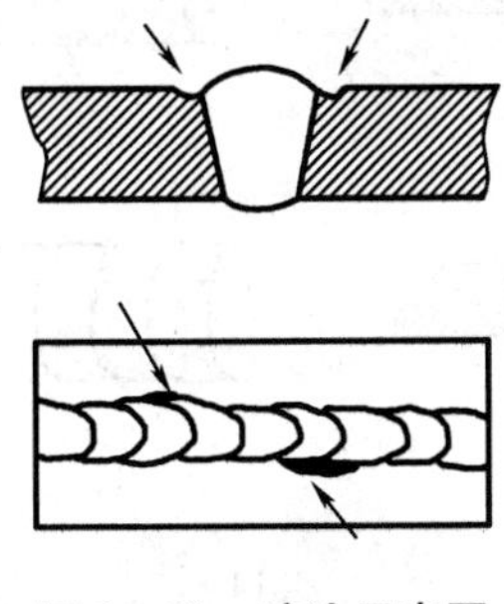

图 2－20　咬边示意图

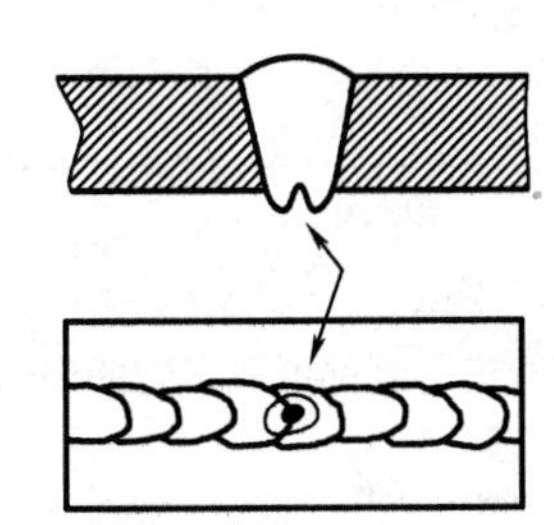

图 2－21　烧穿示意图

表 2－6　成型不良缺欠代号、分类及说明

代号	名称及说明	示意图
500	形状不良 焊缝外表面形状和接头的几何形状不良	
501	咬边 母材或前一道熔敷金属在焊趾处因焊接而产生不规则缺口	

表 2－6(续)

代号	名称及说明	示意图
5011	连续咬边 具有一定长度且无间断	5011 5011 5011 5011
5012	间断咬边 沿焊缝间断，长度较短	5012 5012 5012 5012
5013	缩沟 根部焊道每侧都可观察到的沟槽	5013 5012
5014	焊道间咬边 焊道间纵向的咬边	5014
5015	局部交错咬边 焊道侧边或表面上呈不规则间断，长度较短	5015
502	焊缝超高 对接焊缝表面焊缝金属过高	a 502 a—公称尺寸
503	凸度过大 角焊缝表面焊缝金属过高	a 503 a—公称尺寸

表 2-6(续)

代号	名称及说明	示意图
504 5041 5042 5043	下塌 过多焊缝金属伸到焊缝根部,可能是: 局部下塌 连续下塌 熔穿	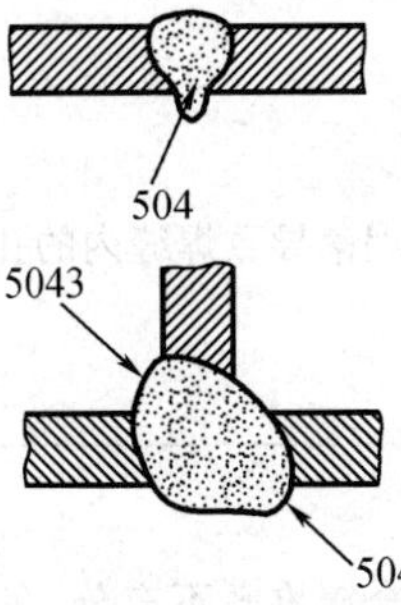 504 5043 5043
505	焊缝形面不良 母材金属表面与靠近焊趾处焊缝表面切角过小	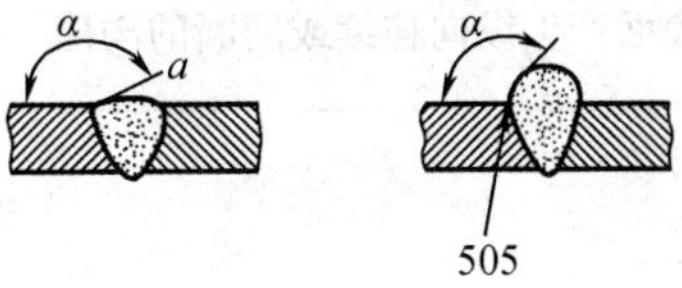 α a α 505 a—公称尺寸
506 5061 5062	焊瘤 覆盖在母材金属表面,但未与其熔合的过多焊缝金属,可能是: 焊趾焊瘤 根部焊瘤	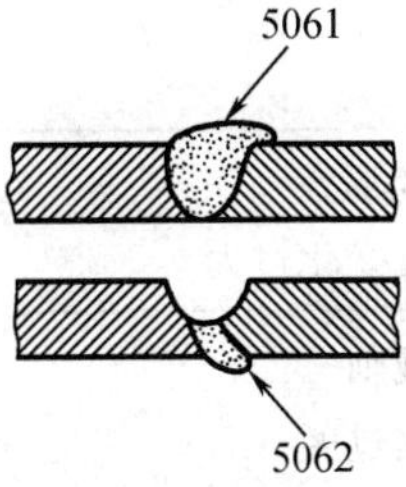 5061 5062
507 5071 5072	错边 两个焊件表面应平行对齐时,未达到规定的平行对齐要求而产生的偏差,可能是: 板材的错边 管材的错边	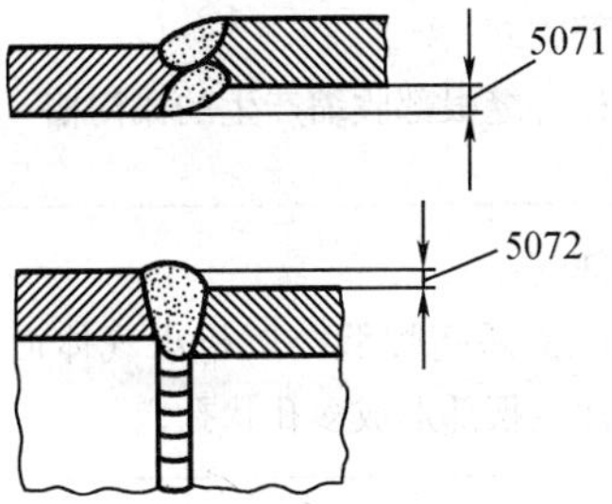 5071 5072
508	角度偏差 两个焊件未平行而产生的偏差	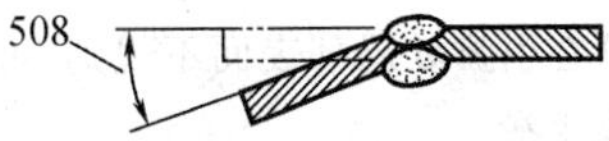 508
509 5091 5092 5093 5094	下垂 因重力而导致焊缝金属下塌,可能是: 水平下垂 在平面位置或过热位置下垂 角焊缝下垂 焊缝边缘熔化下垂	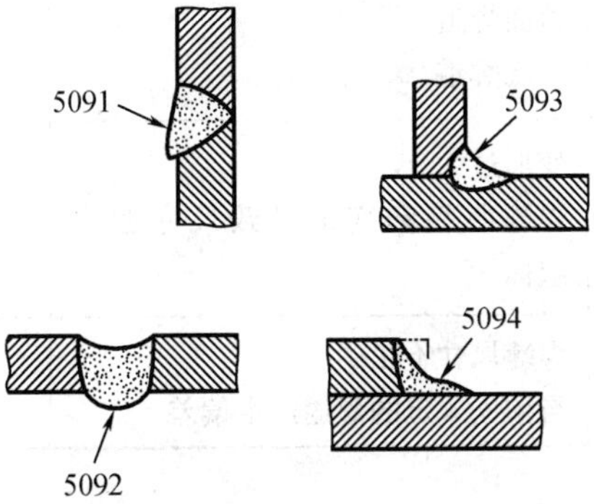 5091 5093 5094 5092

表2-6(续)

代号	名称及说明	示意图
510	烧穿 焊接熔池塌落导致焊缝内的孔洞	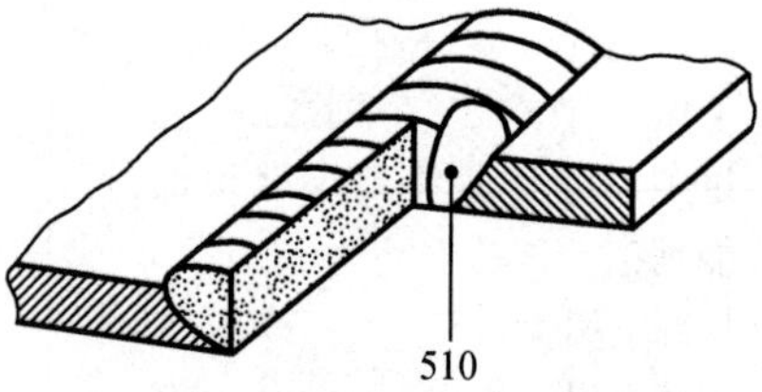 510
511	未焊满 焊接填充金属堆敷不充分,在焊缝表面产生纵向连续或间断的沟槽	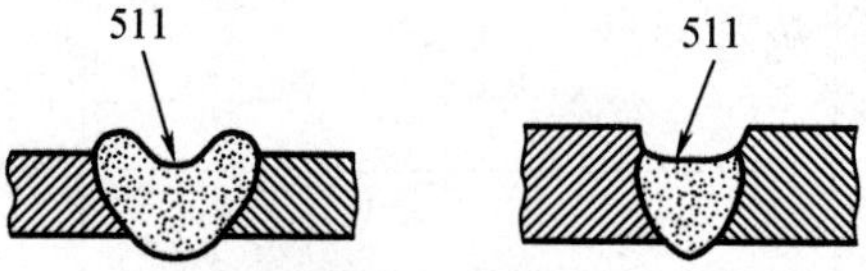 511 511
512	焊脚不对称	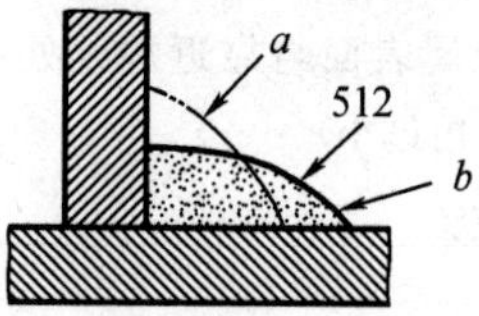 a 512 b a—正常情况;b—实际情况
513	焊缝宽度不齐 焊缝宽度变化过大	
514	表面不规则 表面粗糙过度	
515	根部收缩 对接焊缝根部收缩产生的浅沟槽	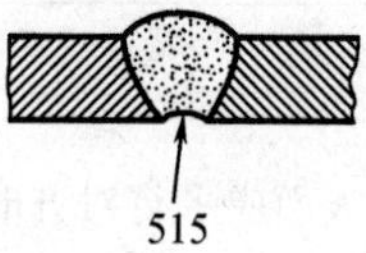 515
516	根部气孔 在凝固瞬间焊缝金属析出气体而在焊缝根部形成多孔状孔穴	
517 5171 5172	焊缝接头不良 焊缝在引弧处局部表面不规则,可能发生在: 盖面焊道 打底焊道	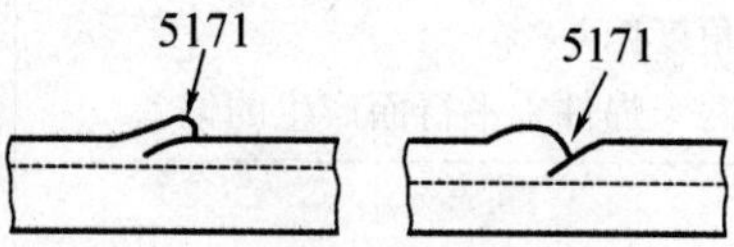 5171 5171
520	变形过大 焊缝收缩和变形导致尺寸偏差超标	
521	焊缝尺寸不正确 与预先规定的焊缝产生偏差	

表 2－6(续)

代号	名称及说明	示意图
5211	焊缝厚度过大 焊缝厚度超过标定尺寸	5212 b 5211 a a—公称厚度;b—公称宽度
5212	焊缝宽度过大 焊缝宽度超过标定尺寸	
5213	焊缝有效厚度不足 角焊缝的实际有效厚度过小	a b 5213 a—公称厚度;b—实际厚度
5214	焊缝有效厚度过大 角焊缝的实际有效厚度过大	b a 5214

6. 其他缺欠

其他缺欠是指由于焊接操作或其他原因导致的焊接缺欠。表 2－7 为各类其他缺欠的代号、分类及说明。

表 2－7　其他缺欠代号、分类及说明

代号	名称及说明	示意图
600	其他缺欠 第 1 至 5 类未包含的所有其他缺欠	
601	电弧擦伤 在坡口外引弧或起弧而造成焊缝邻近母材表面处局部损伤	
602	飞溅 焊接(或焊缝金属凝固)时,焊缝金属或填充材料迸溅出的颗粒	

表 2-7(续)

代号	名称及说明	示意图
6021	钨飞溅 从钨电极过渡到母材或凝固焊接金属的钨颗粒	
603	表面撕裂 拆除临时焊接附件时造成的表面损伤	
604	磨痕 研磨造成的局部损伤	
605	凿痕 使用扁铲或其他工具造成的局部损伤	
606	打磨过量 过度打磨造成工件厚度不足	
607 6071 6072	定位焊缺欠 定位焊不当造成 焊道破裂或未熔合 定位未达到要求时施焊	
608	双面焊道错开 在接头两面施焊的焊道中心线错开	608
610	回火色(可观察到氧化膜) 不锈钢焊接区产生的轻微氧化表面	
613	表面磷片 焊接区严重的氧化表面	
614	焊剂残留物 焊剂残留物未从表面完全清除	
615	残渣 残渣未从表面完全清除	
617	角焊缝根部间隙不良 被焊工件间的间隙过大或不足	617

表 2-7(续)

代号	名称及说明	示意图
618	膨胀 凝固阶段保温时间过长使金属接头发热	618

除上述 6 类焊接缺欠外,对于焊接接头还有金相组织不符合要求(如晶粒粗大)、焊接接头理化性能(化学成分、力学性能等)不符合要求等缺欠形式。

二、焊接缺欠的特征及分布

焊接接头中存在焊接缺欠,必然影响焊接质量。评定焊接接头质量优劣,主要根据缺欠的种类、大小、数量、形态、分布及危害程度。

(一)焊接裂纹

在焊接应力及其他致脆因素共同作用下,焊接接头中局部地区的金属原子结合力遭到破坏而形成的新界面所产生的缝隙,其具有尖锐的缺口和大的长宽比的特征。

焊接裂纹直接影响焊接结构的安全使用,是一种非常危险的工艺缺陷,原因是裂纹为线性不连续,且其端部非常尖锐,在有应力的情况下易于扩展和延伸。

随着钢铁、石油化工、舰船和电力等工业的发展,在焊接结构方面都在向大型化、大容量和高参数的方向发展,有的还在低温、深冷、腐蚀介质等环境下工作。因此,各种低合金高强度钢,中、高合金钢,超高强钢,以及各种合金材料的应用日益广泛。然而随着这些钢种和合金材料的应用,在焊接生产中出现了许多新的问题,其中较为普遍而又十分严重的就是焊接裂纹。

焊接裂纹不仅给生产带来困难,而且可能带来灾难性的事故。据统计,世界上焊接结构所出现各种事故中,除少数是由于设计不当、选材不合理和运行操作上的问题外,绝大多数是由裂纹而引起的脆性破坏。因此,裂纹是引起焊接结构发生破坏事故的主要原因。

疲劳破坏一直被认为是船舶及海洋工程结构的一种主要的破坏形式,自钢质海船诞生至今,因结构中疲劳裂纹的生成、扩展,最后导致船舶破坏的事例屡有报道。美国海岸警卫队船舶结构委员会曾组织力量对六种不同类型的七十七艘民用船舶及九艘军舰中六十多万个结构细部进行了调查研究和统计分析,结果表明,有约九分之一的破坏与疲劳有关。

历史上海洋平台的几次重大事故,如 1965 年日本为美国建造的 Sedco 型半潜式平台在交货途中破损沉没,造成 13 人死亡;1980 年 Alexan-derkeyland 号半潜式平台在北海翻沉,使百余人葬身海底。调查分析的结果表明,结构的疲劳是造成事故的重要原因之一。

根据焊接裂纹产生部位、尺寸、形成原因和机理,有不同的分类方法。

1. 根据裂纹的形貌

裂纹外观如图 2-22 所示。

2. 根据形成条件

可分为热裂纹、冷裂纹、再热裂纹和层状撕裂等。

(1)热裂纹

焊接过程中,焊缝和热影响区金属冷却到固相线附近的高温区产生的焊接裂纹。

热裂纹产生于固相线附近,有沿晶界开裂的特征,通常多产生于焊缝金属内,但也可能形成在焊接接头熔合线附近的母材内。

根据裂纹形成机理,热裂纹可分结晶裂纹、液化裂纹及多边化裂纹,如图 2-23 所示。

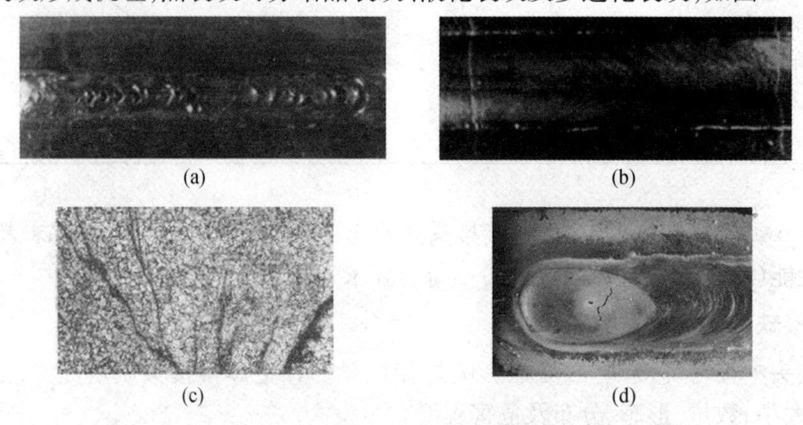

图 2-22 裂纹外观形貌

(a)纵向裂纹;(b)横向裂纹;(c)放射状裂纹;(d)弧坑裂纹

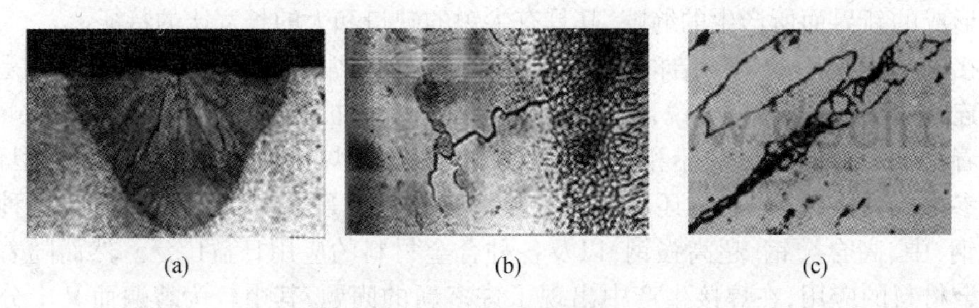

图 2-23 热裂纹形态

(a)结晶裂纹;(b)液化裂纹;(c)多边化裂纹

①结晶裂纹　主要产生于杂质含量(S,P,Si)偏高的碳钢、低合金钢、镍基合金及某些铝合金焊缝中,一般沿焊缝树枝状晶粒的交界处发生和扩展。常见于焊缝中心沿焊缝长度扩展的纵向裂纹中,如图 2-23(a)所示,有时也分布在两个树枝晶粒间。结晶裂纹表面无金属光泽,带有氧化颜色。

②液化裂纹　母材近缝区或多层焊层间金属中的低熔点杂质,被焊接高温熔化,在焊接拉应力作用下沿奥氏体晶界产生开裂,形成(高温)液化裂纹,如图 2-24 所示。液化裂纹尺寸较小,一般在 0.5 mm 以下,主要发生在高镍低锰型的低合金钢中。

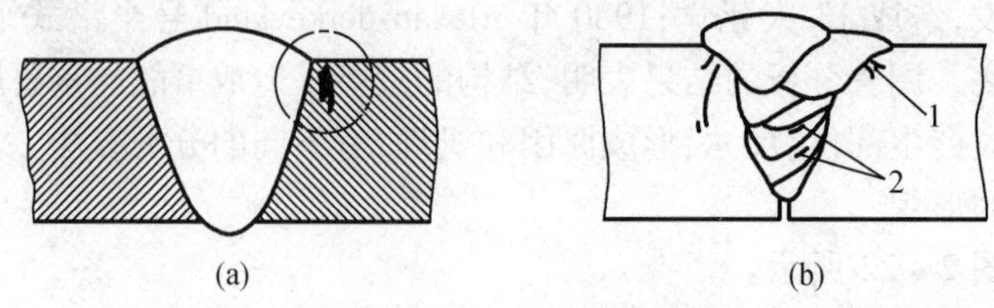

图 2-24 液化裂纹示意图

(a)近缝区液化裂纹;(b)多层焊焊层间的液化裂纹

1—熔合区凹陷;2—层间过热区

③多边化裂纹　在低于固相线温度下形成,特点是沿“多边形化边界”分布,与一次结晶晶界无明显关系,易产生于单相奥氏体金属中。多边化裂纹出现在热影响区或多层焊的前层焊缝中,位于比液化裂纹距熔合区稍远的部位。

(2)冷裂纹

焊接接头冷却到较低温度下(对于钢来说在 M_S 温度以下)时产生的焊接裂纹。

冷裂纹种类较多,生产中出现较多的为延迟裂纹。延迟裂纹是指钢的焊接接头冷却到室温后,并在一定时间(几小时、几天、甚至十几天)后才出现的焊接冷裂纹。按产生位置不同,延迟裂纹分为以下几种类型:

①焊道下裂纹　在靠近堆焊焊道的热影响区内所形成的焊接冷裂纹,如图 2-25(a)所示。裂纹经常发生在淬硬倾向大、含氢较高的焊接热影响区,不容易露于焊缝表面。

②焊趾裂纹　沿应力集中的焊趾处所形成的焊接冷裂纹,起源于焊缝表面与母材交界处,如图 2-25(b)所示。裂纹走向多与焊道平行,一般向热影响粗晶区扩展。

③焊根裂纹　沿应力集中的焊缝根部所形成的焊接冷裂纹,起源于焊缝根部应力集中最严重的区域。

④横向裂纹　起源于熔合区,沿垂直于焊缝轴线方向扩展到焊缝和热影响区。

(a)

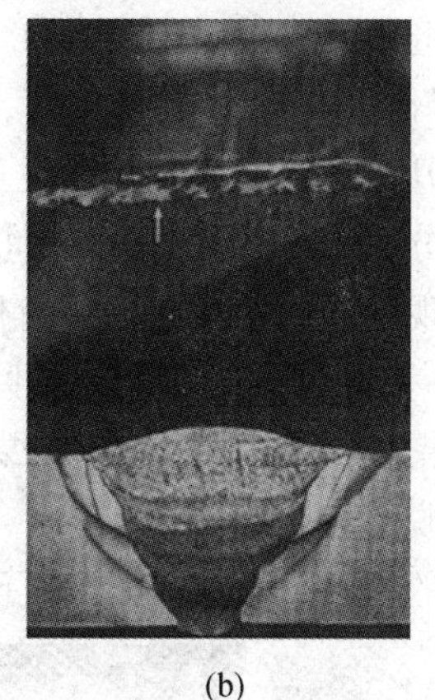

(b)

图 2-25　裂纹示意图

(a)焊道下裂纹;(b)焊趾裂纹

(3)再热裂纹

某些含沉淀元素的高强钢和高温合金,在焊后未出现裂纹,而在热处理过程却出现裂纹,即“消除应力裂纹”。但有些结构在焊后消除应力热处理过程没有出现裂纹,而在 500 ~ 600 ℃长期工作时产生裂纹。上述两种情况下产生的裂纹统称为再热裂纹,如图2-26(a)所示。

再热裂纹大多发生在熔合区附近的过热区粗晶部位,呈晶间开裂,裂纹沿原奥氏体晶界扩展,止于细晶区。

(4)层状撕裂

焊接时,在焊接构件中沿钢板轧层形成的呈阶梯状的裂纹,如图 2-26(b)所示。开裂沿母材轧制方向平行于钢板表面扩展为裂纹平台,平台间由与板面垂直的剪切壁连接而成阶梯形。

层状撕裂发生在较低温度下,常产生于厚度较大的焊接结构,一般出现在焊缝热影响区及其邻近的母材上。

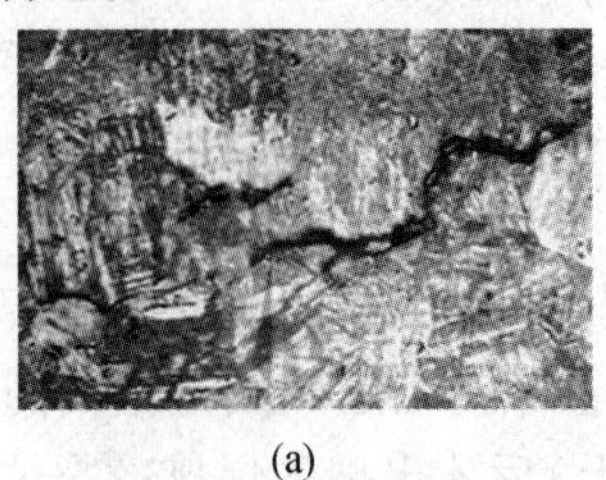
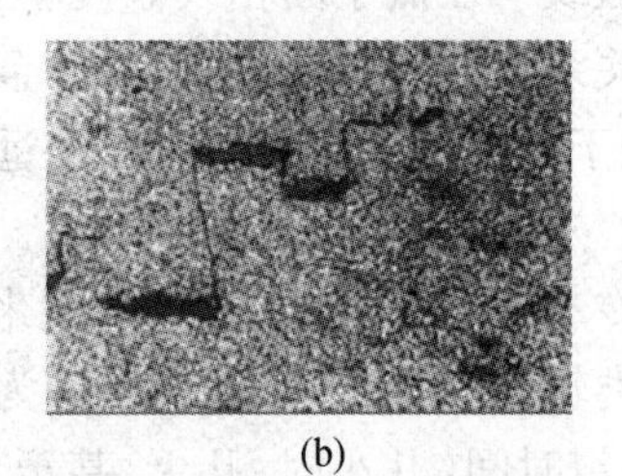

(a)　　　　　　　　　　(b)

图2-26　裂纹示意图

(a)再热裂纹;(b)层状撕裂

(二)孔穴

按形成机理分为气孔和缩孔两大类。

1. 气孔

焊接时,熔池中的气泡在凝固时未能逸出而残留下来所形成的空穴,这也是焊接过程中常见的缺欠之一。

气孔影响焊缝的致密性(气密性和水密性),减小焊缝的有效工作截面。气孔还会导致应力集中,显著降低焊缝的强度和韧性,对结构的动载强度有显著的影响。

实例分析:2013 年某冷藏公司发生氨泄漏事故,造成 15 人死亡,7 人重伤,18 人轻伤。经断口扫描电镜分析,发现断口呈河流状解理断裂,符合脆性开裂的特征,未发现疲劳起裂和纤维断口起裂现象,断口均为新鲜断痕,整周断口颜色一致,无塑性变形;断口焊缝有明显气孔,从内向外有放射条纹,分析表明断裂是瞬时发生的。综合分析认为是由于热氨融霜违规操作和管帽连接焊缝存在严重焊接缺陷,导致焊接接头的低温低应力脆性断裂,致使回气集管管帽脱落,造成氨泄漏。

按气孔产生的位置,可分为表面气孔和内部气孔,图 2-27 为表面气孔照片。

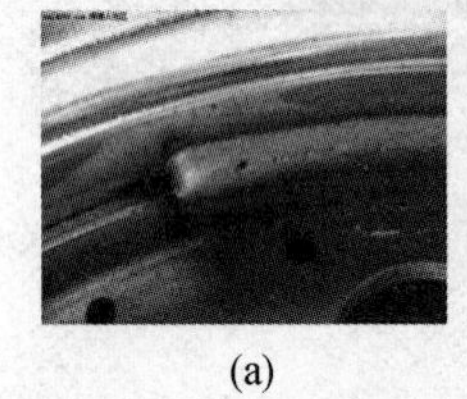
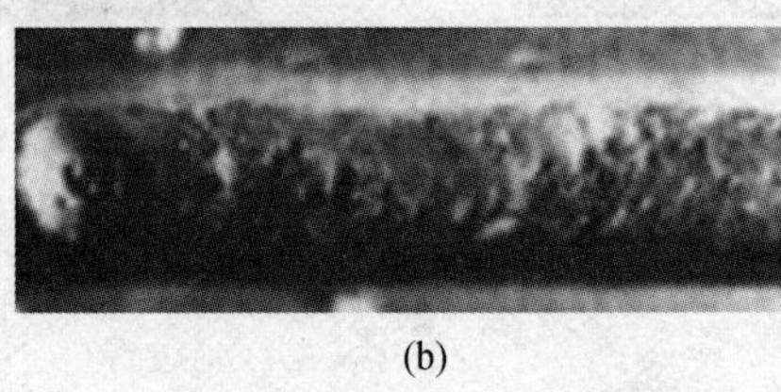
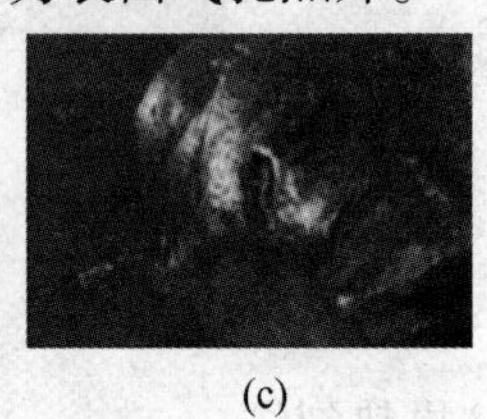

(a)　　　　　　　　　　(b)　　　　　　　　　　(c)

图2-27　表面气孔

(a)单个气孔;(b)均布气孔;(c)条虫状气孔

孔穴按气孔形态可分为密集气孔、条虫状气孔和针状气孔等。

图 2-28 为密集型气孔射线影像,图 2-29 为线状气孔射线影像。

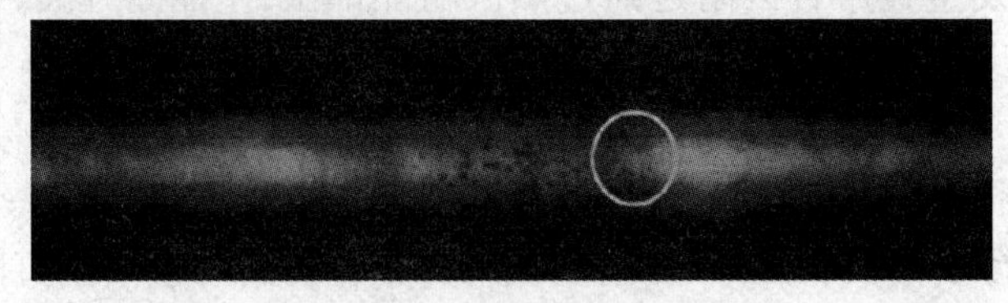

图2-28　密集型气孔射线影像

图 2－29　线状气孔射线影像

形成气孔的气体不同，气孔的形成条件及分布也不同。

(1)氢气孔

对于低碳钢和低合金钢，氢气孔大多分布于焊缝表面。其断面呈螺钉状，内壁光滑，上大下小呈喇叭口形。

(2)CO 气孔

多产生于焊缝内部，呈条虫状，表面光滑，沿结晶方向分布。

2. 缩孔

焊接过程中，金属因本身物理特性必然会产生收缩，可能在最后凝固部位出现孔洞。细小而分散的孔洞为缩松，容积大且集中的孔洞则称为缩孔。

图 2－30 为弧坑缩孔形态。

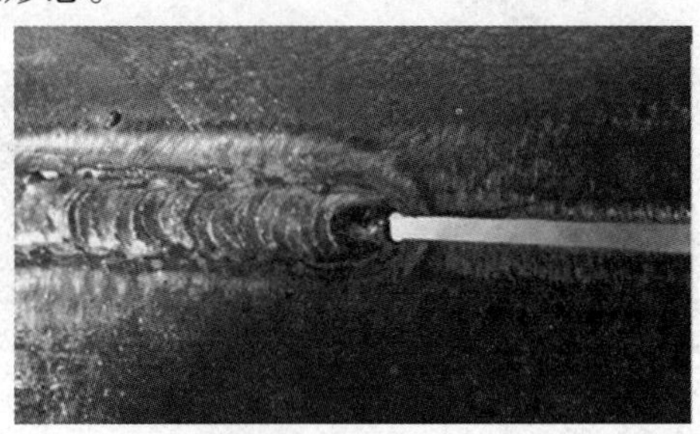

图 2－30　弧坑缩孔

(三)固体夹杂

固体杂质是残留的外界固体物质，如渣、焊剂、氧化物或钨等。

1. 夹渣

在焊缝截面或表面中，用于保护熔化金属的熔渣或焊剂残留在焊缝金属中称为夹渣。夹渣形状复杂，多呈线状、长条状或颗粒状，常发生在坡口边缘及每层焊道间非圆滑部位，在焊道形状发生突变或存在深沟的部位也容易产生，图 2－31 为焊缝表面夹渣外貌。

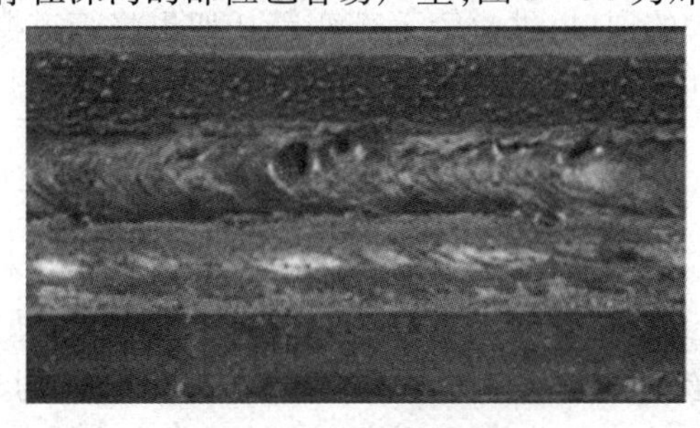

图 2－31　表面夹渣

2. 金属夹杂

生产中，金属夹杂主要以夹钨为主。

钨极氩弧焊操作时，若钨极不慎与熔池接触，可能导致钨颗粒进入焊缝金属而产生夹钨。图 2－32 为夹钨射线影像。

图 2－32　夹钨射线影像

（四）未熔合及未焊透

1. 未熔合

熔焊时，焊道与母材之间或焊道与焊道之间，未完全熔化结合的部分，以及点焊时母材与母材之间未完全熔化结合的部分称为未熔合。

未熔合是一种焊接不连续，是指焊缝金属和熔合面或焊道间没有熔合，形态呈线形且端部很尖锐。未熔合常出现在坡口侧壁、多层焊的层间及焊缝根部，图 2－33 所示为未熔合形态。

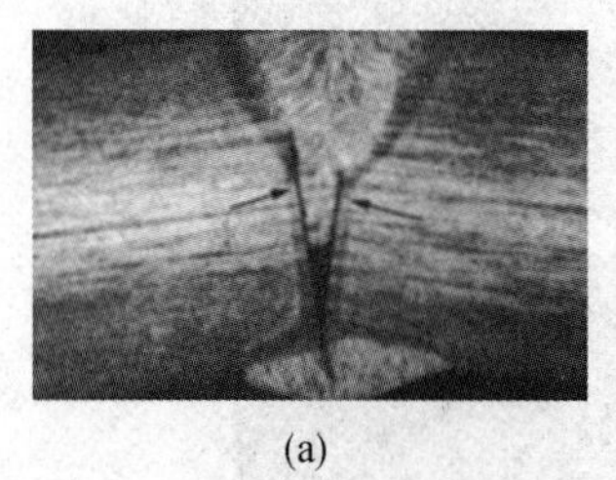

(a)

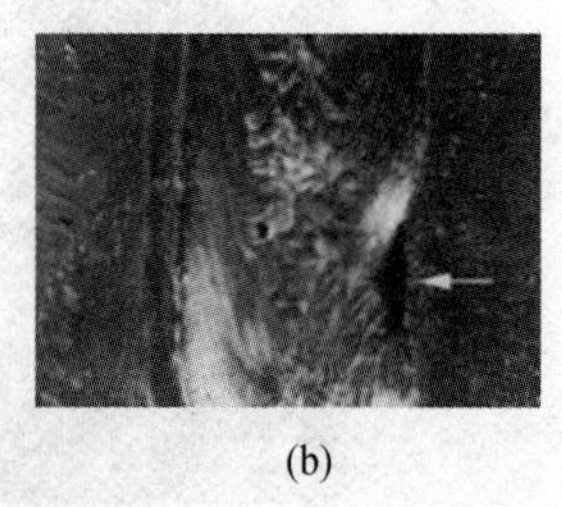

(b)

图 2－33　未熔合

（a）母材与焊缝间的未熔合；（b）焊缝表面的未熔合

实例分析：2001 年西安市某路口交汇处，集中供热工程的蒸汽管道第 26 号检查井发生了蒸汽管道爆炸事故，造成部分道路损坏，公交电车滑触线断裂，3 人轻伤，4 辆汽车受损，西郊部分供热停止。直接经济损失达 10 余万元，同时造成较大的社会影响。

事故原因分析：这次爆炸事故的直接原因是在焊制大口径三通工作中存在着严重质量问题。经查 26 号检查井内，公称直径 800 mm 的供汽管道三通支管与干管连接处焊缝被撕开，形成宽度约 200 mm 大的裂口，供汽管下部弯管托架也将管道撕开，法兰螺栓有的未上螺帽，有的未被紧固。表明施工工艺不当，焊工随意施焊，暴露出焊接坡口全部未熔合、焊缝未经无损检测等问题。

2. 未焊透

未焊透是指焊接时接头根部未完全熔透或对接焊缝焊缝深度未达到设计要求的现象。

未焊透也是一种不连续，主要同焊缝坡口形式有关。未焊透通常出现在单面焊的坡口根部及双面焊的坡口钝边，它通常靠近焊缝根部。图 2－34 所示为未焊透形态。

实例分析：电建公司和生产单位配合，依据编制的《蒸汽吹管调试措施》进行吹管工作。5 月 14 日 23 时 48 分正式开始蒸汽吹管，当进行第 24 次吹管，23 时 53 分，听到吹管声音异常，立即关闭吹管临吹阀，23 时 57 分锅炉灭火停炉。经检查发现，位于吹管系统末端的消音器堵板由于焊口开裂吹落，蒸汽吹向化学水化验室，将已封闭的化学水化验室门吹开。高温蒸汽涌入化学水化验室，造成正在化学水实验室的 11 名工作人员灼烫伤，5 人死亡，2 人重伤，4 人轻伤，其中两名重伤人员也于 6 月 9 日和 16 日相继死亡。

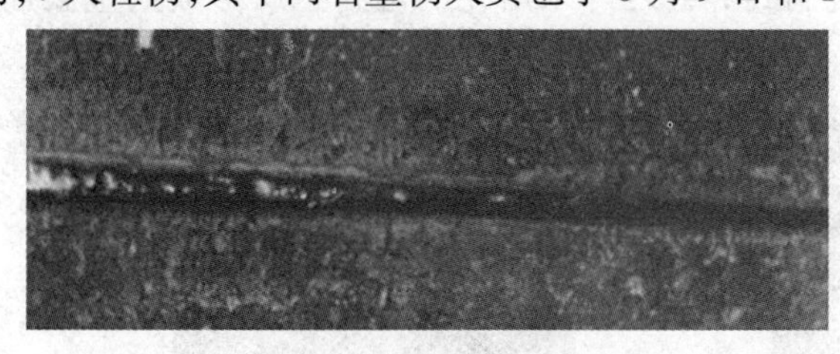

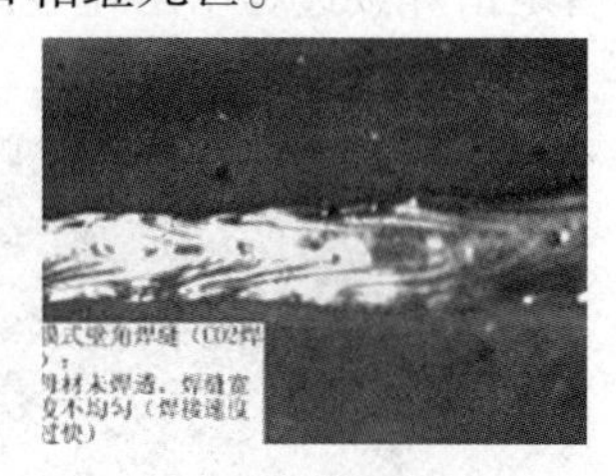

图 2－34　未焊透

事故原因分析：经专家组鉴定，消音器堵板设计为平板，且平板与筒体“角焊缝”设计为非焊透结构，设计不合理；角焊缝的高度偏小，不符合标准要求；角焊缝存在严重的未熔合、未焊透等缺陷。

（五）形状和尺寸不良

1. 咬边

由于焊接参数选择不当，或操作方法不正确，沿焊趾的母材部位产生的沟槽或凹陷称为咬边，见图 2－35。

图 2－35　咬边形态

咬边可以是连续的，也可以是间断的。咬边会减少基本金属的有效截面，从而减弱了焊接接头强度。此外在焊缝咬边处会导致应力集中，成为开裂起点。

2. 焊缝超高

焊缝超高是指焊缝余高超过规范要求，如图 2－36 所示。

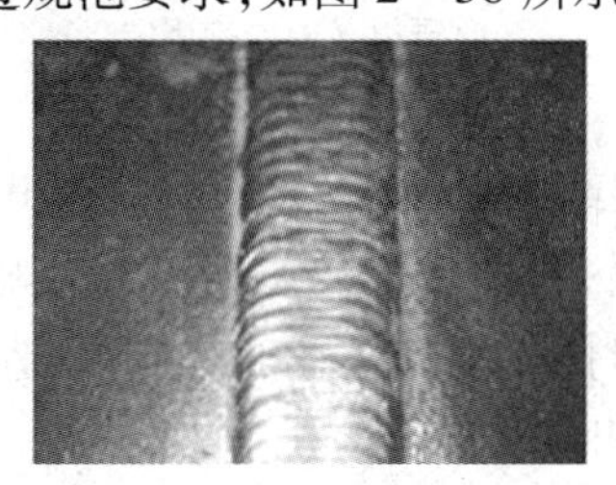

图 2－36　焊缝超高

随焊缝加强高的增加，焊接接头的抗疲劳能力随之减弱。

3. 下塌

单面熔化焊时，由于焊接工艺不当，造成焊缝金属过量透过背面，导致焊缝正面塌陷、背面凸起的现象。

下塌会导致焊缝强度下降,因焊缝余高过高使应力集中加剧。

4. 焊瘤

焊瘤是指焊接过程中熔化金属流淌到焊缝之外未熔化的母材上所形成的金属瘤,见图 2-37。

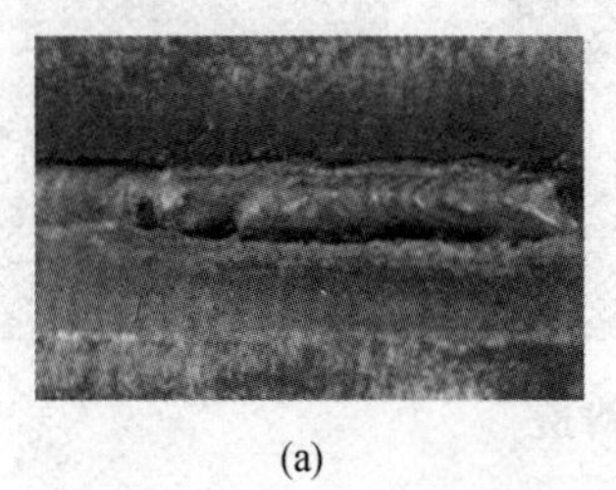
(a)

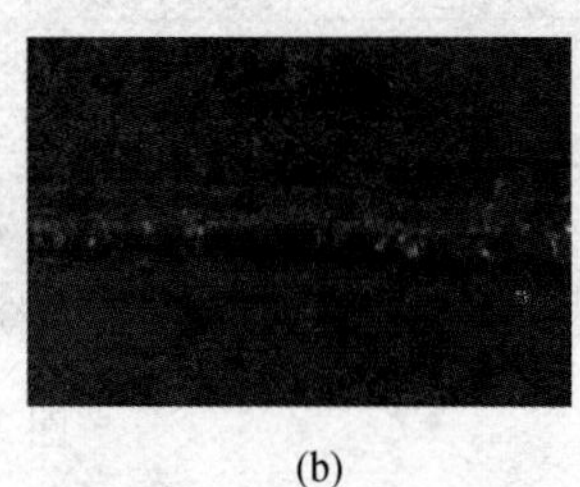
(b)

图 2-37　焊瘤形态

(a)坡口上方焊瘤;(b)角焊缝焊瘤

焊瘤会在工件表面引起尖锐的缺口,这是必须重视的不连续缺欠形式。如产生大量的焊瘤,会掩盖应力集中而导致裂纹扩展。

5. 错边

错边是指两个工件表面应平行对齐时,由于工件装配时没有对正,而造成焊缝两边径向错位的现象。

焊缝错边会使结构局部形状发生突变,产生应力集中。

图 2-38 为错边形态及预防工艺之一。

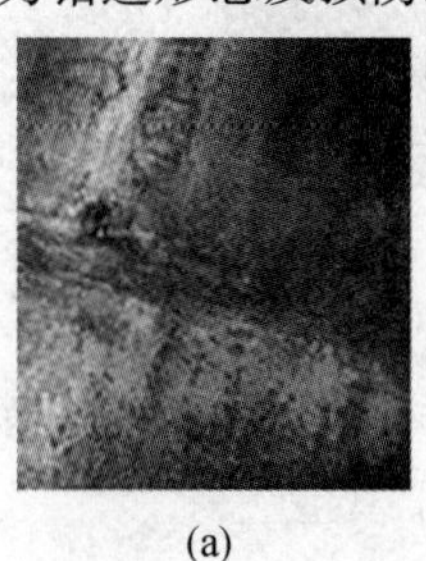
(a)

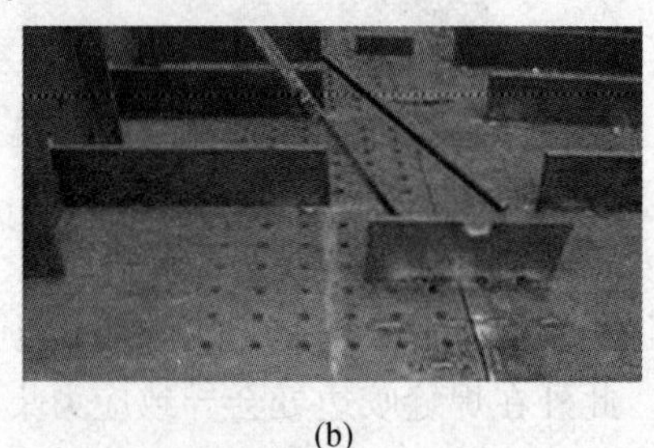
(b)

图 2-38　错边形态及预防

(a)错边;(b)刚性固定

实例分析:2011 年某公司在组织对西二线 27 标段 GI022 - GI065 段进行试压过程中,发生了管线试压环焊缝开裂泄漏,裂缝长度 150 mm。事故原因为强行组对造成环焊缝错边量超标、拘束应力高,以及未严格执行返修焊接工艺规程,造成环焊缝内部存在大量微气孔与细小夹渣等缺陷,导致环焊缝开裂。

事故原因分析:调查发现施工记录与实测数据不一致,说明记录不实。现场测量发现错边量达 5 mm,严重超出标准值,说明组焊时强行组对,严重违反技术标准要求。

6. 烧穿

烧穿是指焊接过程中,熔化金属自坡口背面流出,形成穿孔缺陷。烧穿周围常伴有气孔、夹渣、焊瘤及未焊透等缺陷,会导致焊缝有效截面积减少以及接头承载能力降低。

烧穿易发生在第一道焊道、薄板对接焊缝或管子对接焊接焊缝中,见图 2－39。

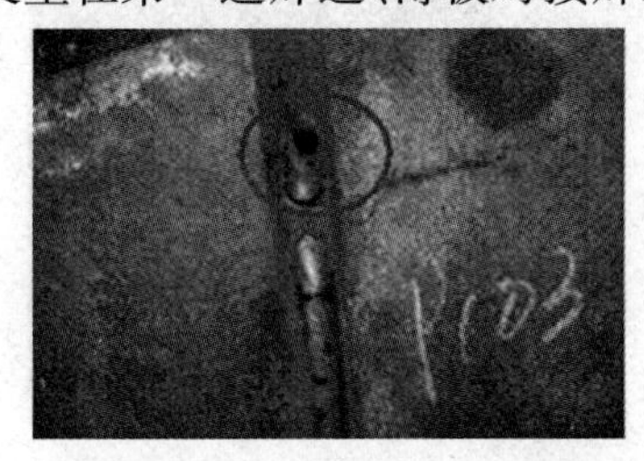

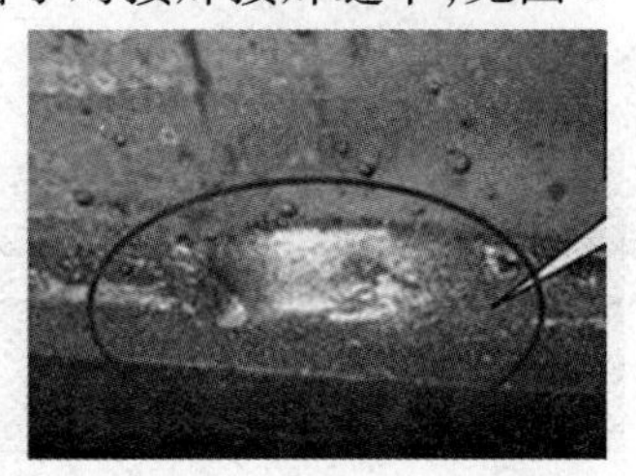

图 2－39　烧穿

7. 未焊满

由于填充金属不足,在焊缝表面形成的连续或断续的沟槽称为未焊满。未焊满是由于无足够的填充金属适当填入焊接接头中造成的,是因材料横截面上的损失而形成的表面缺陷。

未焊满减少了焊缝的有效截面积,使焊接接头的强度下降。因未焊透引起的应力集中严重,导致焊缝的疲劳强度降低。另外,未焊透可能成为裂纹源,引发严重事故。

实例分析:2005 年 3 月,某化工公司尿素合成塔发生爆炸事故,死亡 4 人,重伤 1 人,经济损失惨重。

事故原因分析:引发尿素合成塔爆炸的直接原因是塔体材料(包括焊缝)的应力腐蚀开裂。应力腐蚀开裂导致塔体承载截面严重减少,尤其是发生在爆炸筒节处环焊缝上侧的应力腐蚀开裂使得该处的承载截面急剧下降,最终产生快速断裂,引起塔内介质迅速泄漏,引发塔内介质爆沸和筒节爆炸。

引起塔体材料的应力腐蚀的另一诱因是在制造过程,盲板材料为 Q235－A 的纵向焊缝未焊满,采取了连接点焊所代替,进一步加剧了氨渗漏检测介质和检漏蒸汽向塔体多层层板间渗漏与扩散。

未焊满在坡口焊缝的焊缝金属中出现,可同时在焊缝的表面和根部出现。

图 2－40 为未焊满形貌特征。

除以上缺欠外,形状和尺寸不良还包括焊脚不对称、变形过大、焊缝尺寸不正确、焊缝形面不良及角度偏差等。

(六)其他缺欠

1. 电弧擦伤

电弧擦伤是指在焊缝坡口外部引弧时,产生于母材金属表面的局部损伤,如图 2－41 所示。电弧擦伤本质为母材表面局部熔化,大量热量被周围母材吸收而迅速冷却。

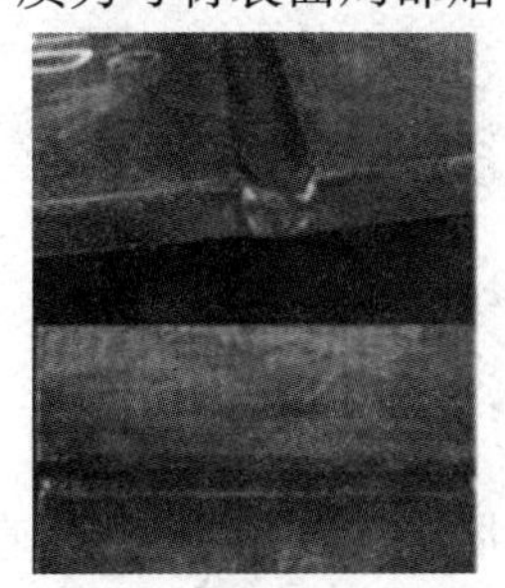

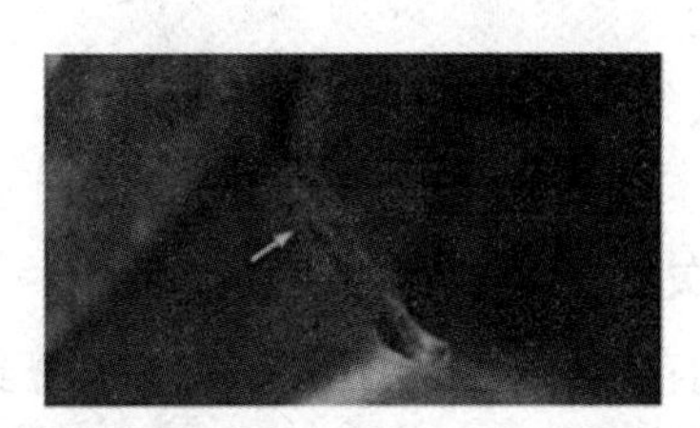

图 2－40　未焊满

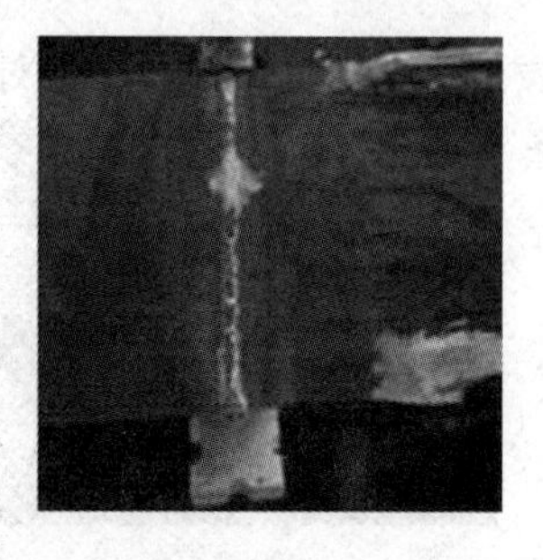

图 2-41　电弧擦伤

电弧擦伤出现在某些材料上时，会产生含有马氏体的局部热影响区。

电弧擦伤是非常有害的母材上的不连续，大量结构失效都可能追溯至电弧擦伤的存在，往往从电弧擦伤处产生裂纹而引起灾难性的后果。

2. 飞溅

飞溅是指熔焊过程中，熔化的金属颗粒和熔渣向周围飞散的现象，如图 2-42 所示。

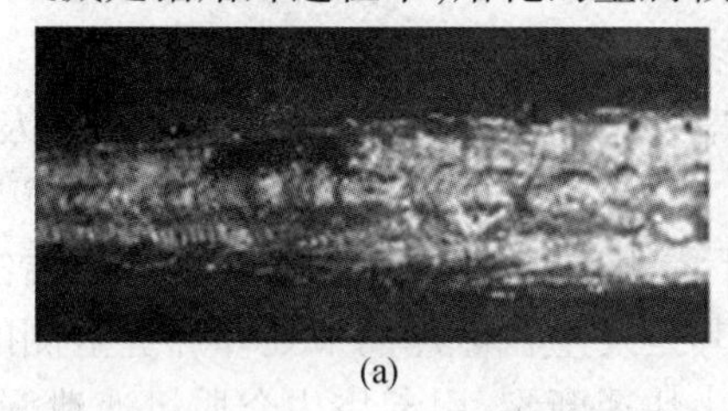

(a)

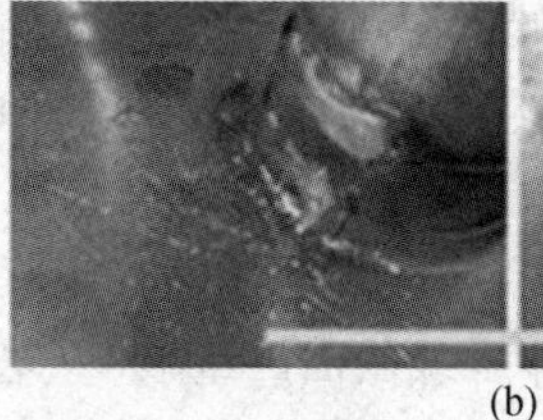

(b)

图 2-42　飞溅

(a)颗粒状飞溅；(b)有无飞溅对照

母材表面的飞溅，会导致局部应力集中，较大飞溅可在母材表面上形成类似电弧擦伤效应的局部热影响区。

除上述缺欠外，还包括定位焊缺欠、双面焊道错开、回火色、表面磷片及角焊缝根部间隙不良等形式。

任务 3　焊接缺欠的危害与预防

[知识目标]

掌握缺欠的影响因素。

[能力目标]

掌握焊接缺欠的预防措施。

一、焊接缺欠的危害

焊接缺陷的存在，减小了结构有效截面，导致缺陷周围产生应力集中，直接影响到结构的负载强度。因此，焊接缺陷对结构的静载强度、疲劳强度、脆性断裂及抗应力腐蚀开裂性能都产生重大的影响。

1. 焊接缺陷容易引发应力集中

材料由于传递负载截面的突然变化而出现局部应力增大，这种现象叫作应力集中，缺陷的形状不同，引起截面变化的程度不同，对负载方向所成的角度不同，都会使缺陷周围的应力集中程度大不一样。以一个椭球状的空洞缺陷为例，空洞为各向同性的无限大弹性体所包围，并作用有应力，当椭球空洞逐渐变为片状裂纹时，其结果是应力集中变得十分严重。除了空洞类型的气孔、裂纹和未焊透之外，还有夹渣也是常见的焊接缺陷，当多个缺陷间的距离较小时（如密集的气孔和夹渣等），在缺陷区域内将会产生很高的应力集中，使这些地方出现缺陷间裂纹将孔间连通。在此情况下，最大的应力集中出现在两外孔的边缘处。

焊缝中呈单个球状或条虫状气孔时，一般在气孔周围应力集中并不严重。焊缝中存在密集气孔或夹渣时，在负载作用下如出现气孔间或夹渣间的连通，必然导致应力区扩大，促使应力值上升。焊缝中的夹杂具有不同形状，包含材料也不同，其周围的应力集中状态与空穴缺欠相似。

焊接接头中的裂纹，其状态多呈扁平状，当加载方向垂直于裂纹平面时，在裂纹两端会引起严重的应力集中。

焊缝中的形状不良、角焊缝的凸度过大、错边以及角变形等外部缺陷，也将引发应力集中或产生附加应力。

在焊接接头中，焊缝增高量、错边和角变形等几何不连续，有些虽然为现行规范所允许，但都会产生应力集中。此外，由于接头形式的差别也会出现不同的应力集中，在焊接结构常用的接头形式中，对接接头的应力集中程度最小，角接头、T 形接头和正面搭接接头的应力集中程度相差不多。重要结构中的 T 形接头，如动载下工作的 H 形板梁，可以采用板边开坡口的方法使接头中应力集中程度大量降低，但对于搭接接头就不可能做到这一点，侧面搭接焊缝中沿整个焊缝长度上的应力分布很不均匀，而且焊缝越长，不均匀度就越严重，故一般钢结构设计规范都规定侧面搭接焊缝的计算长度不得大于60 倍焊脚尺寸。因为超过此限值后即使增加侧面搭接焊缝的长度，也不可能降低焊缝两端的应力峰值。

2. 焊接缺陷对静载强度的影响

圆形缺陷造成的强度降低与缺陷造成的承载截面的减小成正比。

焊接缺陷对结构的静载破坏有不同程度的影响，在一般情况下，材料的破坏形式多属于塑性断裂，这时缺陷所引起的强度降低，大致与它所造成承载截面积的减少成比例。在一般标准中，允许焊缝中有个别的、不成串的或非密集型的气孔，假如气孔截面总量只占工作截面的 5% 时，气孔对屈服极限和抗拉强度极限的影响不大，当出现成串气孔总截面超过焊缝截面 2% 时，接头的强度极限急速降低。出现这种情况的主要原因是由于焊接时保护气体的中断，使出现成串气孔的同时焊缝金属本身的机械性能下降。因此限制气孔量还能起到防止焊缝金属性能恶化的作用。焊缝表面或邻近表面的气孔要比深埋气孔更为危险，成串或密集气孔要比单个气孔危险得多。

夹渣或夹杂物，根据其截面积的大小成比例地降低材料的抗拉强度，但对屈服强度的影响较小。这类缺陷的尺寸和形状对强度的影响较大，单个的间断小球状夹渣或夹杂物并不比同样尺寸和形状的气孔危害大。直线排列的、细小的而且排列方向垂直于受力方向的连续夹渣是比较危险的。几何形状造成的不连续性缺陷，如咬边、焊缝成型不良或焊穿等不仅降低了构件的有效截面积，而且会产生应力集中。当这些缺陷与结构中的高残余拉伸应力区或热影响区中粗大脆化晶粒区相重叠时，往往会引发脆性不稳定扩展裂纹。未熔合和未焊透比气孔和夹渣更为有害。当焊缝有增高量或用优于母材的焊条制成焊接接头时，未熔合和未焊透的影响可能并不十分明显。事实上许多使用中的焊接结构已经工作多年，埋藏在焊缝内部的未熔合和未焊透并没有造成严重事故。但是这类缺陷在一定条件下可能成为脆性断裂的引发点。裂纹被认为是最危险的焊接缺陷，一般标准中都不允许它存在。由于尖锐裂纹容易产生尖端缺口效应、出现三向应力状态和温度降低等情况，裂纹可能失稳和扩展，造成结构的断裂。裂纹一般是在拉伸应力场和不良的热影响区显微组织段中产生的，在静载非脆性破坏条件下，如果塑性流动发生于裂纹失稳扩展之前，则结构中的残余拉伸应力将没有什么有害影响，而且也不会产生脆性断裂。除非裂纹尖端处材料性能急剧恶化，附近区域的显微组织不良，有较高的残余拉伸应力，而且在工作温度低于临界温度等不利条件综合作用下等情况外，一般情况下即使材料中出现了裂纹，当它们离开拉伸应力场或恶化了的显微组织区之后，也常常会被制止住。

3. 焊接缺陷对脆性断裂的影响

焊接结构经常会在有缺陷处或结构不连续处引发脆性断裂，造成灾难性的破坏。一般认为，结构中缺陷造成的应力集中越严重，脆性断裂的危险就越大。

裂纹尖端的尖锐度比未焊透、未熔合、咬边和气孔等缺陷要尖锐得多，所以裂纹危害最大。气孔和夹渣等体积类缺陷的存在量低于5%时，如果结构的工作温度不低于材料的塑性—脆性转变温度，它们对结构的安全是无害的。带裂纹的构件的临界温度要比含夹渣构件高得多。除用转变温度来衡量各种缺陷对脆性断裂的影响之外，许多重要焊接结构都采用断裂力学作为评价的依据，因为用断裂力学可以确定断裂应力和裂纹尺寸与断裂韧度之间的关系。许多焊接结构的脆性断裂都是由微小的裂纹引发的，在一般情况下，由于小裂纹并未达到临界尺寸，结构不会在运行后立即发生断裂。但是小的焊接缺陷和不连续很可能在使用期间出现稳定增长，最后达到临界值，而发生脆性断裂。所以在结构使用期间进行定期检查，及时发现和监测接近临界条件的缺陷，是防止焊接结构脆性断裂最有效的措施。当焊接结构承受冲击或局部发生高应变和恶劣环境因素，都容易使焊接缺陷引发脆性断裂，例如疲劳载荷和腐蚀环境都能使裂纹等缺陷变得更尖锐，使裂纹的尺寸逐渐增大，加速其达到临界值。

4. 焊接缺陷对疲劳强度的影响

缺陷对疲劳强度的影响要比静载强度大得多。

焊趾部位存在有大量不同类型的缺陷，这些不同类型的缺陷导致疲劳裂纹早期开裂和使母材的疲劳强度急剧下降（下降到80%）。焊接缺陷大体上可分为两类：面状缺陷（如裂纹、未熔合等）和体积型缺陷（气孔、夹渣等），它们的影响程度是不同的，焊接缺陷对接头疲劳强度的影响与缺陷的种类、方向和位置有关。

裂纹焊接中的裂纹，如冷、热裂纹，除伴有具有脆性的组织结构外，还是严重的应力集中源，它可大幅度降低结构或接头的疲劳强度。早期的研究已表明，在宽60 mm、厚12.7 mm的低碳钢对接接头试样中，在焊缝中具有长25 mm、深5.2 mm 的裂纹时（它们约占试样横截面积的10%），在交变载荷条件下，其2×106 循环寿命的疲劳强度大约降低了55% ~65%。

未焊透缺陷有时为表面缺陷（单面焊缝），有时为内部缺陷（双面焊缝），它可以是局部性质的，也可以是整体性质的。其主要影响是削弱截面积和引起应力集中。以削弱面积10%时的疲劳寿命与未含有该类缺陷的试验结果相比，其疲劳强度降低了25%，这意味着其影响不如裂纹严重。

未熔合属于平面缺陷,因而不容忽视,一般将其和未焊透等同对待。

咬边的主要参量有咬边长度 L、咬边深度 h、咬边宽度 W,影响疲劳强度的主要参量是咬边深度 h,目前可用深度 h 或深度与板厚比值(h/B)作为参量评定接头疲劳强度。

气孔为体积缺陷,Harrison 对前人的有关试验结果进行了分析总结,疲劳强度下降主要是由于气孔减少了截面积尺寸造成的,它们之间有一定的线性关系。但是一些研究表明,当采用机加工方法加工试样表面,使气孔处于表面上时,或刚好位于表面下方时,气孔的不利影响加大,它将作为应力集中源起作用,而成为疲劳裂纹的起裂点。这说明气孔的位置比其尺寸对接头疲劳强度影响更大,表面或表层下气孔具有最大影响。

夹渣作为体积型缺陷,夹渣比气孔对接头疲劳强度影响要大。

5. 焊接缺陷影响应力腐蚀开裂

应力腐蚀开裂从表面开始,因此焊缝表面的粗糙度,结构上的死角、拐角、缺口及缝隙等对应力腐蚀开裂均造成较大影响。

二、裂纹的预防

(一)热裂纹

1. 结晶裂纹

结晶裂纹主要由结晶偏析引发。焊缝结晶时,先结晶部分比较纯,后结晶部分杂质及合金元素较多。随焊缝柱状晶的长大,杂质、合金元素被排斥到晶界,结合成低熔相和共晶组织。这些低熔相和共晶组织呈液态薄膜分布,隔断了晶粒间的联系。当冷却时不均匀收缩而产生的拉伸应变超过了液态薄膜的变形能力时,即沿晶界液层产生开裂。

(1)影响因素

焊缝金属中的合金含量偏高,以及 C,S,P,Si,Ni 及 Cu 等元素含量较高,为结晶裂纹的产生提供了物质基础。

结构焊缝附近刚性较大(厚度较大、拘束度较高),接头形式设计不合适(对接接头熔深较大及角焊缝),接头附件应力集中(焊缝密集、交叉),会促使结晶裂纹形成。此外,焊接线能量过大、熔深与熔宽比过大以及焊接顺序不合理等,也易导致结晶裂纹形成。

(2)预防措施

①冶金措施

国家标准、行业标准中,对焊接结构用钢的化学成分以及焊丝用钢、焊条药皮、焊剂原材料中的 C,S,P 含量均做了严格规定。在焊缝中添加细化晶粒元素改善焊接结晶形态,如 Mo,Ti,V,Al 及稀土元素等,对熔池进行变质处理,以提高焊缝金属的力学性能及抗结晶裂纹能力。焊接重要结构应选用碱性焊条或焊剂以调整熔渣碱度。

②工艺措施

合理选用焊接参数以调整成型系数。通过预热和调整焊接参数降低冷却速度,增大热输入以降低冷却速度效果有限,采取预热措施则效果明显。需要注意的是,预热将提高成本,恶化劳动条件,甚至会影响焊接接头性能,仅在一些对结晶裂纹极为敏感的材料焊接时,可采用预热防止结晶裂纹。

合理安排焊接顺序,可有效减小结晶裂纹倾向。合理选择焊缝形状,减少应力集中。另外,清理焊丝和坡口及两侧母材表面的油污、铁锈和氧化膜,也可降低结晶裂纹倾向。

③技术措施

结晶裂纹控制的技术措施主要是通过调整焊接工艺对焊接质量进行控制，包括改变焊接方法、控制焊接线能量、控制成型系数、做好预热工作等技术手段。

2. 液化裂纹

在焊接热循环峰值温度作用下，焊接接头的热影响区和多层焊缝的层间金属中，由于含有低熔点共晶物而被重新熔化，在焊接应力作用下，沿奥氏体晶界形成开裂。

(1)影响因素

液化裂纹主要是由于材料晶粒边界有较多的低熔点物质。在迅速加热时，某些金属化合物分解但未能及时扩散，致使局部晶界出现一些合金元素富集甚至达到共晶成分。

(2)预防措施

预防液化裂纹主要通过严格控制杂质含量、合理选用焊接材料、减少焊缝凹度、采用较小的焊接热输入等措施实现。

3. 多边化裂纹

(1)影响因素

多边化裂纹主要是由于二次晶界的生成而造成的。二次晶界是因为位错等缺陷形成，其热塑性很低，在一定的应力作用下很容易形成裂纹。

(2)预防措施

钼、钨、钛等金属可以有效阻止多边化过程。另外，高温 δ 相的存在也能很好地阻止多边化形成。

从工艺角度，可以通过降低过热和焊接应力对多边化裂纹进行控制。

(二)冷裂纹

1. 影响因素

(1)钢种的淬硬倾向。

不同组织对冷裂纹的倾向性大致如下：铁素体或珠光体→贝氏体→条状马氏体→马氏体＋贝氏体→针状马氏体。

(2)焊接接头含氢量及其分布。

(3)焊接接头的拘束应力。

焊接接头的拘束应力包括焊接接头在焊接过程中因不均匀加热及冷却所产生的热应力、金属相变时产生的组织应力，以及结构自身条件所造成的应力。

2. 预防措施

(1)选用对冷裂纹敏感性低的母材。

(2)严格控制氢的含量。

选用优质焊材及低氢焊接方法，进行焊接材料烘干及焊前清理等。

(3)提高焊缝金属的塑性和韧性。

利用焊接材料向焊缝过渡，如借助 Ti，Nb，Mo，V，B，Te 或稀土元素以韧化焊缝，以及采用奥氏体焊条焊接某些淬硬倾向较大的中碳钢、低合金高强钢。

(4)焊前预热。

预热温度的确定，可根据钢的强度等级、焊条类型、坡口形式及环境温度等因素综合考虑。

(5)控制焊接热输入。

增大焊接热输入可降低冷却速度,从而减小冷裂纹倾向。但热输入过高,会导致材料晶粒粗大。

(6)焊后热处理。

焊后热处理可起到消除扩散氢、降低残余应力、改善组织及降低硬度等作用,常用的热处理方法有消氢热处理、消除应力退火、正火及淬火(或淬火+回火)等。

(三)再热裂纹

1. 影响因素

当结构焊后再次加热到500 ℃~700 ℃时,在热影响区的过热区内,由于特殊碳化物析出引起的晶内二次强化,一些弱化晶界的微量元素的析出,以及使焊接应力松弛时的附加变形集中于晶界,而导致沿晶开裂。

2. 预防措施

(1)选择合适的母材。

(2)减小拘束应力。

(3)选用强度稍低、韧性好的焊接材料。

(4)提高预热温度或采用预热加后热的措施。

(5)焊后热处理应避开敏感温度区。

案例分析:某发电公司建设的2×1 000 MW超临界锅炉火电机组,其水冷壁管采用我国生产T23新型钢材料。在其中一台锅炉水压试验完成后,经电厂现场检查统计发现,该锅炉水冷壁泄漏的共有6处,其中一处有重复泄漏现象,即共发现7个漏点,泄漏的部位多是鳍片或镶嵌板与管子的角焊缝处,并且泄漏大多位于4个转角弯管的鳍片的角焊缝处,或是刚性过渡梁与管子角焊缝处。

泄漏处典型位置和形貌照片如图2-43所示。

残余应力测试计算结果分析表明力学因素是水冷壁泄漏产生的一个重要影响因素,较高的应力水平容易诱发焊缝及焊缝附近区域裂纹产生。

硬度测试结果分析泄漏的产生与水冷壁整体结构应力水平较高及焊接结构拘束度较大有密切关系,而由于T23钢焊接接头焊接因素产生裂纹的原因仅为水冷壁产生泄漏的次要因素。

(a)

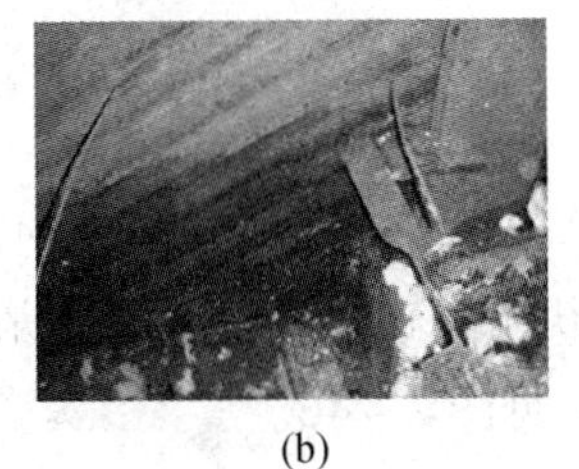

(b)

图2-43　焊缝泄漏

(a)刚性梁附近焊缝泄漏;(b)鳍片角焊缝泄漏

金相检验表明裂纹扩展有沿晶特征,主裂纹起裂处在粗晶区发现沿晶微裂纹,并且由于焊接接头区域经过多次焊接及焊后热处理热过程,存在一定晶界弱化现象,这些因素表明裂纹具有再热裂纹特征。

(四)层状撕裂

1.影响因素

金属中非金属夹杂物的层状分布,使钢板沿板厚方向塑性低于轧制方向。焊接时在板厚方向造成了焊接应力。

2.预防措施

严格控制夹杂物的数量和分布状态,改进接头设计和焊接工艺。

案例分析:某工程带颈法兰采用的钢材为 Q345E Z35 低合金高强度结构钢,塔筒采用 Q345D 低合金高强度结构钢。Q345E Z35 低合金高强度钢的性能非常优异,在锻造成法兰后与 Q345D 级高强钢相焊时却在 Q345E Z35 高强钢锻造法兰侧出现了“层状撕裂”缺陷。

本结构为风力发电塔架,每基发电塔架共有 3 段塔筒,每段塔筒都是由两个带颈法兰和一节管筒对接而成。带颈法兰为 Q345E Z35 高强度钢锻造而成,其厚度为 32 mm,直径为 4 000 mm,材质为 Q345E Z35 高强钢。管筒为 Q345D 钢板卷制而成,钢管厚度为 32 mm,管径为 4 000 mm,长度为 12 600 mm,材质为 Q345D 高强钢。带颈法兰与塔筒为对接形式,采取较窄间隙 V 形坡口(45°),钝边尺寸为 6 mm,根部间隙 0 ~ 1 mm,如图 2 – 44 所示。

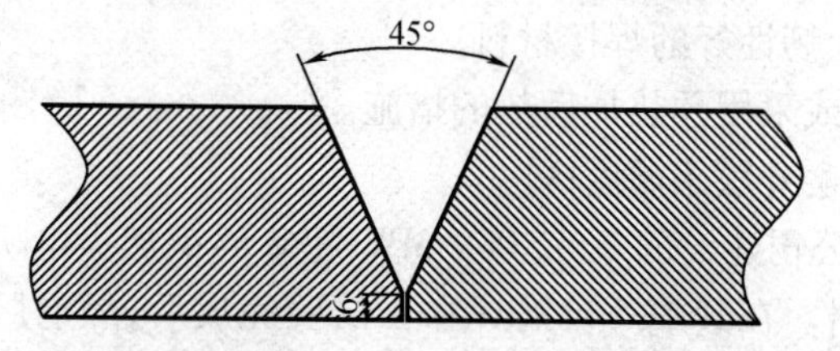

图 2 – 44　坡口形式示意图

焊接方法为单丝埋弧焊。施焊前对待焊处坡口两侧各 100 mm 范围内预热到 60 ℃,先焊接外环焊道 1 和 2,内坏焊道采用碳弧气刨清根后再焊接内环焊道 3,最后焊接外环焊道 4,5,6,焊接顺序见图 2 – 45。

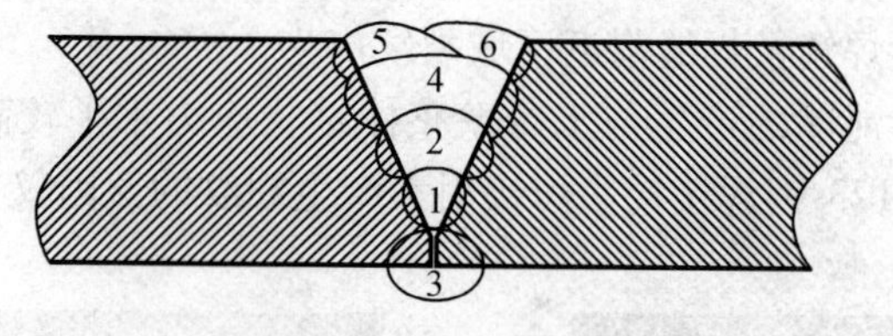

图 2 – 45　焊接顺序示意图

塔筒与带颈法兰焊接后,按规定在 24 小时后进行超声波检测,发现在法兰侧接头热影响区位置出现了层状撕裂缺陷。缺陷深度在内环焊缝侧距法兰表面 3 ~ 8 mm 处,宽度为 5 ~ 10 mm,具体缺陷见图 2 – 46。

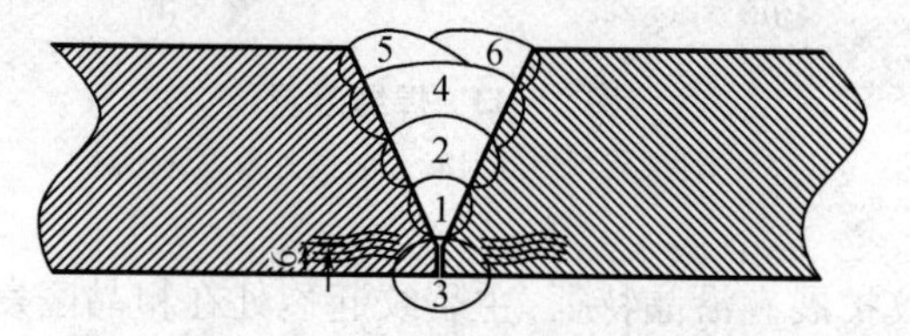

图 2 – 46　层状撕裂位置示意图

经缺陷分析后发现，问题主要是锻造后热处理保温时间不够；法兰锻造后加工余量过小，为 2 ~ 3 mm。通过破坏性试验结果显示，锻造法兰的屈服强度不合格，低温冲击韧性不合格。由此可见，出现层状撕裂的主要原因是法兰的低温冲击韧性不达标造成的。

三、孔穴的预防

（一）气孔

1. 气孔的影响因素

（1）冶金因素

熔渣的氧化性、药皮或焊剂的冶金反应、保护气体、水分和铁锈等。

（2）工艺因素

焊接参数、电流种类和极性以及工艺损伤等。

2. 气孔的预防措施

（1）清理工件、焊丝。

（2）烘干焊条、焊剂。

（3）保证保护气体纯度及流量。

（4）合理配置焊接参数。

3. J507 焊条焊接气孔形成原因及防止措施

（1）气孔的形成

熔化金属在高温时溶解大量气体，随着温度的下降，这些气体以气泡形式逐渐自焊缝中逸出，来不及逸出的气体残留在焊缝内就形成气孔。形成气孔的气体主要有氢气和一氧化碳。

（2）J507 焊条熔滴过渡的特点

J507 焊条为高碱度的低氢型焊条，该焊条在直流焊机反极性时才可正常使用。在一般手工电弧焊时，阴极区温度略低于阳极区温度。因此，无论何种过渡形式熔滴到阴极区后温度均会降低，造成了该种焊条各熔滴的聚合过渡到熔池中去，即形成了粗熔滴过渡形式。但由于手工电弧焊人为的因素，如焊工熟练程度、电流电压大小等不同，其熔滴的大小也是不均匀的，形成了熔池的大小也是不均匀的。因此，在外来及内在因素的影响下，形成了气孔等缺陷。同时，碱性焊条药皮中又含有大量的萤石，在电弧作用之下分解出电离电位较高的氟离子，使得电弧的稳定性变差，进而又造成了电焊时熔滴过渡的不稳定因素。因此要解决 J507 焊条手工电弧焊的气孔问题，除了对焊条烘干、坡口清理以外，还必须从工艺措施上入手，以确保电弧熔滴过渡的稳定。

（3）选择焊接电源，确保电弧稳定

由于 J507 焊条药皮中含有电离电位较高的氟化物，构成了电弧气流的不稳定因素，因此选择合适的焊接电源相当必要。

经试验结果分析，认为采用 J507 焊条施焊时要选择硅整焊机流焊接电源，这样可以确保电弧稳定，避免气孔缺陷的产生。

（4）选择合适的焊接电流

J507 焊条除药皮以外在焊芯中也含有大量的合金元素，以增强焊缝接头强度，消除产生气孔缺陷的可能性。

采用较大的焊接电流，熔池变深，冶金反应激烈，同时造成合金元素烧损严重，明显的使焊芯电阻热猛增，焊条发红，造成焊条药皮中的有机物过早分解而形成气孔。

当电流过小时,熔池的结晶速度过快,熔池中气体来不及逸出而产生气孔。

合适的焊接电流是相当必要的。低氢型焊条比同规格的酸性焊条一般略小 10% ~ 20% 的工艺电流。在生产实践中,对低氢型焊条可用该焊条直径的平方乘以 10 作为参考电流。如 $\phi3.2$ mm 焊条可定为 90 ~ 100 A,$\phi4.0$ mm 焊条可定 160 ~ 170 A 作为参考电流,通过实验选定工艺参数。

(5)合理的引弧和收弧

J507 焊条焊接接头产生气孔的几率比其他部位要大,这是因为接头处往往在焊接时比其他部位的温度略低。因为更换新焊条使原收弧处已经有一段时间的散热,在新的焊条端部也有可能有局部锈蚀,使得在接头处产生密集气孔,要解决由此造成的气孔缺陷,除刚开始操作时在起弧端装接必要的引弧板外,中间各接头部位对每根新焊条起弧时应把端部在引弧板上轻擦引弧,以清除掉端部的锈迹。在中间各接头部位,必须采用超前引弧的方法,就是在焊缝前 10 ~ 20 mm 处引弧稳定后,再拉回到接头收弧处,以便对原收弧处进行局部加热,待形成熔池以后再压低电弧,略上下摆动 1 ~ 2 次即正常运条焊接。收弧时应尽量保持短弧,以保护熔池填满弧坑,用点弧或来回摆动 2 ~ 3 次填满弧坑达到消除收弧处产生气孔的目的。

(6)短弧操作直线运条

一般 J507 焊条都强调采用短弧操作。短弧操作的目的在于保护熔池,使高温沸腾状态下的熔池不受外界空气的侵入而产生气孔。但短弧应保持何种状态,要因不同规格的焊条而异。通常短弧是指弧长控制于焊条直径 2/3 的距离。因为过小的距离,不但熔池看不清、不易操作且会造成短路断弧。过高及过低都达不到保护熔池的目的。在运条时应采用直线运条为宜,往复摆动过大会造成熔池保护不当。对于厚度较大的(指 ≥16 mm)可采用开 U 形或双 U 形坡口来解决,在盖面焊时也可以多道焊尽量减少摆动幅度。在焊接生产中采用了以上方法,不但保证了内在质量而且焊道平滑整齐。

在操作 J507 焊条施焊时,除以上一些工艺措施可防止产生气孔以外,对一些常规要求的工艺处理也不能忽视,如焊条烘干去除水分、油污,坡口的确定和处理,适当的接地位置以防止偏弧造成气孔等。只有结合产品的特点从工艺措施上进行控制,才能有效地减少及避免气孔缺陷。

(二)缩孔

缩孔与收弧速度过快使熔池失去保护有关。

严格清理坡口及附近区域,选用合适的焊接电流、短弧施焊、采用反复息弧法等工艺可有效预防缩孔。

四、固体夹杂的成因

1. 夹渣

(1)坡口尺寸不合理。

(2)坡口有污物。

(3)多层焊时,层间清渣不彻底。

(4)焊接线能量小。

(5)焊缝散热太快,液态金属凝固过快。

(6)焊条药皮、焊剂化学成分不合理,熔点过高。

(7)手工操作时,焊条摆动不良,不利于熔渣上浮。

2. 夹钨

(1)填充金属与温度较高的钨极端部接触。

(2)由于飞溅物污染了钨极端部。

(3)钨极伸出过长,导致钨极过热。

(4)钨极夹头没有夹紧。

(5)保护气体流量不足或风速过大,导致钨极端部氧化。

(6)保护气体不合适。

(7)钨极有缺陷,如开裂或裂纹。

(8)给定尺寸的钨极电流过大。

(9)钨极打磨不当。

(10)钨极太小。

五、未熔合及未焊透的预防

(一)未熔合

1. 未熔合形成原因

(1)焊接电流过小。

(2)焊接速度过快。

(3)焊条角度不对。

(4)偏吹。

(5)焊接处于下坡焊位置,母材未熔化时已被铁水覆盖。

(6)母材表面有污物或氧化物,影响熔敷金属与母材间的熔化结合等。

2. 未熔合的预防

适当提高焊接电流、规范操作,注意坡口部位的清洁。

(二)未焊透

1. 未焊透形成原因

(1)焊接电流小,熔深浅。

(2)坡口和间隙尺寸不合理,钝边过大。

(3)偏吹影响。

(4)焊条偏心。

(5)层间及焊根清理不良。

2. 未焊透的预防

适当提高焊接电流是防止未焊透的基本方法。合理设计坡口、严格清理工件、短弧施焊等措施也可有效防止未焊透的产生。

角缝焊接时,可采用交流代替直流以防止磁偏吹。

六、形状和尺寸不良的预防

(一)咬边

1. 咬边形成原因

焊接时电弧热量过高,即焊接电流过大、运条速度过慢造成。

另外,焊条与工件间角度不正确、摆动不合理、电弧过长、焊接次序不合理等因素也会造成咬边。

采用直流电源施焊,电弧磁偏吹也容易形成咬边。

2. 咬边的预防

矫正操作姿势,选用合理的焊接规范,采用正确运条方式。

角缝施焊时,也可采用交流焊代替直流焊防止咬边。

(二)焊缝超高

1. 焊缝超高形成原因

焊接电流选择不当,运条速度过慢,焊条(枪)摆动幅度过慢,焊条(枪)施焊角度选择不当等。

2. 焊缝超高的预防

(1)根据不同焊接位置、焊接方法,选择合理的焊接电流参数。

(2)焊条(枪)摆动幅度规范,摆动速度合理、均匀。

(3)保持正确的焊条(枪)角度。

焊缝余高超标有连续超标和断续超标两种。影响焊缝余高的埋弧焊焊接主要参数为焊接电流、电弧电压、焊接速度。在其他条件不变的情况下,焊接电流增大,使焊丝熔化量增加,焊缝余高增加。在其他条件不变的情况下,电弧电压降低,使熔池、熔滴温度降低,焊缝宽度减少,焊缝变得高而窄。在其他条件不变的情况下,焊接速度减小,焊丝熔化量增加,焊缝余高也会增加。

影响焊缝余高的次要参数为焊丝伸出长度、焊剂堆散高度、焊件倾斜度。焊丝伸出长度使该段焊丝在大电流时产生很高电阻热,使焊丝熔化速度增大,因此焊缝余高增加;工件倾斜为上坡焊时,随倾斜度增加,焊缝余高明显增加。

焊剂堆散高度过高也会引起焊缝余高超标。

在环焊缝的焊接过程中,因其工况和纵焊缝不同,还需考虑其他因素。纵缝焊接时工件不动,由焊接小车或焊接机架行走,焊接熔池的形成和结晶是处于相对静止状态的。而环缝焊接时,焊接机头不动,工件在滚轮架上做旋转运动,因此焊接熔池的形成和结晶是在运动状态下完成的。环缝焊接时焊丝与焊件的相对位置非常关键。

当焊接内侧环焊缝时,焊丝的偏移使得焊丝处于"上坡焊"的位置,目的是使焊缝有足够的熔深。当焊接外侧环焊缝时,焊丝偏移。焊丝的偏移使得焊丝处于"下坡焊"的位置,这样一则可以减小熔深避免烧穿,二则使得焊缝成型美观。

焊接环缝时,因为筒体回圆效果不好,会造成筒体圆度差较大,在某些局部位置就会形成实际的电弧长度变化(即电弧电压变化)。在焊接处位置亦形成了局部筒体的曲率差异,但是焊丝偏移不能随着局部曲率改变微调。这些不同造成了环焊缝的焊缝余高超标较为普遍。在焊接开X形坡口的内表面环焊缝时,因为内表面和外表面直径的不同,成型要求的焊接参数值也不同,这就要求改变焊丝偏移尺寸和各项焊接参数值。但是焊接过程中某些工人为了省事,往往在环缝的内部和外部焊接时采用相同的参数。再加上焊接内表面环焊缝时不如外表面焊缝容易观察焊接机头、送丝速度、焊接速度以及焊丝与焊件的相对位置等,这就造成了内表面环焊缝的余高超标较为常见。

(三)焊瘤

根部间隙过大,焊条角度和运条方法不正确,焊接电流大,焊接速度过慢等因素都容易产生焊瘤。

防止焊瘤的措施包括正确选择焊接规范，正确使用运条方法，灵活调整焊条角度，控制弧长以及根部间隙不能过大等。

（四）错边

错边主要是由于装配不规范以及焊接夹具质量差等原因造成。

（五）烧穿

1. 烧穿成因

焊接电流过大，速度过慢，使电弧在焊缝处停留过久，易产生烧穿缺陷。另外，工件间隙过大、钝边过小也容易出现烧穿现象。

2. 烧穿的预防

选用较小焊接电流，并配合合适的焊接速度。

减小装配间隙、在焊缝背面加设垫板或药垫、使用脉冲焊等措施，可有效地防止烧穿。

（六）未焊满

焊接规范过低、焊条过细、运条不当等因素会造成未焊满。

防止未焊满的措施包括加大焊接电流及加焊盖面焊缝等。

（七）表面不规则

表面不规则的成因包括焊接坡口角度不当或装配间隙不均匀，焊接规范选择不正确，以及焊条或焊丝过热等。

预防措施包括正确选择焊接规范，均匀运条，避免焊条或焊丝过热。

七、其他缺欠

1. 电弧擦伤

由焊工随意在工件坡口外引弧、接地不良或接线质量问题等因素造成。

2. 飞溅

由焊接电流过大、电弧过长，碱性焊条极性选择不正确，焊条药皮水分过多，焊机动特性、外特性不佳等因素造成。

【思考与练习】

1. 什么是焊接缺欠，什么是焊接缺陷？
2. 如何标准标注焊接缺欠？
3. 焊接缺欠包括哪些种类？
4. 什么是焊接裂纹，焊接裂纹包括哪些种类？
5. 什么是气孔，气孔的危害有哪些？
6. 什么是固体夹杂，有哪些种类？
7. 什么是未熔合，什么是未焊透？
8. 形状和尺寸不良包括哪些方面？
9. 如何预防结晶裂纹、液化裂纹和多边化裂纹？
10. 如何预防冷裂纹？
11. 预防再热裂纹和层状撕裂的措施有哪些？
12. 简述气孔的预防措施。
13. 试述夹渣和夹钨的产生原因。

14. 未熔合的成因有哪些,如何预防?
15. 未焊透成因有哪些,如何预防?
16. 烧穿是如何形成的?
17. 焊接缺陷对焊接质量有哪些影响?

项目三　焊接部件缺陷外观检验

任务1　焊缝外观检验方法

［知识目标］

1. 焊缝外观检验的基本方法。
2. 掌握焊缝外观检验的项目。

［能力目标］

1. 掌握典型生产形式外观检验的技术标准。
2. 掌握焊缝检测尺的使用技能。
3. 能进行检测结果记录。

为了保证焊接部件的可靠性和安全性，重要的焊接部件在焊接和安装过程中均要进行严格的检验。如对于新建造的船舶，为了取得船级证书，在建造过程中焊缝必须经过验船师的严格检验，以保证船舶有良好的技术状态。此外，船舶管理人员平时也要进行大量的检查测量，以便及早发现问题，保证焊接后的船舶安全航行和正常营运。

焊缝的外观检测是指焊缝表面清理以后，直接用眼睛或借助低倍放大镜等辅助工具来观察和判断焊缝、近缝区有无外表面可见缺陷以及焊缝外形尺寸是否规范，判定焊缝外观质量是否符合规范要求，焊缝的外观检测也可为统计分析及改进焊接质量提供依据。这是一种最直观、简便的缺陷检验方法，主要检测焊接接头的形状和尺寸。检测的准确度取决于检查人员的细心程度和工作经验。

外观检验包括焊缝外观检验及焊接构件尺寸检验等，有时还包括焊缝及热影响区表面硬度的检验。焊缝外观检验合格后，方可进行其他项目检验。

一、目视检测方法

目视检验应在焊接工作结束，并将工件表面的焊渣和飞溅清理干净后进行。目视检测工作容易进行，操作时较直观、方便，效率较高。

焊接结构的所有可见焊缝，均应进行目视检测。对于结构庞大、焊缝形式较多的焊接结构，可按焊缝种类或形式分为区、块、段逐次检查。对于焊接结构的隐蔽焊缝，应在其组装前或焊缝尚处于敞开时进行目视检漏。

1. 直接目视检测

直接目视检测是指检测人员的眼睛与检测区之间有连续不间断的光线，可以不借助任何设备，也可以借助镜子、透镜、内窥镜或光导纤维等工具。用于眼睛能充分接近被检测物体、可直接观察并分辨缺陷形态的场合，常用于局部检测。

目视检验的距离约为600 mm,眼睛与被检工件表面所成视角不小于30°。

在检查过程中,可采用适当照明、利用反光镜调节照射和观察角度,或借助低倍放大镜观察,以提高发现缺陷和分辨缺陷的能力。

2. 内窥镜检测

内窥镜检测主要用于人眼无法观察到或难以到达的部位内部观察,采用内窥镜检测时通常无需拆卸、破坏被测物就能进行检查。图3－1为TND－H系列内窥镜。

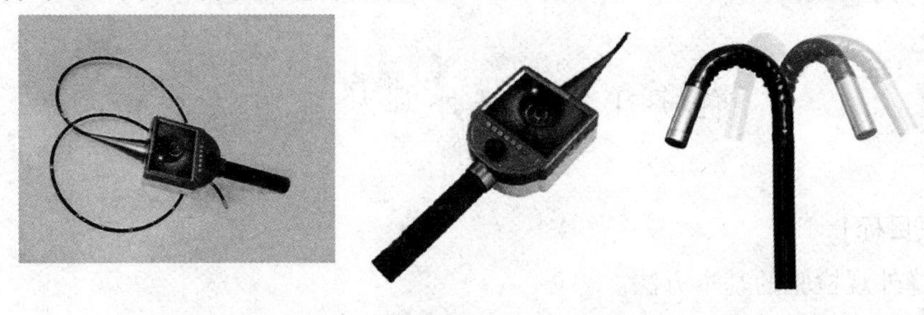

图3－1　TND－H内窥镜

(1)内窥镜检查工艺要求

①使用前,内窥镜检查的操作人员应在内窥镜检查对比实物试块上进行试验,以确认仪器设备处在良好状态。

②根据产品设计工艺要求对进行内窥镜检查的对接焊缝进行标记。

③如检查TIG焊缝,应在TIG焊打底后进行,一旦检查出缺陷,应做记号,以利于焊缝的返修。

④内窥镜焊缝检查后,对焊缝存在的超标缺陷,操作人员应及时记录下该缺陷的图像,并加以编号。

⑤焊缝返修后,还应对该焊缝重新进行内窥镜检查。

⑥内窥镜焊缝检查完毕后,应出具检查报告。

(2)内窥镜检查典型缺陷识别

①起皮　当光束平行照射时,观察到凸起部分背后有阴影。改变光束照射角度,可观察到凸起部分与周围被检测物有明显分界线。

②拉线或划痕　在光线照射下,可观察到表面存在较规则的连续长线。

③凹坑或凸起　光束以一定角度照射时,与周围被检物边界连接,无分界线。离光源近的部分有阴影,离光源远的地方有亮影,为凹坑。

④腐蚀　在光束照射下,可观察到块状、点状不光滑表面,在一定放大倍数下轻微凹凸不平。

⑤未焊透　熔化金属与母材、焊缝层间有明显的分界线。

⑥焊漏　光束以一定角度照射时,可观察到与熔化金属相连,无分界线的凸起。

⑦多余物　光束以任意角度照射时,存在与周围被检物颜色、亮度有差异的结构以外的物体。

⑧装配缺陷　可观测到不符合技术条件的结构现象。

3. 间接目视检测

间接目视检测是指检测人员的眼睛与检测区之间有不连续、间断的光线。随着现代检测技术的发展,间接目视检测手段也不断增多,包括使用摄影术、视频系统、自动系统和机器人等。

目视检测的项目通常在焊后清理检验、焊接缺陷检查、焊缝几何形状检查及焊接伤痕补焊过程中使用较为广泛。

二、焊缝尺寸检测

焊缝尺寸检验主要是采用专用检测工具测量实物焊缝外观尺寸是否符合图样标准尺寸或技术标准规定的尺寸。

1. 焊缝检测尺

焊缝检测尺可测量焊缝余高、宽度、咬边深度及坡口角度等数值，其结构如图 3－2 所示。

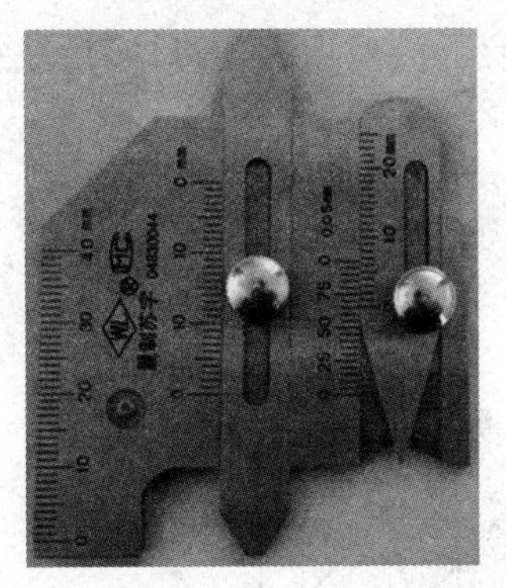
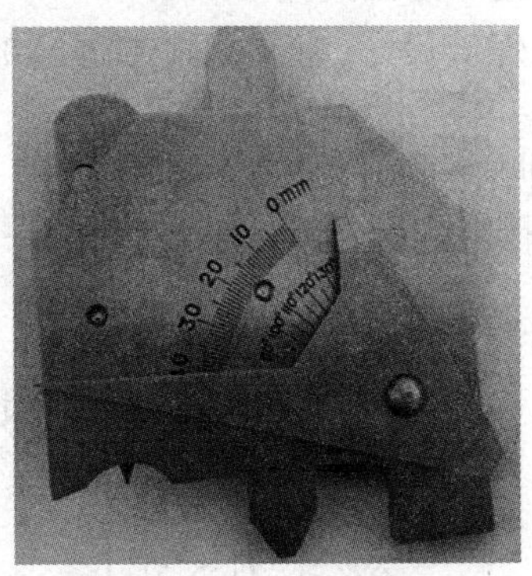

图 3－2　焊缝检测尺

2. 对接焊缝尺寸的检测

对接接头焊缝尺寸应按相关标准或技术要求测量检查。

对接接头焊缝尺寸测量时，操作方法比较简单。可直接用直尺或焊接检测尺测量出焊缝的余高和焊缝宽度，图 3－3 为对接焊缝余高和焊缝宽度测量方法示意，图 3－4 为实测照片。

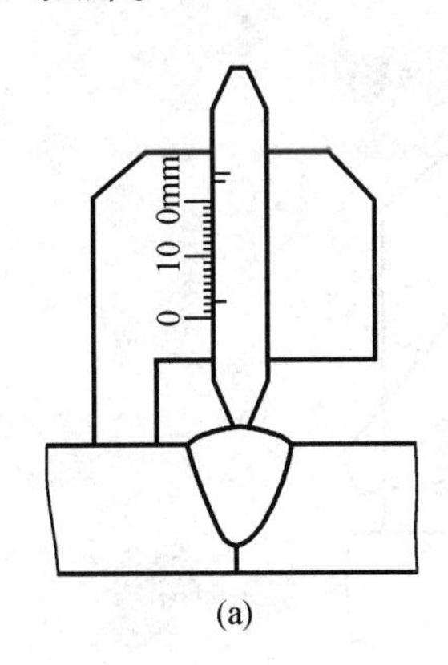

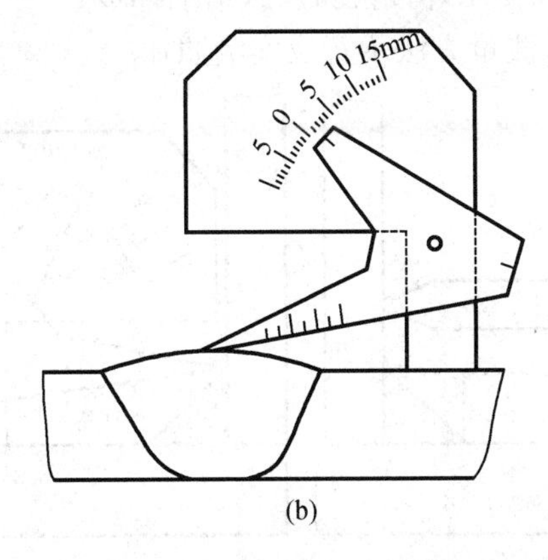

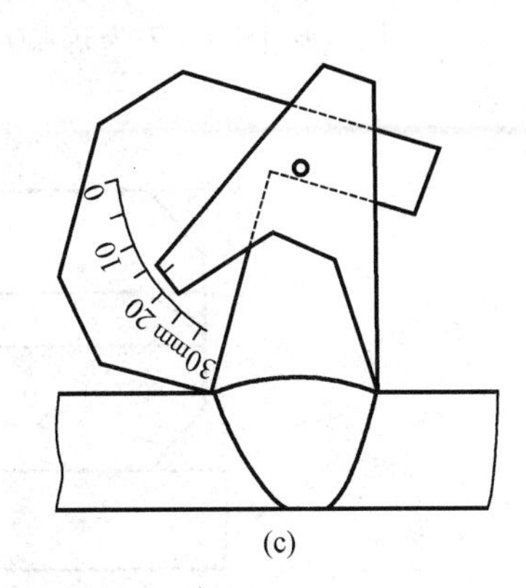

图 3－3　对接焊缝焊缝余高和熔宽测量

(a)细小焊缝余高测量；(b)较宽焊缝余高测量；(c)焊缝熔宽测量

当组焊工件存在错边时，焊缝余高应以表面较高一侧母材为基准进行计算。如组装工件厚度不同，测量余高也应以表面较高一侧母材为基准进行计算，或保证两侧母材间焊缝呈圆滑过渡。

图3-4 焊缝余高及宽度实测照片

3. 角焊缝尺寸检测

测量角焊缝尺寸,主要是检测焊缝的厚度、焊角尺寸,然后可通过计算,获得焊缝的凸度和凹度。

(1)焊脚尺寸测量

图3-5为角焊缝尺寸示意。

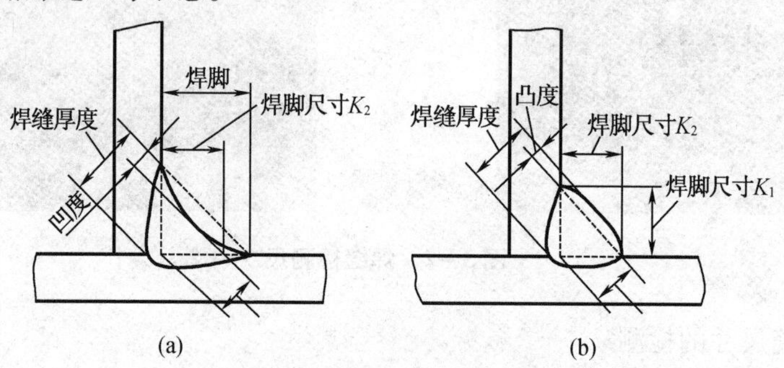

图3-5 角焊缝尺寸示意图

(a)凹形角焊缝;(b)凸形角焊缝

测量角焊缝相应尺寸时,可以使用焊接检验尺或借助样板。

图3-6、图3-7为焊脚尺寸测量方法示意及实测照片。

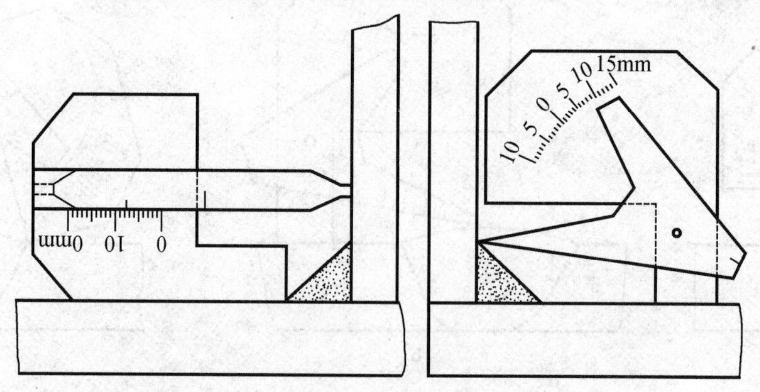

图3-6 焊接检验尺测量焊脚尺寸示意图

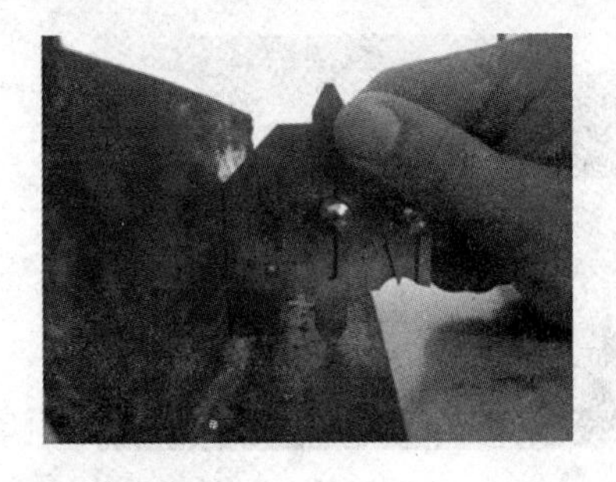

图 3－7　焊脚尺寸实测

(2)角焊缝厚度测量

图 3－8 为角焊缝厚度测量方法示意及实测照片。

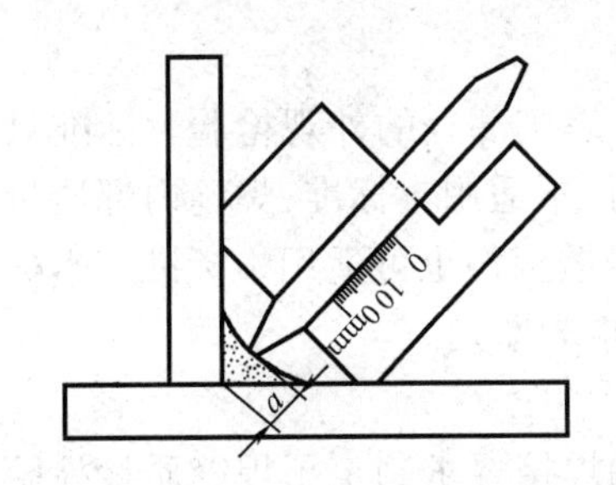

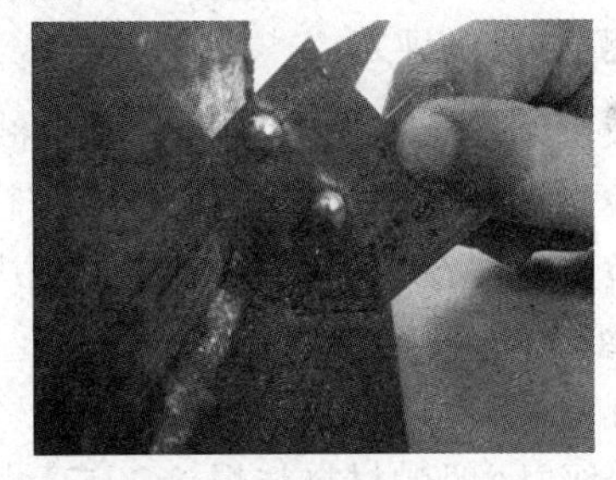

图 3－8　角焊缝厚度测量示意及实测

(3)利用样板测量焊脚尺寸

如图 3－9 所示。

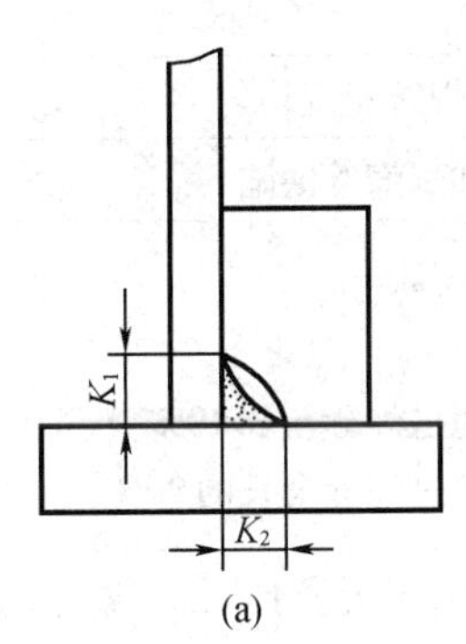

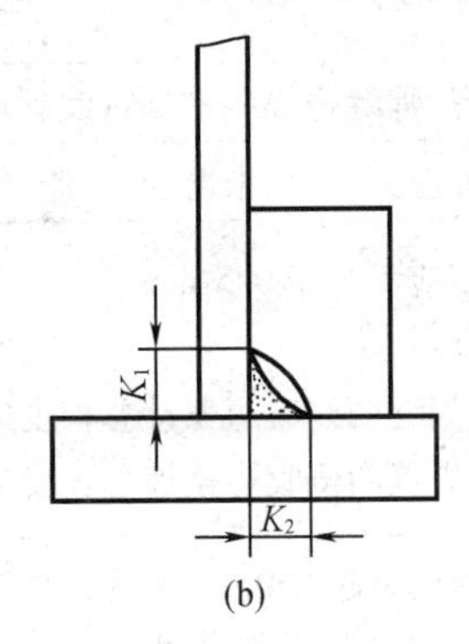

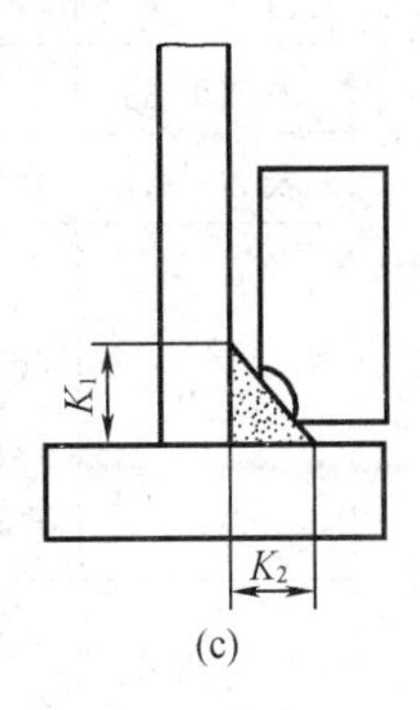

图 3－9　利用样板测量焊脚尺寸

(a)K_1,K_2 符合要求;(b)K_1,K_2 尺寸偏小;(c)K_1,K_2 尺寸偏大

4. 缺陷深度及角度测量

图 3－10 为缺陷深度及坡口开角检测示意。

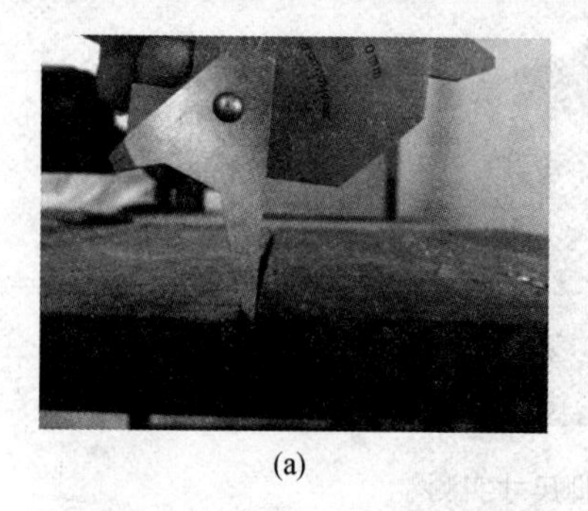

(a)

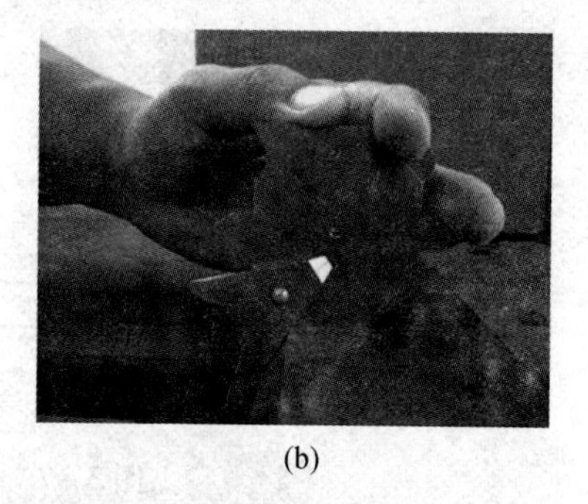

(b)

图 3-10　缺陷深度及坡口开角检测示意图

(a)缺陷深度检测;(b)坡口开角检测

三、检测结果及评定

外观质量评定标准只适用于工程机械结构件焊接部分的外观检验。标准只作为焊接部位肉眼检查的标准,对焊缝内部质量进行评定时,不适用本标准,焊缝内部质量要根据相应的其他检查方法评定。但是,无损检测中表面浸透探伤也可适用本标准。本标准检查项目中,对图纸中明确规定的缺陷,应以满足图纸要求为原则。

1. 外观质量 CCS 评定标准

中国船级社《船舶材料与焊接 2012》根据船舶焊接要求制定了焊缝质量检验项目及标准,并要求在船舶材料焊接时依照标准进行相应评定(见表 3-1)。

表 3-1　焊缝质量检验项目及标准——CCS《船舶材料与焊接》2012

检查项目		标准
外观检查	表面成型	成型良好,焊缝边缘应平顺过渡到母材,焊缝宽度均匀
	表面缺陷	焊缝表面应无裂纹、未熔合、夹渣、气孔和焊瘤等缺陷
	咬边	咬边深度应不大于 0.5 mm 咬边长度: 板试件,焊缝两侧咬边累计总长度应不超过焊缝全长 10% 管试件,焊缝两侧咬边累计总长度应不超过焊缝全长的 20%
	内凹	允许有深度不超过 0.1 t(t 为试件厚度)且不大于 1.5 mm、累计长度不超过焊缝全长 10% 的局部内凹
	未焊透	无
	焊瘤	根部焊瘤应不大于 3 mm
	焊缝余高	平焊位置的焊缝余高应不大于 3 mm,其他位置应不大于 4 mm
	焊缝宽度	每侧焊缝宽度应不大于坡口宽度 2.5 mm

2. 职业技能鉴定板材对接焊工中级评定标准

国家焊工职业技能鉴定时,针对不同的板材焊接以及相应等级也制定了相应的评定标准(见表 3-2)。

表 3-2　焊缝质量检验项目及标准——焊工中级

检查项目		标准
	表面缺陷	两面焊缝表面不允许有焊瘤、气孔、烧穿等缺陷
	咬边	焊缝咬边深度≤0.5 mm，两侧咬边总长度不超过焊缝有效长度的 15%
	内凹	1. 壁厚≤6 mm 时，背面凹坑深度≤25% δ 且≤1 mm 2. 壁厚>6 mm 时，深度≤20% δ 且≤2 mm，总长度不超过焊缝有效长度的 10%
	未焊透	未焊透深度≤15% δ 且≤1.5 mm，总长度不超过焊缝有效长度的 10%（氩弧焊打底的试件不允许未焊透）
	焊瘤	根部焊瘤应不大于 3 mm
	焊缝余高	双面焊缝余高 0~3 mm
	焊缝宽度	焊缝宽度比坡口每侧增宽 0.5~2.5 mm，宽度误差≤3 mm

任务 2　焊接质量外观检查管理程序

［知识目标］

1. 了解焊接质量外观检验流程。
2. 掌握焊缝外观检验的要求。

［能力目标］

1. 掌握焊缝外观检验的内容。
2. 能进行检验结果记录。

一、焊接质量外观检验流程

为控制焊接外观质量的检验工作，确保焊接外观质量不合格的焊缝不进入下道工序，使焊接外观质量检验工作规范化，需要对焊接企业制订标准焊接程序和工艺守则。图 3-11是某企业焊接外观质量检验流程图。

1. 焊工自检

施焊过程中，焊工对自己所焊焊缝（口）应及时清理干净，包括药皮、飞溅等，按要求进行自检，发现有超标缺陷应自觉返修，并逐日填写焊工自检单，经班长签字确认后交专业工程公司质检员复检。

2. 专业工程公司焊接质量员专检

（1）焊接质检员根据焊工提交的自检单按要求分批进行专检，并将初步检查结果填入焊缝外观检查表，送公司（项目）质量处（科）复查。

（2）对专检不合格的焊缝（口），由质检员发出外观不合格焊缝返修单交焊工返修。焊工应尽快返修，返修完毕后，填写焊缝返修信息反馈单并返还给质检员，质检员对返修后的焊缝（缝）进行复检，并将复检结论填入复检单，直至符合要求为止。

(3)焊接质检员应及时填报焊缝(口)日检通知单,送至金属试验室进行无损检验。

(4)焊接质检员应对焊工每日所焊的焊缝(口)做必要的例行检查,督促焊工及时返修外观不合格焊缝(口)。对外观质量经常/严重不合格的焊工,质检员应报告有关部门,共同帮助焊工分析原因,采取有效纠正措施,由于焊工违章违纪、缺乏责任心而造成不合格,质检员有权对其进行罚款或停止其焊接工作,对外观质量一贯较好的焊工,应给予适当的奖励。

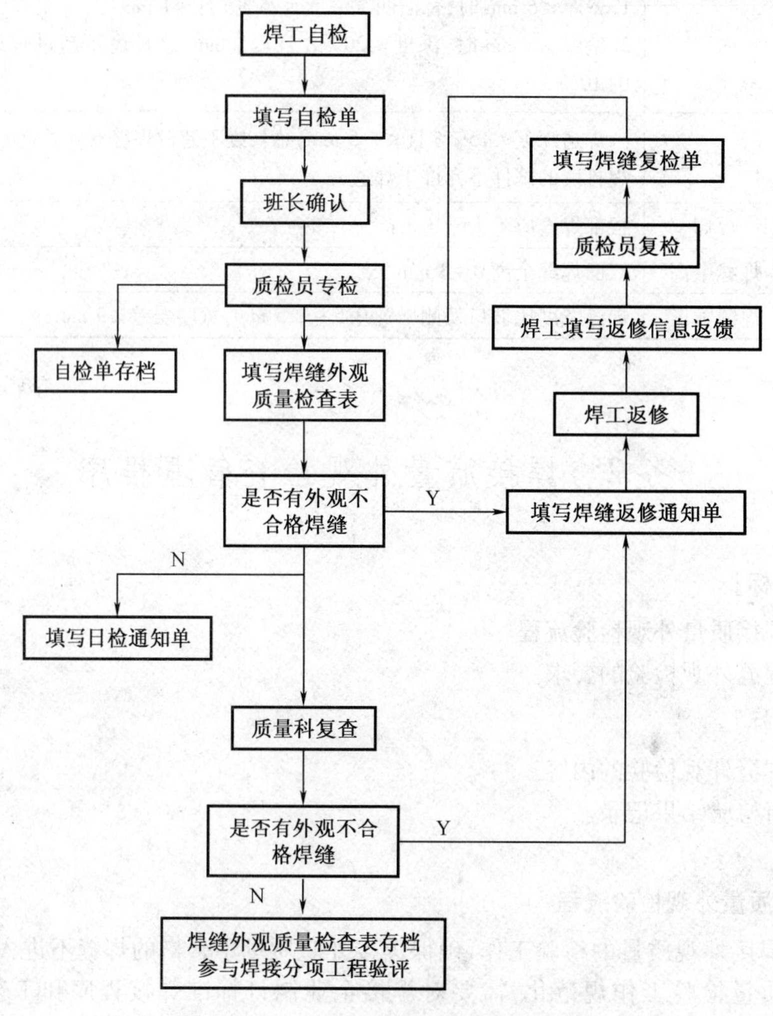

图 3-11　焊接外观质量检验典型流程图

3. 复查

公司(项目)质量处(科)根据专业工程公司提供的焊缝外观质量检查结果,按规范要求进行复查,并评出分项工程焊缝外观质量等级。

二、焊缝外观检验的内容

外观检验主要是检查焊缝尺寸与形状是否符合图纸技术要求,检查时应对所有的焊缝进行检验。

1. 无损检查目视检测范围

(1)焊缝表面缺陷检查

焊缝表面缺陷检查主要是针对焊缝表面裂纹、未焊透及焊漏等焊接质量问题进行目视检测。检查焊缝表面是否存在咬边、裂纹、夹渣、未焊透、未熔合、表面氧化、烧穿、焊瘤、凹坑以及弧坑等焊接缺欠。如存在，执行相应检验标准判定是否超标。

(2)状态检查

状态检查是检查焊缝表面裂纹、起皮、拉线、划痕、凹坑、凸起、斑点、腐蚀等缺陷。对具体焊缝尺寸检查可利用测量仪器，按相应标准测量并评定下述指标是否符合标准规定，包括焊缝余高、余度差、宽度差、焊缝直线度、错边、角变形及焊脚尺寸等。

(3)内腔检查

在某些产品(如蜗轮泵、发动机等)工作后，按技术要求规定的项目进行内窥检测。

(4)装配检查

当有要求和需要时，使用工业视频内窥镜对装配质量进行检查。装配或某一工序完成后，检查各零部组件装配位置是否符合图样或技术条件的要求，是否存在装配缺陷。

(5)焊缝表面成型质量检查

焊缝表面成型质量检查主要检查焊缝外观成型是否均匀、美观，焊道与焊道、焊道与基本金属间过渡是否平滑，焊渣和飞溅物是否清除干净等。

2. 焊接外观检查项目

(1)焊接缺陷

①咬边　由于焊接参数选择不当，或操作工艺不正确，沿焊趾的母材部位产生的沟槽或凹陷。

②焊缝表面气孔　焊接时，熔池中的气泡在凝固时未能逸出而残留下来形成的空穴叫气孔。表面气孔指露在表面的气孔。

③未熔合　熔焊时，焊道与母材之间或焊道与焊道之间未完全熔化结合的部分，点焊时母材与母材之间未完全熔化结合的部分。

④未焊透　焊接时接头根部未完全熔透的现象。

⑤裂纹　在焊接应力及其他致脆因素共同作用下，焊接接头中局部地区的金属原子结合力遭到破坏而形成的新界面所产生的缝隙，它具有缺口尖锐和长宽比大的特征。

⑥未焊满　由于填充金属不足，在焊缝表面形成的连续或断续的沟槽。

⑦焊瘤　焊接过程中，熔化金属流淌到焊缝之外未熔化的母材上所形成的金属瘤。

⑧烧穿　焊接过程中，熔化金属自坡口背面流出，形成穿孔的缺陷。

(2)焊缝形状缺陷

①焊缝成型差　熔焊时，液态焊缝金属冷凝后形成的焊缝外形叫焊缝成型。焊缝成型差是指焊缝外观上，焊缝高低、宽窄不一，焊缝波纹不整齐甚至没有等。

②焊脚尺寸　在角焊缝横截面中画出最大等腰三角形中的直角边的长度。缺陷表现为焊脚尺寸小于设计要求和焊脚尺寸不等(单边)等。

③余高超差　余高高于要求或低于母材。

④错边　对接焊缝时两母材不在同一平面上。

⑤漏焊　要求焊接的焊缝未焊接。表现在整条焊缝未焊接、整条焊缝部分未焊接、未填满弧坑、焊缝未填满未焊完等。

⑥漏装　结构件中某一个或一个以上的零件未组焊上去。

⑦飞溅。

⑧电弧擦伤。

(3)复合缺陷

同一条焊缝或同一条焊缝同一处同时存在两种或两种以上的缺陷。

(4)焊缝打磨

焊缝打磨时要求打磨后焊缝符合相关检验标准,焊缝圆滑过渡或焊缝与母材圆滑过渡,不允许破坏母材。

三、焊缝外观检验的要求

1. 焊接质量外观检验基本要求

(1)应重视焊接外观质量的检验工作,实行焊接质量三级检查验收制度,贯彻自检与专业检验相结合的方法,做好外观质量验评。

(2)外观检验不合格的焊缝(口),不允许进入下道工序(包括检验工序)。

(3)焊缝(口)外观检查的范围及数量应严格按照《电力建设施工及验收技术规范》(焊接篇)执行。

(4)对外观不合格的焊缝,应及时进行返修,返修后还应重新进行检查,对重复出现的外观不合格现象,应查明原因,采取纠正措施。

(5)对外观检查不合格的焊缝,应进行记录,并对缺陷部位进行实体标记。

2. 焊缝外观检验的具体要求

(1)检验准备

①熟悉产品设计图纸、工艺文件和产品验收标准,掌握焊缝外观质量检验项目及允许偏差。

②编制焊缝外观质量检验计划(填写"焊缝外观质量检验计划"表),经质检部门负责人审批签字后实施。

③绘制"焊缝分布图",标注焊缝代号、焊角尺寸等内容(如有要求时)。

④检验工具准备,如焊缝检验尺(规)、钢板尺、钢卷尺、检验记录表、铅油等。

(2)检验程序

①焊工自检

每条焊缝焊完后,焊工应立即清除焊渣进行自检,并记录。

②焊接检验员专检

在焊工自检完成后,由专职的焊接检验员按检验计划进行检验并做出记录。

(3)检验数量确定

焊接检验数量根据焊接结构的具体情况结合相应规范要求进行。

(4)检验方法确定

焊缝外观质量按"焊缝外观质量检验方法指导卡"中规定的方法检查。

"焊缝外观质量检验方法指导卡"中未包含的检查项目及产品特殊型式焊缝的检查方法,应经过质检部门负责人认可。

(5)检验记录

要求采用钢笔或签字笔,颜色为蓝、黑色;记录内容应填写齐全,并由检验人员签字或盖章;质量记录填写应真实、准确、完整,字迹应清楚、工整。

返工处理后的检查记录、日期及评定均应规范、如实填写。

(6)记录整编、归档

单项产品竣工后,应将"焊缝外观质量检验计划"、焊缝分布图和"焊缝外观质量检验记录”编入产品质量检验记录中，一并成册进档。

产品质量检验记录归档时应填写“质量记录归档清单”，并办理交接签字手续。

【思考与练习】

1. 简述焊接外观质量检验典型流程图。
2. 什么是焊缝外观检测，包括哪些检测项目？
3. 焊缝外观检验有哪些具体内容？
4. 试述焊缝外观检验的具体要求。
5. 焊缝外观检验有哪些方法，简单介绍其内容。
6. 试述焊缝目视检测的项目。
7. 焊缝检测尺可进行哪些项目的检测，分别说明其检测要点。
8. 试述 CCS《船舶材料与焊接》2012 焊缝外观检测标准。
9. 试述职业技能鉴定板材对接焊工中级考评焊缝外观检测标准。
10. 总结焊缝外观检测的程序及相关要求。

项目四　射线探伤

射线探伤在工业上有着非常广泛的应用，它既可用于金属检查，也可用于非金属检查。对金属内部可能产生的缺欠，如气孔、针孔、夹杂、疏松、裂纹、偏析、未焊透和熔合不足等，均可以通过射线检查。

射线探伤应用的行业涉及特种设备、航空航天、船舶、兵器、水工成套设备和桥梁钢结构等，几乎有金属加工的生产领域都需要使用。

任务1　焊缝外观检验方法

[知识目标]

1. 了解射线的性质。
2. 掌握射线探伤的基本原理。

[能力目标]

掌握射线与物质的作用规律。

无损检验是指不损坏被检查材料或成品的性能和完整性而检测其缺陷的方法，而射线探伤是采用X射线或γ射线照射焊接接头以检查内部缺陷的无损检验手段之一，其实质是利用射线可穿透物质以及在物质中衰减的特性来发现缺陷。

工业上常用的射线探伤方法为X射线探伤和γ射线探伤。

一、射线的性质

1. 不可见，以光速直线传播。
2. 不带电，不受电场和磁场的影响。
3. 具有可穿透物质和在物质中衰减的特性。
4. 可使物质电离，能使胶片感光，亦能使某些物质产生荧光。
5. 可对生物细胞起作用（生物效应）。

二、射线与物质的相互作用

当射线穿透物质时，由于射线与物质的相互作用，将产生一系列极为复杂的物理过程，其中包括光电效应、汤姆逊散射、康普顿效应和电子对（电子偶）效应等。

上述物理过程的结果，必然导致射线因吸收和散射而失去一部分能量，其强度相应减弱。这种现象称之为射线衰减，并可用衰减定律表达：

$$I_x = I_0 e^{-\mu \cdot x}$$

式中　I_x——射线透过厚度 x 的物质后的射线强度；

I_0——射线的初始强度；

e——自然对数的底；

μ——线衰减系数，为上述各物理效应分别引起的衰减系数之和。

可见，射线强度的衰减呈负指数规律，并且随透过物质厚度的增加，射线强度的衰减增大。随着线衰减系数的增大，射线强度的衰减增大。

线衰减系数μ值与射线本身的能量（波长λ）及物质本身的性质（原子序数Z、密度ρ）有关。即对相同的物质，其射线的波长越长，μ值也越大；对相同波长或能量的射线，物质的原子序数越大，密度越大，则μ值也越大。

三、射线探伤的基本原理

射线探伤的实质，是根据被检工件与其内部缺陷介质对射线能量衰减程度不同，从而形成射线透过工件后的强度差异（如图4－1所示），使缺陷能在射线底片或X光电视屏幕上显示出来。

射线在工件和缺陷中的线衰减系数分别为μ和μ'。

根据衰减定律，透过工件完好部位厚度为x的射线强度可按下式计算：

$$I = I_0 e^{-\mu \cdot x}$$

透过缺陷部位的射线强度可按下式计算：

$$I_P' = I_0 e^{-\mu x} e^{-(\mu' - \mu)\Delta T}$$

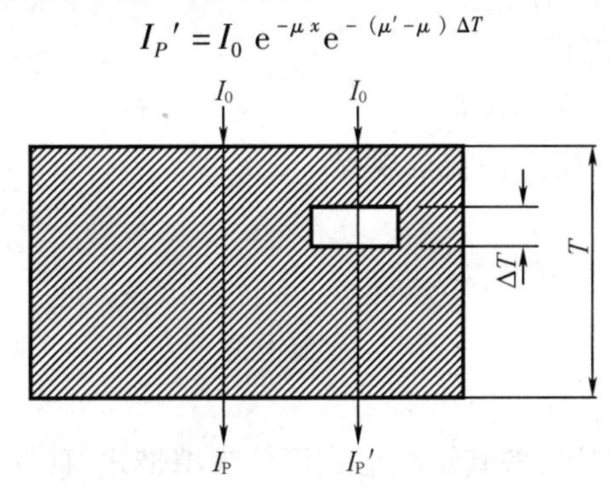

图4－1 有无缺陷对照

比较上述公式：

1. $\mu' < \mu$时，$I' > I$，即缺陷部位透过射线强度大于周围完好部位。

例如，钢焊缝中的气孔、夹渣等缺陷属于这种情况，射线底片上缺陷呈黑色影像，X光电视屏幕上呈灰白色影像。

2. $\mu' > \mu$时，$I' < I$，即缺陷部位透过射线强度小于周围完好部位。

例如，钢焊缝中的夹钨属于这种情况，射线底片上缺陷呈白色块状影像，X光电视屏幕上呈黑色块状影像。

3. $\mu' \approx \mu$或Δx很小且趋近于零时，$I' \approx I$，缺陷部位与周围完好部位透过的射线强度无差异，在射线底片上或X光电视屏屏幕上缺陷将得不到显示。

X射线和γ射线通过物质时，其强度逐渐减弱。另外，射线还能使胶片感光，当X射线或γ射线照射胶片时，与普通光线一样，能使胶片乳剂层中的卤化银产生潜像中心，经过显影和定影后就黑化，接收射线越多的部位黑化程度越高，这个作用叫作射线的照相作用。

因为X射线或γ射线使卤化银感光的作用比普通光线小得多，所以必须使用特殊的X

射线胶片,这种胶片的两面都涂敷了较厚的乳胶,此外,还使用一种能加强感光作用的增感屏,增感屏通常用铅箔做成。

把这种曝过光的胶片在暗室中经过显影、定影、水洗和干燥,再将干燥的底片放在观片灯上观察,根据底片上有缺陷部位与无缺陷部位的黑度图像不一样,就可判断出缺陷的种类、数量、大小等。

任务2 操作射线探伤设备

[知识目标]

1. 了解射线机的分类及特点。
2. 掌握 X 射线管的工作原理及典型 X 射线机的技术参数。
3. 了解 γ 射线探伤设备分类及结构特点。
4. 了解加速器原理及特点。

[能力目标]

1. 掌握 X 射线机训机操作规范。
2. 掌握 X 射线机操作规程。
3. 掌握 γ 射线探伤设备操作规程。
4. 掌握加速器探伤室射线防护安全规程。

一、X 射线机

(一)X 射线机的分类

1. 按其结构形式分类

X 射线机又称射线探伤机,按其结构形式可分为携带式、移动式和固定式三种。

携带式 X 射线机多采用组合式 X 射线发生器,体积小、重量轻,可用于施工现场探伤作业,特别适合野外作业的探伤工作。移动式 X 射线机可在车间或实验室内移动,适用于中、厚工件的探伤。固定式 X 射线机,是指固定在确定的工作环境中,靠移动工件完成探伤工作。

图 4-2 为 X 射线机实物照片。

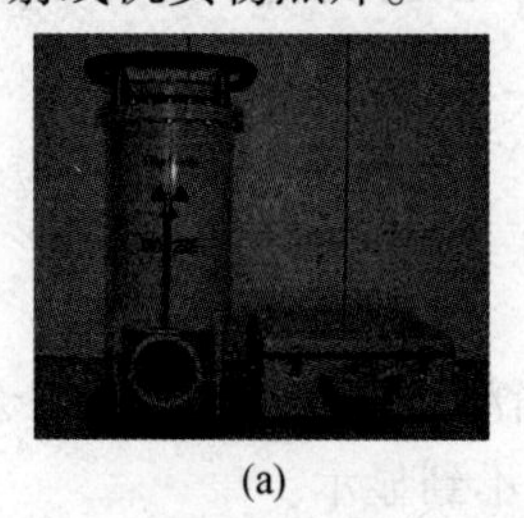

(a)

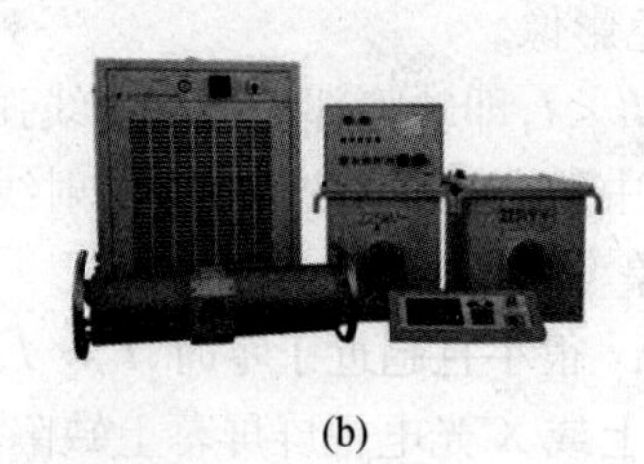

(b)

图 4-2 X 射线探伤机

(a)携带式;(b)移动式

2. 按射线束的辐射方向

按射线束的辐射方向,可将 X 射线机分为定向辐射和周向辐射两种。其中周向 X 射线机特别适用于管道、锅炉和压力容器的环形焊缝探伤,利用一次曝光可以完成整条焊缝检查,显著提高了工作效率。

此外,还有一些特殊用途的 X 射线机。例如,软 X 射线机(管电压 60 kV 以下),可用于检验金属薄件、非金属材料及低原子序数物质的内部缺陷。微焦点 X 射线机(通常焦点尺寸 ϕ0.01 ~0.1 mm,最小可达 ϕ0.05 mm),适于近焦距摄片,可用于半导体器件、集成电路等内部结构及焊接质量检测。

(二)X 射线机的结构

X 射线机主要由射线发生器(X 射线管)、高压发生器、控制系统和冷却系统等主要部件组成。

携带式 X 射线机是将 X 射线管和高压发生器直接相连,构成组合式 X 射线发生器,省去了高压电缆并和冷却器等一起组装成射线柜。为携带方便,携带式 X 射线机一般没有为支撑机器而设计的机械装置。

1. X 射线管结构特点

X 射线管又称 X 光管,是 X 射线机的核心部件,是由管套阴极和阳极等组成的真空电子器件,如图 4 –3 所示。

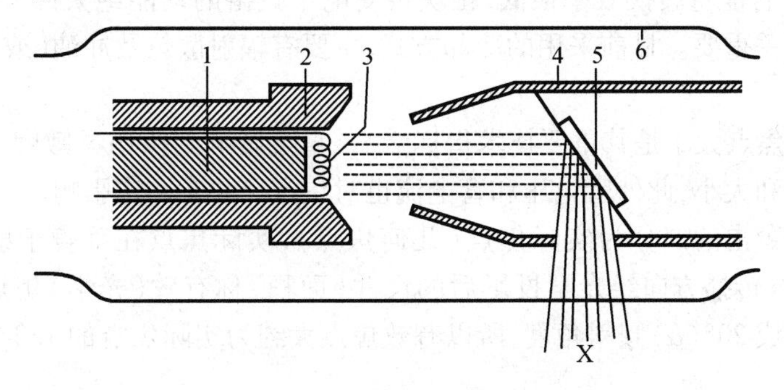

图 4 –3　X 射线管结构示意图

1—阴极;2—聚焦罩;3—灯丝;4—阳极(壳);5—靶;6—管套

X 射线管由阴极构件、阳极构件和管套构成。X 射线管包括玻璃壳管和金属陶瓷管等。其中金属陶瓷管机、电、热性能优良,体积小、重量轻且寿命长,已逐渐取代玻璃壳管而获得广泛的应用,其主要缺点是价格较贵。

(1)阴极

阴极的作用是发射电子和聚集电子,由发射电子的钨丝和聚集罩(纯铁或纯镍制成的凹面)构成。X 射线管内,阳极焦点的形成取决于阴极形状。

(2)套管

套管是 X 射线管的外壳,管内要求有较高的真空度(不低于 10^{-4} Pa),以降低高速电子在管内运动的阻力。

(3)阳极

X 射线由射线管阳极发出。阳极由阳极靶块(钨等)、阳极体和阳极罩(铜,导电和散热)三部分构成。

2. X 射线管工作原理

当灯丝接通低压交流电源(约 2 ~ 10 V)通电(各种射线机管电流为 2 ~ 30 mA 范围不等)加热至白炽状态时,在阴极周围形成电子云,借助聚焦罩的凹面形状使其聚焦。

当在阳极与阴极间施以高压(各种射线机管电压为 50 ~ 500 kV 不等)时,电子被阴极排斥、受阳极吸引,并加速穿过真空空间。高速运动的电子成束集中轰击靶子较小面积(实际焦点)。电子被阻挡、减速和吸收,其部分动能(约 1%)转换为 X 射线,如图 4 - 4 所示。

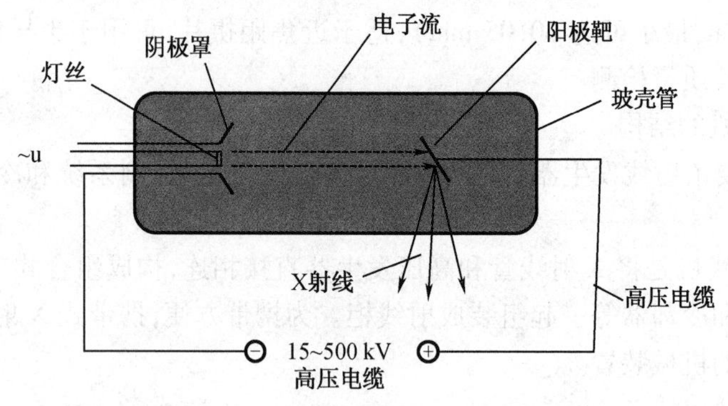

图 4 - 4　X 射线管工作原理示意

由于 X 射线管能量转换效率很低,靶块接受电子轰击的动能绝大部分转换为热能,所以阳极的冷却至关重要。目前采用的冷却方式,主要有辐射散热及冲油(或水)冷却。

3. 焦点

X 射线管的焦点大小是其重要技术指标之一,直接影响到探伤灵敏度。焦点尺寸主要取决于灯丝形状和大小,此外管电压和管电流也对焦点尺寸有一定影响。

靶块被电子轰击的部分为实际焦点(几何焦点),实际焦点在垂直于射线束轴线的投影,或其在 X 射线传播方向经光学投影后的尺寸(面积)称有效(光学)焦点。由于靶块与射线束轴线一般成 20°(α)倾斜角度,所以有效焦点大约为实际焦点的 1/3 左右,如图 4 - 5 所示。

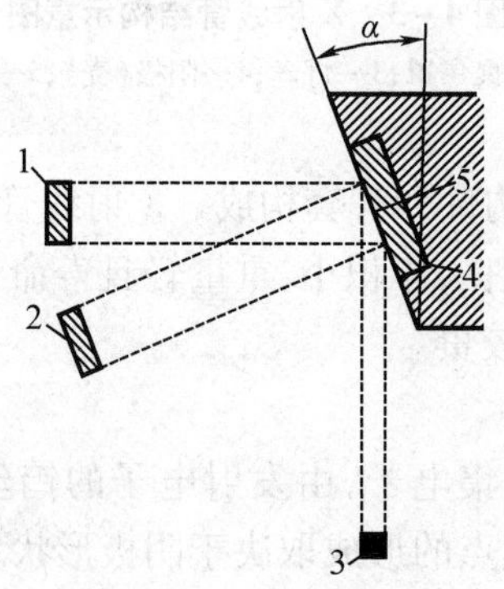

图 4 - 5　焦点示意图

1—电子束尺寸;2—实际焦点;3—有效焦点;4—靶块;5—轰击区

(三)典型 X 射线机的技术参数及训机操作规范

1. X 射线机技术参数(见表 4 - 1)

表 4－1　典型 X 射线机的技术参数说明

项目＼型号		XXQ－2005 XXG－2005	XXH－ XXHA－2005	XXQ－2505 XXG－2505	XXH－ XXHA－2505	XXQ－3005 XXG－3005	XXH－ XXHA－3005
最大穿透厚度不少于 钢/A3 焦距:60 cm 曝光时间:5 分钟 天津Ⅲ型胶片 暗室处理:20℃　±2℃ 显影 5 分钟		30 mm	27 mm 24 mm	40 mm	37 mm 34 mm	50 mm	47 mm 40 mm
黑度:2.0							
输入	电压/V	198～242 V　50 Hz					
	容量/kV·A	1.8		2.5		3	
输出	管电压/kV	100～200		150～250		170～300	
	管电流/mA	5					
	波动	±2%					
X 射线管	焦点	1.5×1.5(mm)	1×3.5(mm)	2×2(mm)	1×2.4(mm)	2.5×2.5(mm)	1×2.4(mm)
	辐射角	45°＋5°	30°＋5°周向	40°＋5°	25°＋5°周向	40°＋5°	25°＋5°周向
灵敏度		≤1.5%				≤1.8%	
工作方式		间歇式工作,不切断电源,工作:休息:1:1,最长工作时间 5 分钟					
控制箱	尺寸/mm	360×300×145					
	质量/kg	12					
	线路结构	模块化、数字显示,隔离控制、自动保护					
	冷却方式	强风冷却					
	绝缘方式	SF6 气体绝缘					
	工作压力	0.34～0.45 MPa(20)					
管头	质量/kg	20	20	3 732	37	4 440	44
工作环境温度、湿度		－30 ℃～＋40 ℃　≤85%					
端环距焦点中心距离		215 120	215	250 120	250	290 130	290

2. X 射线机设备检查

(1)外观检验

首先检查外包装,看有无损伤和缺陷,然后再检查管壁内部有无不正常现象。

①检查玻璃管壁有无气泡、水线、划伤、裂纹及不正常的颜色等。

要求气泡的直径小于 1 mm,不允许有水线,划痕深度用指甲划过时不应有感觉,不许有裂纹,玻璃管壁的颜色应一致。

②检查阴极接线、灯丝、锈痕、污物、结构等。

要求阴极接线正确;灯丝位置端正,周围无异常颜色,通电能亮;阴极没有锈痕和污物;阴极结构无松动现象。

③检查阴极位置是否正确,查看光洁度、靶面色度、锈痕、污物等。

要求阳极位置正确;阳极表面光洁无尖端凸起;靶面光洁无裂痕;旋转阳极,转速应达到规定标准,轴承摩擦不应有沙哑声;靶面角度应正确,阳极体不应有锈痕和污物。

④灯丝的检查。

检查灯丝的结构有无缺陷,查看灯丝是否弯曲,是否与集射罩短路等。要求灯丝结构无缺陷,无弯曲,在做强 X 线试验前要做灯丝加热试验。试验时一般用电瓶供电,或用低压交流电供电。试验时加热电压和电流不宜过高,如果 X 线管存在严重漏气,灯丝会立即烧毁。

(2)管内检查

管内不应有异物。

(3)真空程度的检查

X 线管只有在高度真空情况下才能正常工作。

第一种是高频法,利用高频脉冲法(超短波或高频发生器)判断管内真空度是否良好。用超短波做试验时,将管子置于超短波两电极之间通电,若管子发生辉光,说明管子漏气了,辉光的浓淡表示漏气的严重程度,若大量漏气则无辉光产生,通电后灯丝易烧毁。

第二种是冷高压法,X 线管灯丝不加热,在 X 线管两端加上高压。高压不能过高,只能是最大工作电压的 30% ~35%,若管子内部发生辉光,说明此管子漏气,漏气严重时管子将产生火花放电。

(4)性能试验

经过以上检查就可以进入性能试验,即灯丝加热。在管子两端加上电压进行性能实验。如果是诊断用 X 线管,做透视和摄影时应选择人体厚实部位进行;如果是治疗用 X 线管,要测 X 线的质和量,如有漏气,质和量将会降低很多。

3. X 线管的试训

X 线管的试训目的是为了将轻微含气的管子,经试训后恢复真空,有两种方法。

(1)mA 值一定,kV 值由低逐渐升高

用低的管电流(诊断用 X 线管取 1 ~2 mA,深部治疗用 X 线管取 3 ~5 mA),从最低的管电压连续施加电压,每一次高压经 1 ~2 min 后,如果没有辉光或含气的现象(毫安表颤动)发生,就可将管电压提高一步。经过适当休息后再试 1 ~2 min,如无辉光或含气的现象发生,将管电压逐步提高,到达最高的额定电压为止。试验过程中若发现辉光或含气现象,则将管电压降到前一步的数值重新试验;如果一开始就出现辉光或含气现象,且几次试验都无法恢复,则说明管子已经无法使用。

(2)kV 值一定,mA 值由低逐渐升高

方法同上。往往有些轻微漏气的 X 线管,在 mA 值小时适应,但在 mA 值大时,阴极发射的电子越多,撞击游离气体分子的机会也多,因此容易产生电离,发生辉光。当有辉光产生时,再退一步去试验,合格后再进行下一步,如此反复试验,直到没有辉光产生为止。

(3)训机注意事项

①在试验中应严格操作,细心检查,注意 X 线管所发生的一切现象。如表面是否有放电现象,管内有无辉光产生;若管两极根部有辉光产生,说明此管已漏气。

②观察 mA 表,若发现 mA 表指针颤动,说明管子漏气不严重,可以恢复。

③在试验时如发现管壁出现荧光,首先应与管内含气而引起的辉光相区别:荧光发生在管壁上,辉光发生在两极空间;荧光发生在局部,辉光发生在全管;辉光有时呈淡白色,有时呈淡红紫色;无荧光出现时,X 线机仪表无异常现象,荧光出现时,X 线机的毫安表不稳,荧光的颜色取决于管子玻璃的成分。

(四)X 射线机操作规程(额定管电压小于等于 350 kV)

1. 人员要求

(1)X 射线探伤机操作人员都应经过辐射安全知识培训,并持有国家质量技术监督局的Ⅰ级或Ⅰ级以上的射线检验人员资格证书。

(2)X 射线探伤机操作人员应熟悉所用设备的基本结构、性能、各部分作用及相关安全知识。

2. 操作步骤

(1)开机前的准备工作

①检查 X 射线探伤机操作箱和机头,无任何损坏痕迹以及安装螺丝脱落、电线破损,方可接上电源。

②X 光机工作使用前,必须按规定进行训机,方可正常使用。

③根据试件的材料和厚度选取合适的曝光条件。设置探伤曝光条件时,必须严格符合设备性能要求。

(2)开机顺序

①将 X 光机出束窗口对准被检工件透照部位中心,调整焦距,贴好胶片、编号板。

②打开控制器电源开关,操作面板上的两位 LED 显示器将点亮。

③预置透照时间:调节计时器至所需的曝光时间的位置。

④预置透照电压:调节千伏码盘至所需管电压的位置。

⑤开启联锁装置。

⑥按下高压按钮。

⑦达到规定曝光时间后,机器自动切断高压输出,完成一次曝光工作。机器进入 1:1 休息时间。

⑧透照工作全部完成后,关闭电源开关。

(3)记录

每次使用后操作人员应做好清洁工作,并认真检查探伤机是否处于安全位置,并填写设备运行记录。

二、γ 射线探伤设备

(一)γ 射线探伤设备特点

1. 优点

γ 射线探伤设备穿透力强,探测厚度大。可连续运行,不受温度、压力和磁场等外界条件限制。

γ 射线探伤设备体积较小、重量轻,透照过程中不需水、电,可在野外、带电(高压电器设备)、高空、高温及水下等多种场合工作。由于设备轻巧、简单且操作方便,可在X射线机和加速器无法达到的狭小空间工作。此外设备故障率低,无易损件。

2. 缺点

半衰期短的γ源更换频繁,必须实施严格的射线防护。另外,γ射线探伤发现缺陷的灵敏度略低于X射线机。

(二)γ射线探伤设备分类

按所装放射性同位素不同,可分为Co60,Cs137,Ir192,Se75,Tm170及Yb169 γ射线探伤机。按机体结构可分为直通道和"S"通道形式。按使用方式可分为便携式、移动式、固定式和管道爬行器。

工业γ射线探伤中,主要使用便携式Ir192,Se75以及移动式Co60 γ射线探伤机。

Tm170和Yb169 γ射线探伤机主要用于轻金属和薄壁工件检测,管道爬行器专用于管道对接环缝探伤。

(三)γ射线探伤设备结构

γ射线设备主要由源组件、探伤机机体、驱动机构、输源管和附件构成。

1. 源组件

由放射源物质、包壳和辫子组成,图4-6为Ir192源组件结构示意。

放射源物质装入包壳内,并利用辫子封口,可防止放射性污染扩散。源包壳和辫子多采用冲压方式连接。

2. 探伤机机体

γ射线机体最主要部分为屏蔽容器,内部设计有"S"形弯通道和直通道型两种。图4-7为"S"形弯通道结构示意。

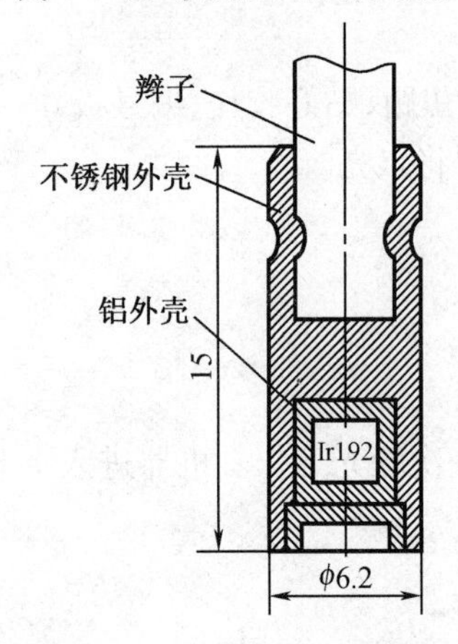

图4-6　源组件结构示意图

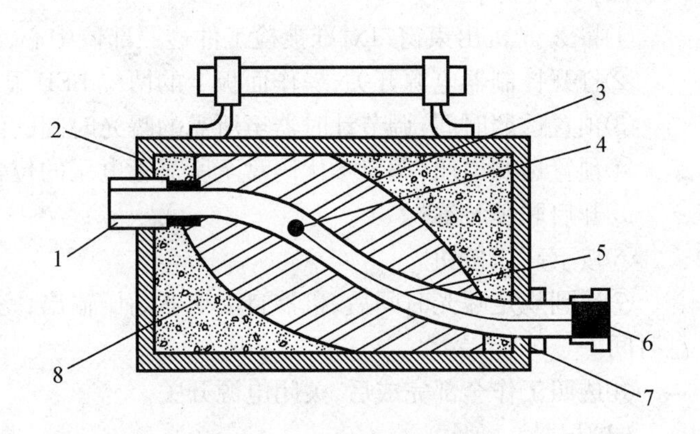

图4-7　弯通道结构示意图

1—快速连接器;2—外壳;3—贫化铀屏蔽层;4—γ源组件;5—源托;6—安全接插器;7—密封盒;8—聚氨酯填料

3. 驱动机构

驱动机构是一套将放射源从机体的屏蔽储藏位置驱动到曝光焦点位置,并能将放射源收回到机体内的装置。

4. 输源管

输源管由包塑不锈钢软管制成,一头封闭,长度可根据需要选用。

输源管可保证源始终在管内移动,使用时开口端接到机体源出口,封闭端放在焦点位置。曝光时需要将源输送到输源管的端头,以保证源曝光焦点重合。

5. 附件

为保证γ射线设备使用安全、操作方便,需要配备设备附件,主要有专用准直器、γ射线监测仪、定位架、专用曝光计算尺及换源器等。

(四)γ射线探伤设备操作

1. γ射线检测曝光操作程序

γ射线检测曝光操作,必须由专职射线检测人员进行。

(1)操作前准备

检查设备有无明显损伤;驱动机构是否灵活,有无卡死现象;输源管有无明显砸扁或损坏现象;个人计量计及辐射场剂量监测仪表能否正常工作。

确认无误后,方可进行送源操作。

(2)主机安装

主机安放地点应便于输源管铺设,保证安放平稳。

(3)组装输源管

根据实际情况确定输源管根数,原则上不得多于3根。

(4)固定照相头

利用定位架将输源管端头定位、夹紧,并使输源管端头与照相焦点重合。

(5)铺设输源管

应保证送源操作顺利,并尽可能考虑利于人员屏蔽。

(6)连接输源管

从屏蔽容器上取下源顶辫,将其插入储存源顶辫管内,将输源管接到主机出口接头上。

(7)选择驱动机构操作位置

手动操作时,驱动机构相对屏蔽源容器应成直线,尽量放直控制缆。

(8)连接控制缆

将锁打开,将选择环从“锁紧”位置转到“连接”位置,保护盖将自动弹出。

将控制缆连接套向后滑动,打开控制缆连接器的卡爪,露出控制缆阳接头。

压下弹簧顶锁销,接嵌阴阳接头。放开锁销,并检验是否连接妥当。

收拢卡爪,盖住阴阳接头部件。

向前滑动连接套,套住卡爪,将连接套上的缺口销插入选择定位环孔内。

保持控制缆连接套紧贴在屏蔽装置上的联锁装置,将选择环从“连接”位置转到“锁紧位置”。

注意:在送源探伤开始之前,应一直保持连锁处于“锁紧”位置。

(9)计算曝光时间

根据拍片条件,用计算尺或计算器计算出最佳黑度所需曝光时间。

(10)送出射源

将选择环转到工作位置,沿顺时针方向迅速转动手摇柄,使源从屏蔽容器进入输源管内,直到源送到头为止。

(11)收回射源

沿逆时针方向迅速转动手柄,使源回到储存位置,并用剂量仪检查确认。

注意:射源送出或收回时,应快速轻摇,直到摇不动为止。

(12)锁紧选择环

将选择环由“工作”位置转到“锁紧”位置,用锁锁牢。如选择环不能转到“锁紧”位置,表明源未安全收回。

2. 换源操作

换源器有两个“I”孔道,一个用于装新源,一个用于旧源回收。

(1)按 γ 射线探伤机操作步骤将驱动机构与探伤机主机连接。

(2)将不带照相头的输源管分别与主机及换源器相连。

(3)摇动驱动机构手柄,将旧源送入换源器中。

(4)从旧源辫上取出控制缆上的阳接头,从换源器旧源孔道接头上拆下输源管,将输源管与换源上新源孔道相接。

(5)将控制缆上阳接头与新源辫的阴接头连接,合上导源管。

(6)摇动驱动机构手柄,将新源拉回到探伤机中。

三、加速器

(一)加速器原理及特点

加速器是指带电粒子加速器,其原理是利用电磁场使带电粒子(如电子、质子、氦核及其他重离子)获得能量。用于产生高能 X 射线的加速器主要有电子感应式、电子直线式和电子回旋式三种,目前应用最广泛的是电子直线加速器。

加速器具有射线束能量、强度与方向均可精确控制的特点,能量可高达 35 MeV,所以探伤厚度可达 500 mm(钢铁)。加速器射线焦点尺寸小,探伤灵敏度较高。

(二)加速器探伤室射线防护安全规程

1. 加速器探伤室连锁系统

(1)连锁系统构成

工件进出透照室大门连锁、迷宫铅门连锁、操纵室门连锁、机器连锁、操纵台连锁。

(2)连锁系统安全规范

①门连锁　门开启时呈断开状态,门关闭时门压迫连锁闭合呈通路。

②机器连锁　应设置多把钥匙构成连锁,所有钥匙全部扭到闭合,连锁呈通路。保证钥匙缺少一把,机器连锁即成断路状态。

工作人员走出透照室时,将钥匙全部插回连锁并扭到闭合,连锁方可接通。

③控制台连锁　当以上所有连锁全部闭合,控制台连锁才能闭合。控制台钥匙扭到闭合时,加速器开始工作,控制台连锁断开,加速器透照停止。

④注意事项　门连锁钥匙及控制台连锁钥匙应由专人保管。

2. 紧急开关系统

在透照室内设有紧急开关按钮,其功能是在意外情况下,按下紧急开关按钮,加速器、X 射线机立即停止工作,防止意外出现大剂量辐射。

此外,还应设置其余紧急开关按钮,保证按下按钮时加速器立即停止工作。

3. 开机警示灯及报警喇叭

在透照室大门外、迷宫及操纵室应设置警示灯和报警喇叭。门连锁启动,警示灯和报警喇叭工作。

4. 监视系统

电视监视系统的主要目的是保证在加速器、X 射线机工作时透照室内无人,避免意外照射。

在透照室内设有摄像头,并保证摄像头可以扫描到探伤室各个角落。

5. 辐射监测仪

辐射监测仪屏幕上可显示出透照室内辐射剂量值。当辐射剂量值超出阈值时,辐射监测仪和警示灯发出警报。

辐射监测仪探头应设置在照射室辅房墙面上,警示灯设置在操纵室墙面上。

6. 个人剂量报警仪和个人剂量测量元件

剂量元件应由专业机构测定后方可使用,其作用是记录接受的剂量累积值。

进入探伤室工作人员必须携带个人报警器和剂量元件。

7. 个人防护用品

射线透照人员每人应配有射线防护用品,主要包括防护服、防护帽等。

任务3 实施射线照相法探伤

[知识目标]

1. 了解射线照相法探伤的基本原理。
2. 掌握 X 射线探伤系统的组成及要求。

[能力目标]

1. 掌握射线探伤条件的确定方法。
2. 掌握 X 射线探伤检测报告的内容。
3. 掌握焊接缺陷的底片特征。
4. 掌握典型生产规范射线探伤的质量评定标准。
5. 具备底片质量等级评定的基本技能。

射线照相法探伤(RT),是根据被检工件与内部缺陷介质对射线能量衰减程度的不同,而形成透照后射线强度分布差异,并在感光材料(胶片)上获得缺陷投影所产生的潜影,经过暗室处理后获得缺陷影像,并依照相关标准评定工件内部质量。

射线照相法能较直观地显示工件内部缺陷的大小和形状,因而易于判定缺陷的性质,射线底片可作为检验的原始记录供多方研究并长期保存。但这种方法耗用的 X 射线胶片等器材费用较高,检验速度较慢,只宜探查气孔、夹渣、缩孔、疏松等体积性缺陷,能定性但不能定量,且不适合用于有空腔的结构,对角焊、T 形接头的检验敏感度低,不易发现间隙很小的裂纹和未熔合等缺陷以及锻件和管、棒等型材的内部分层性缺陷。此外,射线对人体有害,需要采取适当的防护措施。

一、探伤系统的基本构成及要求

图 4 – 8 为探伤系统的基本构成示意。

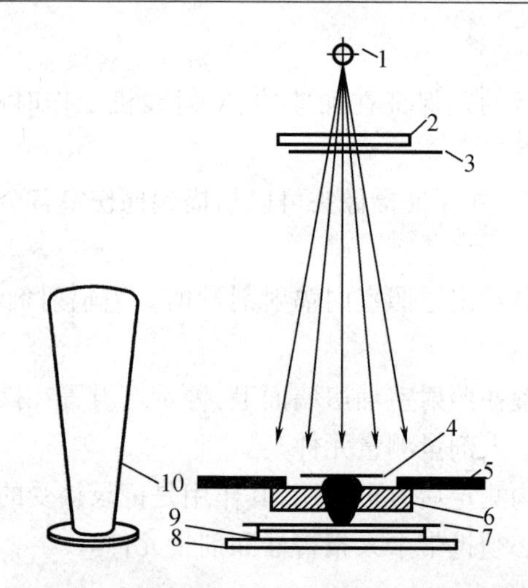

图 4－8　射线照相法探伤系统基本组成示意图

1—射线源;2—铅光缆;3—滤板;4—像质计、标记带;5—铅滤板

(一)射线源

射线源可以根据实际情况,选择 X 射线机、γ 射线机或加速器。

(二)射线胶片

射线胶片由保护层、乳剂层、结合层和片基组成。

射线胶片不同于普通照相胶卷之处在于,其片基两面均涂有乳剂,以增加对射线敏感的卤化银含量。

(三)增感屏

金属增感屏是由金属箔黏合在纸基或胶片片基上制成,探伤时与射线胶片紧密接触,有前屏和后屏之分。

增感屏被射线透射后可产生二次电子和二次射线,增加对胶片的感光作用。另外,增感屏对波长较长的散射线有吸收作用,可减小散射线引起的灰雾度。使用金属增感屏,可提高胶片的感光速度和底片的成像质量。

表 4－2 为 X 射线探伤增感屏的相关要求。

表 4－2　增感屏的材料和厚度

射线源	前屏		后屏	
	材料	厚度/mm	材料	厚度/mm
X 射线(≤100 kV)	铅	不用或 ≤0.03	铅	≤0.03
X 射线(100～150 kV)	铅	≤0.10	铅	≤0.15
X 射线(150～250 kV)	铅	0.02～0.15	铅	0.02～0.15
X 射线(250～500 kV)	铅	0.02～0.2	铅	0.02～0.2

(四)像质计

像质计是用来定量评价射线底片影像质量的工具,应与被检工件材质相同或相近,或其射线吸收小于被检工件。GB 3323—2005 金属熔化焊焊接接头射线照相中,将像质计分为线型和阶梯型两种。

GB 3323—2005 中规定：

使用线型像质计时，细丝应垂直于焊缝，其位置应确保至少有 10 mm 丝长显示在黑度均匀的区段。椭圆照射法和垂直照射法透照曝光时，细丝应平行于管子环缝，并不得投影在焊缝影像上。

使用阶梯孔型像质计时，像质计的放置应使所要求的孔号紧靠焊缝。

（五）铅罩、铅光阑

附加在 X 射线机窗口的铅罩或铅光阑，可以限制射线照射区域大小并获得合适的照射量，从而减少来自其他物体的散射作用，以避免和减少散射线所造成的底片灰雾度的增大。

（六）铅遮板

工件表面和周围的铅遮板，可以有效屏蔽前方散射线和工件外缘因散射引起的"边蚀"效应，对不规则的工件也可采用钡泥、金属粉末（铜粉、钢粉和铅粉）等。

（七）底部铅板

底部铅板又称后防护铅板，用以屏蔽后方散射线。

（八）标记

标记可保证射线底片与工件被检部位准确对照。透照部位的标记由识别标记和定位标记组成。若材料性质或使用条件不允许在工件表面做永久标记时，应采用准确的底片分布图记录。

被检工件的每一透照区段，均应设有高密度材料的识别标记。标记一般由适当尺寸的铅（或其他适宜的重金属）制数字、拼音字母和符号等构成。

1. 标记项目

标记应包括产品编号、焊缝编号、部位编号、返修标记及透照日期等。返修后的透照应有返修标记"R"，扩大检测比例的透照还应标有扩大检测标记"K"。

当射线底片上无法清晰显示焊缝边界时，应在焊缝两侧放置高密度材料的识别标记。

采用新的透照布置时，应在暗盒背面贴上高密度材料标记"B"，用以检查背面散射防护效果。如底片上出现"B"较亮影像，底片应作废。

2. 标记的位置

底片上所显示的标记应尽可能位于有效评定区之外，标记一般应放置在距焊缝边缘至少 5 mm 以外的部位。所有标记的影像不应重叠，且不应干扰有效评定范围内的影像。图 4－9为标记涉及的项目及摆放位置示意。

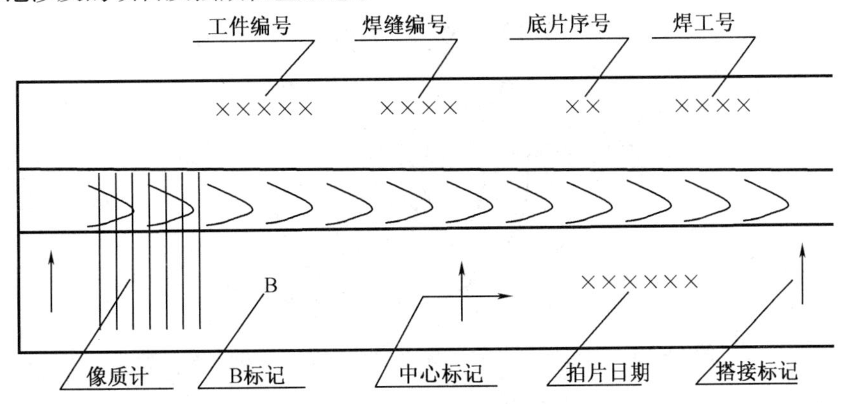

图 4－9 标记的摆放示意

透照区域需要两张以上胶片照相时，相邻胶片应有一定的搭接区域，以确保整个受检区域均被透照。搭接区域应设有搭接标记，搭接标记的摆放位置应符合图 4－10 至图 4－14 所示的规定。

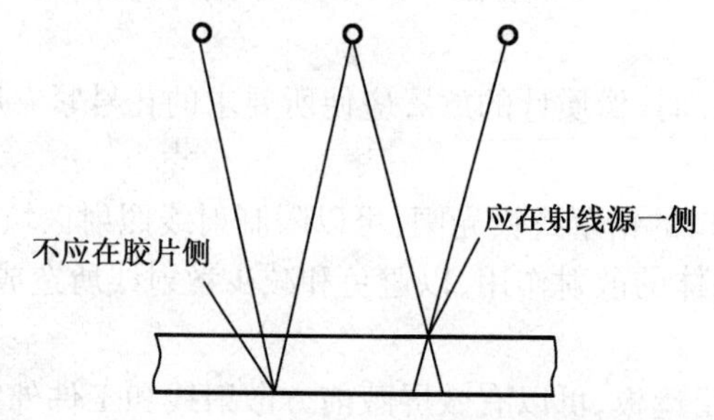

图 4－10　平面工件或纵焊接接头

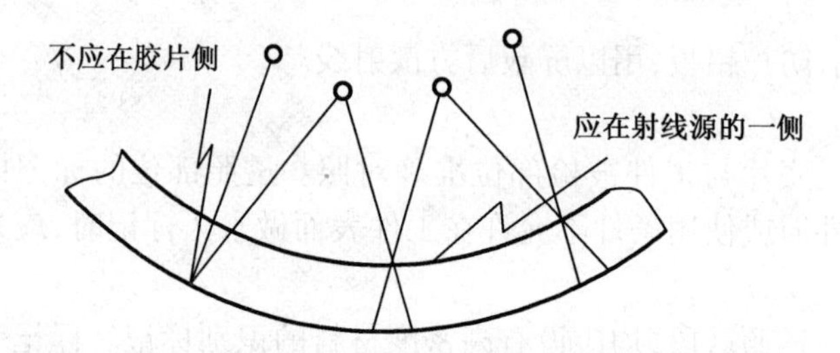

图 4－11　射线源到胶片距离 F 小于曲面工件的曲率半径

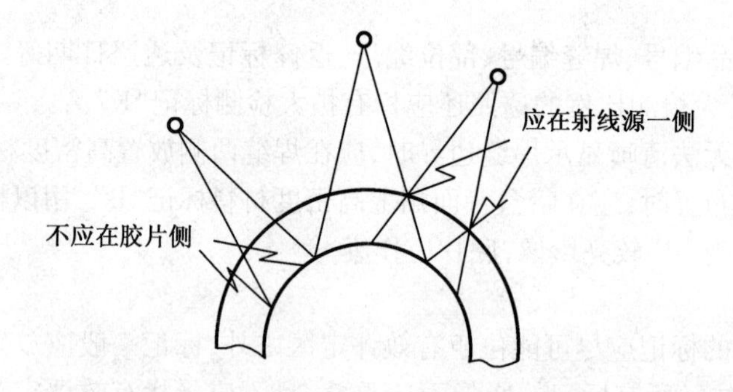

图 4－12　凸面朝向射线源的曲面部件

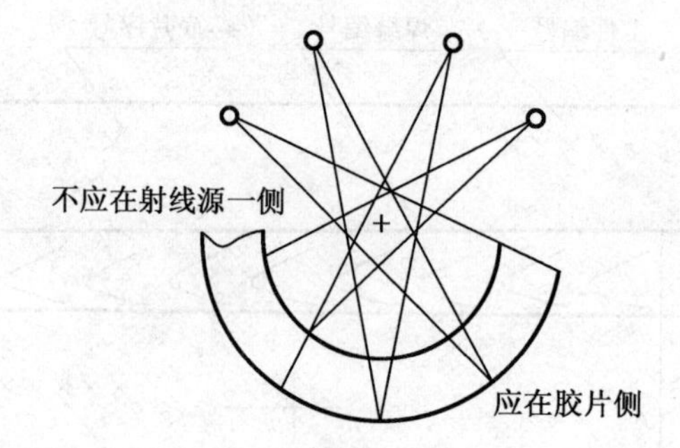

图 4－13　射线源到胶片距离 F 大于曲面工件的曲率半径

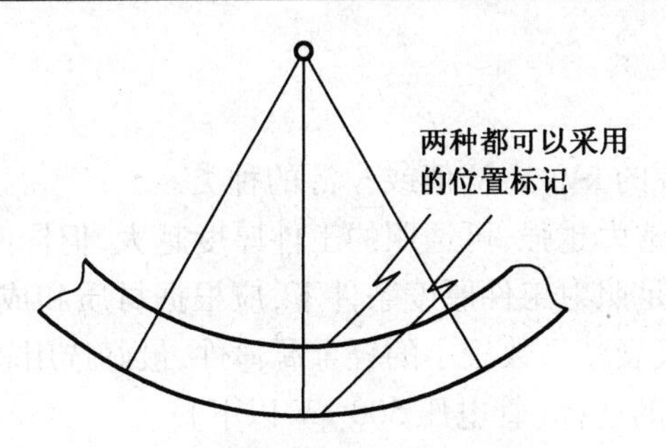

图 4－14 射线源在曲面工件的曲率中心

（九）暗盒

暗盒由对射线吸收不明显且对影像无影响的柔软塑料带制成，使用时可进行大幅弯曲并贴紧工件。

二、探伤条件的选择

（一）选择原则

1. 射线透照技术

GB 3323—2005 中，将射线透照技术分为 A，B 两个等级。其中 A 级为普通级，B 级为优化级。

2. 黑度

底片黑度（D）是指曝光并经暗室处理后的底片黑化程度，可用黑度计（光密度计）直接在底片的规定部位测量。

底片黑度大小与该部分含银量的多少有关。由于含银量多的部位比少的部位更难透光，故其黑度较大。

选择的曝光条件，应使底片的黑度满足表 4－3 规定。

表 4－3 底片黑度（GB 3323—2005 金属熔化焊焊接接头射线照相）

等级	黑度[a]
A	≥2.0[b]
B	≥2.3[c]

a 测量允许误差为 ±0.1

b 经合同各方商定，可降为 1.5

c 经合同各方商定，可降为 2.0

注：采用多胶片透照，用单张底片观察评定时，每张底片的黑度应满足表 4－3 的规定。

采用多胶片透照，用两张底片重叠观察评定时，每张底片的黑度应不小于 1.3。

3. 灵敏度

灵敏度是评价射线照相质量的最重要指标，经常以在工件中能发现的最小缺陷尺寸或其在工件厚度上所占百分比来表示。前者称为绝对灵敏度，后者称为相对灵敏度。

由于预先无法了解沿射线穿透方向上的最小缺陷尺寸，为此必须采用已知尺寸的人工"缺陷"（像质计）度量。

射线照相灵敏度，是射线照相对比度和清晰度两大因素的综合效果。

（二）射线源的选择

1. 射线能量

射线能量是指射线源的 kV，MeV 值或 γ 源的种类。

射线能量越大，其穿透力越强，可透照的工件厚度越大，但同时也由于线质硬而导致成像质量下降。所以，在满足照射工件厚度条件下，应根据材质和成像质量要求，尽量选择较低的射线能量。尤其对线衰减系数较小的轻金属薄件，最好选用软 X 射线机。

（1）X 射线机管电压的选择（管电压 500 kV 以下）

GB 3323—2005 中规定了 X 射线穿透不同材料和不同厚度时允许使用的最高管电压，具体数值可参照图 4－15 选择。

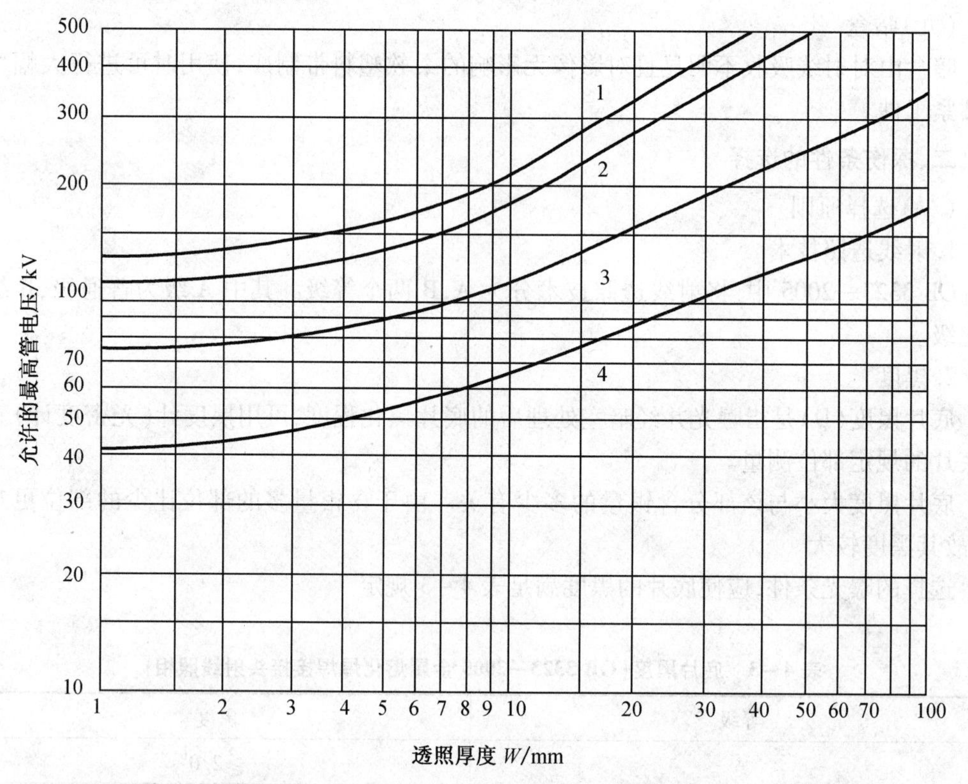

图 4－15　透照厚度和允许使用的最高管电压

1—铜、镍及其合金；2—钢；3—钛及其合金；4—铝及其合金

（2）γ 射线和高能 X 射线装置选择

GB 3323—2005 中规定了 γ 射线和 1 MeV 以上 X 射线所允许的穿透厚度范围，具体数值见表 4－4。

表 4－4　γ 射线和 1 MeV 以上 X 射线对钢、铜和镍合金材料所适用的穿透厚度范围

射线种类	穿透厚度 t/mm	
	A 级	B 级
Tm170	$t \leqslant 5$	$t \leqslant 5$
Yb169[a]	$1 \leqslant t \leqslant 15$	$2 \leqslant t \leqslant 12$

表 4-4(续)

射线种类	穿透厚度 t/mm	
	A 级	B 级
Se75[b]	$10 \leqslant t \leqslant 40$	$14 \leqslant t \leqslant 40$
Ir192	$20 \leqslant t \leqslant 100$	$20 \leqslant t \leqslant 90$
Co60	$40 \leqslant t \leqslant 200$	$60 \leqslant t \leqslant 150$
X 射线 1 ~ 4 MeV	$30 \leqslant t \leqslant 200$	$50 \leqslant t \leqslant 180$
X 射线 >4 ~ 12 MeV	$t \geqslant 50$	$t \geqslant 80$
X 射线 >12 MeV	$t \geqslant 80$	$t \geqslant 100$

a 对铝和钛的穿透厚度为:A 级时,$10 < t < 70$;B 级时,$25 < t < 55$

b 对铝和钛的穿透厚度为:A 级时,$35 \leqslant t \leqslant 120$

2. 射线强度

管电压相同时,管电流越大,X 射线源的射线强度越大,可缩短曝光时间,显著提高探伤生产率。

3. 焦点尺寸

焦点越小,照相灵敏度越高。因此在可能条件下应选择焦点小的射线源,同时还需按焦点尺寸核算最短透照距离。

4. 辐射角

射线束所构成的角度叫辐射角。X 射线的辐射角分为定向和周向,分别适用于定向分段曝光和环焊缝整圈一次周向曝光。γ 射线的辐射角分为定向、周向和 4π 立体角,分别适用于分段曝光、周向曝光和全景曝光技术。

此外,射线探伤设备的选型还应考虑其质量、体积和易于对位等其他条件。

(三)几何参数的选择

1. 几何参数对几何不清晰度的影响

(1)焦点大小的影响

由于焦点不属于点源,而具有一定的几何尺寸,在探伤中必然会产生几何不清晰度 u_g(半影),会使缺陷的边缘线影像变得模糊,降低了射线照相清晰度。同时,当焦点尺寸 $d_1 > d_2$ 时,可明显看到 $u_{g1} > u_{g2}$(如图 4-16 所示)。

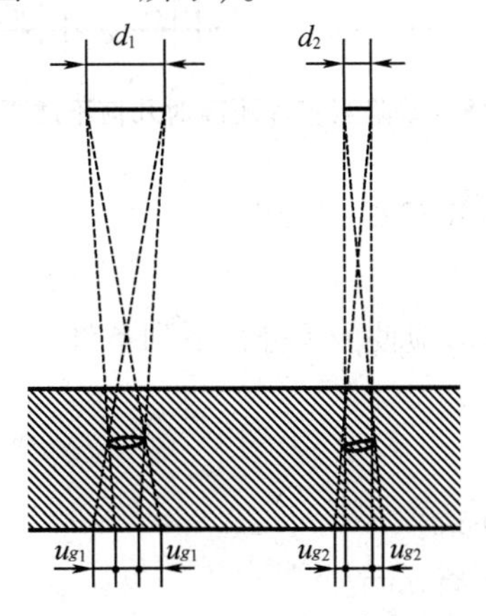

图 4-16 焦点尺寸对几何不清晰度的影响

(2)透照距离的影响

透照距离,即指焦点至胶片的距离 F(又称焦距)。图 4 - 17 表明,当焦距 $F_1 > F_2$ 时,则有 $u_{g2} > u_{g1}$。

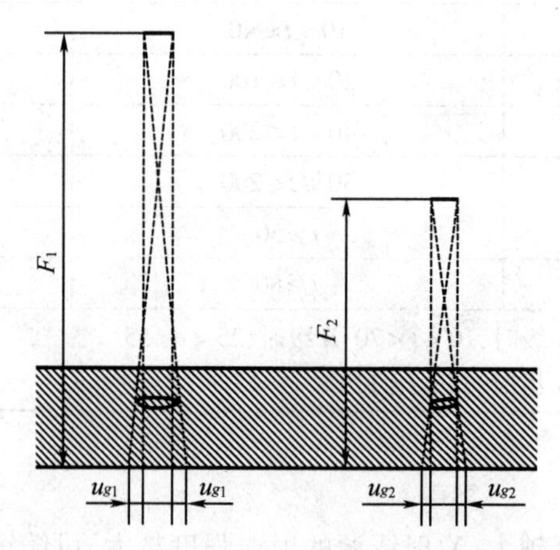

图 4 - 17 透照距离对几何不清晰度影响

(3)缺陷至胶片距离

当缺陷至胶片距离 $h_1 < h_2$ 时,则有 $u_{g1} < u_{g2}$(如图 4 - 18 所示)。显然,当缺陷位于工件表面时几何不清晰度将最大。

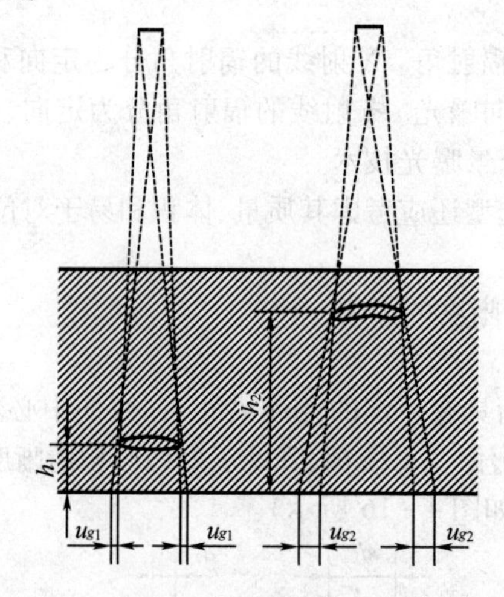

图 4 - 18 缺陷至胶片距离对几何不清晰度影响

2. 透照距离的确定(摘自 GB 3323—2005)

(1)射线源至工件距离

射线源至工件距离 f 的选择,应使 f/d 符合下列条件:

A 级:$f/d \geqslant 7.5 \cdot (b)^{2/3}$

B 级:$f/d \geqslant 15 \cdot (b)^{2/3}$

式中 d——焦点有效尺寸,mm;

b——工件表面至胶片距离,mm。

当 $b > 1.2t$(t 为公称厚度)时,上述两式及图 4 - 19 中的 b 可用 t 代替。

透照距离为 $f+b$。

(2)射线源至工件最小距离

射线源至工件最小距离 f_{min} 可按图 4-19 所示的诺模图确定。

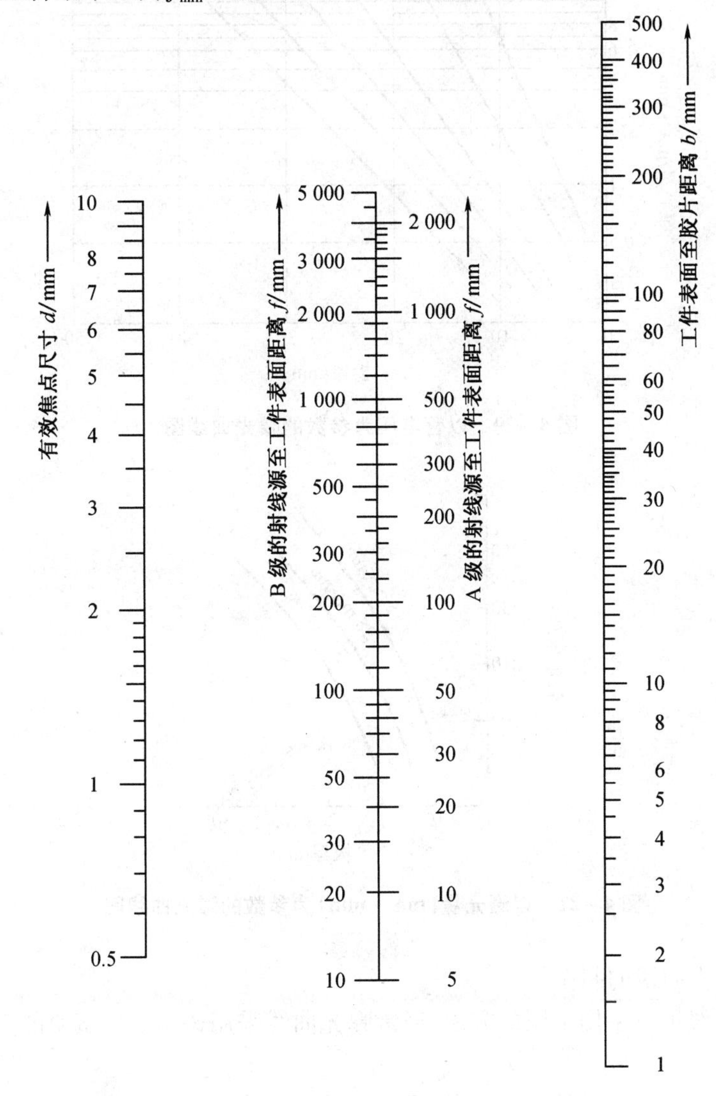

图 4-19 确定射线源至工件最小距离 f_{min} 的诺模图

(四)曝光条件的选择

1. 曝光条件选择原则

在一定的探伤器材、几何条件和暗室处理等条件下,欲获得规定黑度值的底片,对某一厚度工件应选用的透照参数叫曝光条件,又称曝光规范。

X 射线探伤时,主要是指管电压、管电流、焦距和曝光时间等四个参数。γ 射线探伤时,主要是焦距和曝光时间两个参数。高能 X 射线探伤时,主要是焦距和拉德数两个参数。

射线探伤曝光规范的选择,主要是利用曝光曲线进行。探伤设备厂家随设备会给出相应的曝光曲线,探伤人员也可以用试验方法作出曝光曲线。

在此基础上,利用射线透照等效系数,将非钢材料的厚度乘以一定管电压下的射线透照等效系数,换算成相应的钢材厚度,然后根据钢材的曝光曲线确定适当的曝光条件。

图4-20,4-21分别为X射线机以管电压和曝光量为参数的曝光曲线图。

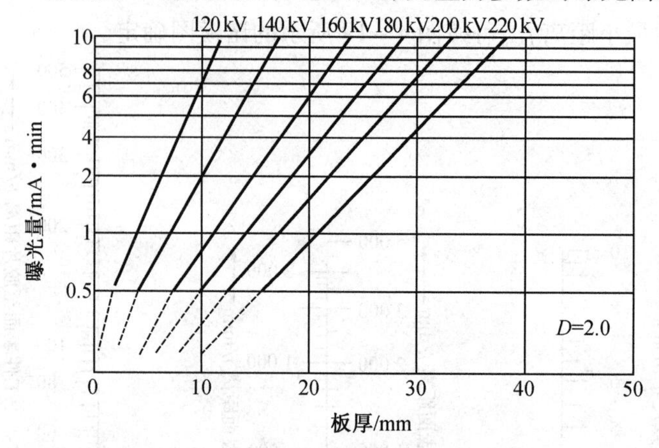

图4-20　以管电压为参数的曝光曲线图

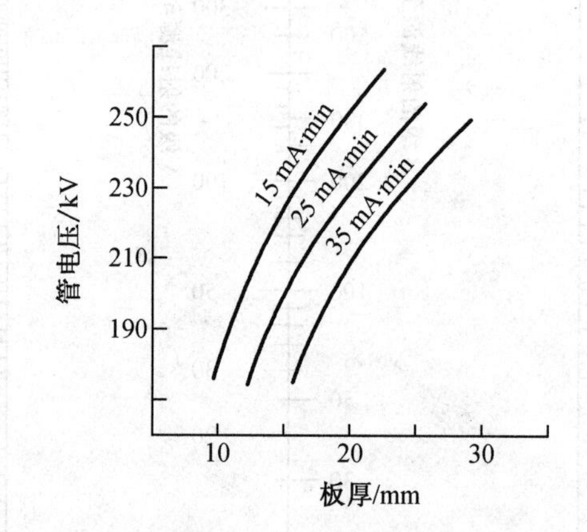

图4-21　以曝光量(mA·min)为参数的曝光曲线图

2. X射线曝光曲线的制作

制作曝光曲线可以采用不同的方法,通常曝光曲线采用透照阶梯试块的方法制作。

(1)准备

确定制作曝光曲线的条件,准备阶梯试块及补充试块。

需确定的制作曝光曲线的条件主要是X射线机型号,透照物体的材料和厚度范围,透照的主要条件(胶片、焦距、增感屏等),射线照相的质量要求(灵敏度、黑度等)。

阶梯试块应选用与被透照物体材料相同或相近的材料制作,应具有一定的平面尺寸,例如300×100 mm,每个阶梯的厚度差常取为2 mm,阶梯应具有适当的宽度,如20 mm。为适应透照厚度范围,常还需要制作几块补充试块,补充试块是一平板试块,其尺寸一般取为210×100×5 mm。利用阶梯试块和补充试块就可以构成较大的厚度范围。

(2)透照

在选定的透照条件下,采用一系列不同的透照电压和不同的曝光量对阶梯试块进行射线照相。严格时应在每个阶梯上放置像质计,以判断射线照相灵敏度是否达到要求。

(3)暗室处理

按规定的暗室处理条件进行暗室处理,得到一系列底片。

(4)测定数据

对得到的底片测量底片黑度,从测得的数据选出在某个透照电压和某个曝光量下符合黑度要求的透照厚度数据,填入表中,编制成如表4-5所示的数据表。对某个透照电压,至少应有不少于5个透照厚度的数据,对不同的透照电压,曝光量可以采用不同的值。

表4-5 绘制曝光曲线数据表——透照厚度 (单位:mm)

管电压/kV	100	120	140	160	—
10mA·min					
15mA·min					
20mA·min					
—					

射线机型号和编号:

胶片: 焦距: 增感:

暗室处理条件:

底片黑度:

(5)绘制曝光曲线

利用表4-5的数据,采用直接描点方法即可绘制出曝光曲线。

直接进行描点时,会出现数据点并不都在同一直线的情况,这时应用过大多数点的直线作出曝光曲线图。

也可以采用绘制预备曲线的方法绘制曝光曲线,这时候对不同透照电压应采用两个相差较大的不同曝光量透照阶梯试块。具体方法可参考有关教材。

对γ射线的曝光曲线可以采取类似于X射线曝光曲线的制作方法进行制作。

(五)散射线的控制

射线探伤时,凡是受到射线照射的物体,不论是工件、暗盒、墙壁、地面甚至空气等,都会成为散射源。散射线会使射线底片灰雾度增大,降低对比度和清晰度。

为了减少散射线,在探伤系统中可设置增感屏、铅罩、铅光缆、底部铅板和滤板等,其中增感屏至关重要。

(六)工件表面处理和检测时机

当工件表面不规则状态或覆层可能给辨认造成困难时,应对工件表面进行适当处理。

除非另有规定,射线照相应在制造完工后进行。对有延迟裂纹倾向的材料,通常至少应在焊后24 h以后进行射线照相检测。

(七)透照方式的选择

进行射线探伤时,为反映工件接头内部缺陷的存在情况,应根据焊接接头形式和工件的几何形状合理选择透照方式。

GB 3323—2005规定,透照方式分为纵缝单壁透照法(见图4-22)、单壁外透法(图4-23、图4-24)、射线源中心法(图4-25)、射线源偏心法(图4-26)、椭圆透照法(图4-27)、垂直透照法(图4-28)、双壁单影法(图4-29)及不等厚透照法(图4-30)八种。

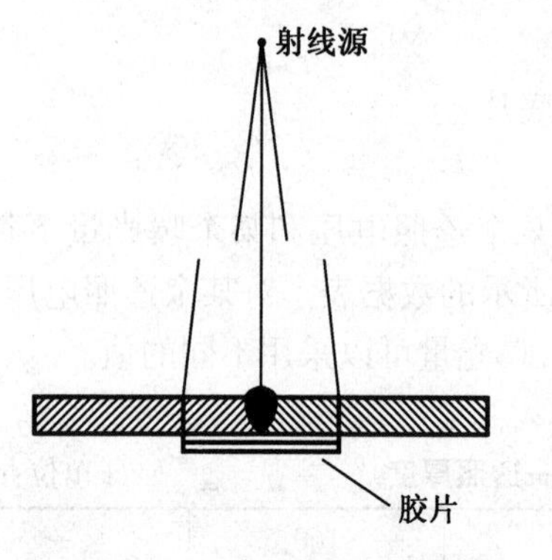

图 4-22　纵缝单壁透照法

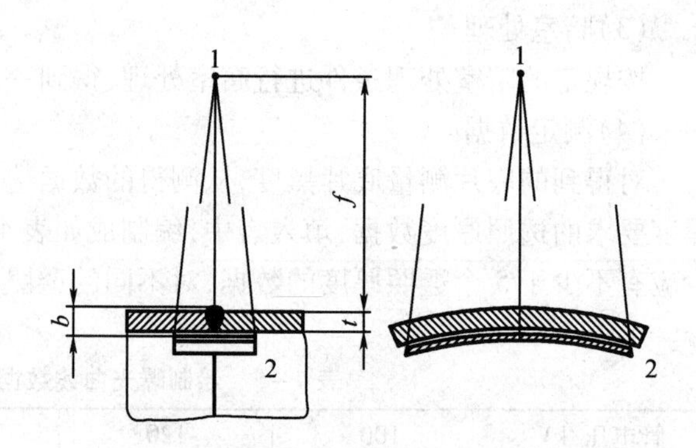

图 4-23　对接环缝单壁外透法

1—射线源;2—胶片

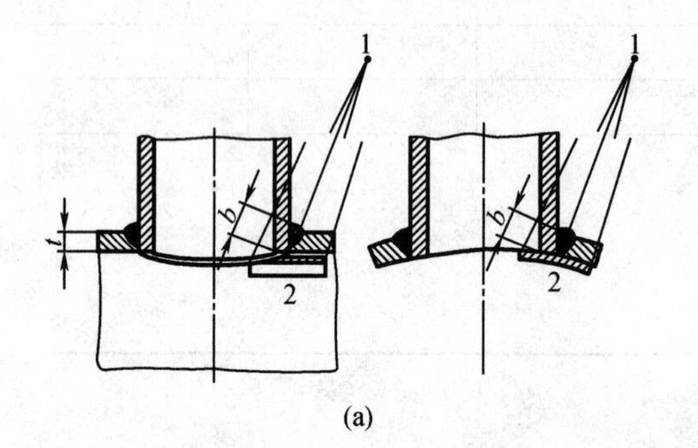
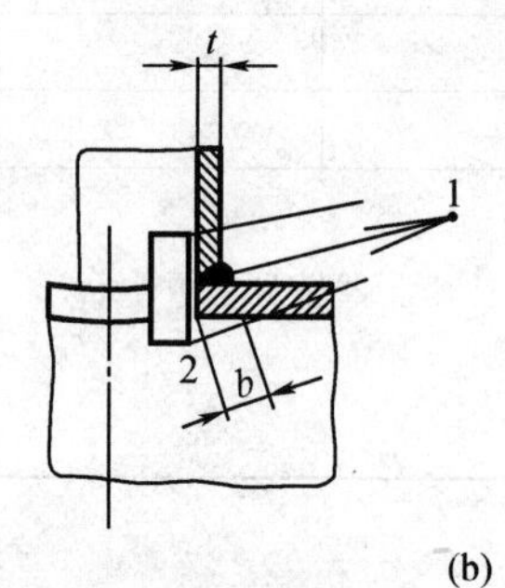
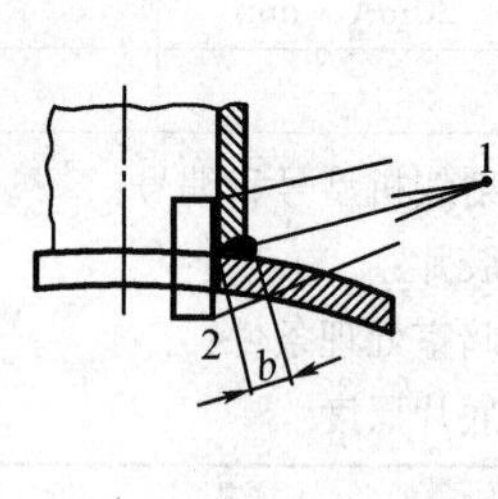

(a)　(b)

图 4-24　管座环缝单壁外透法

(a)插入式;(b)骑座式

1—射线源;2—胶片

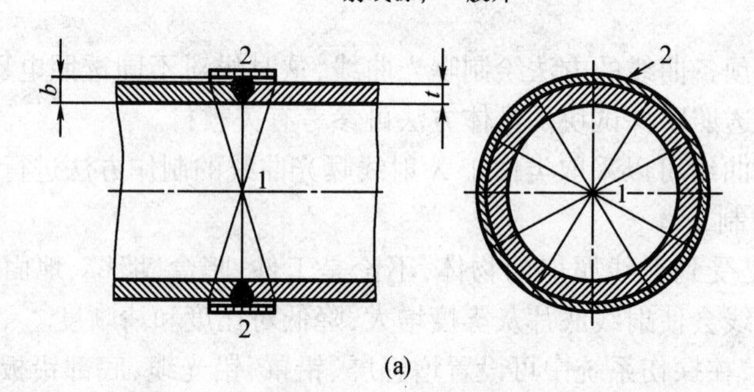

(a)

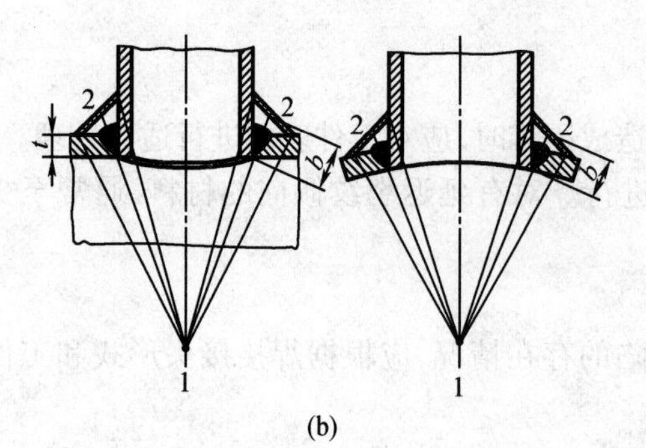

(b)

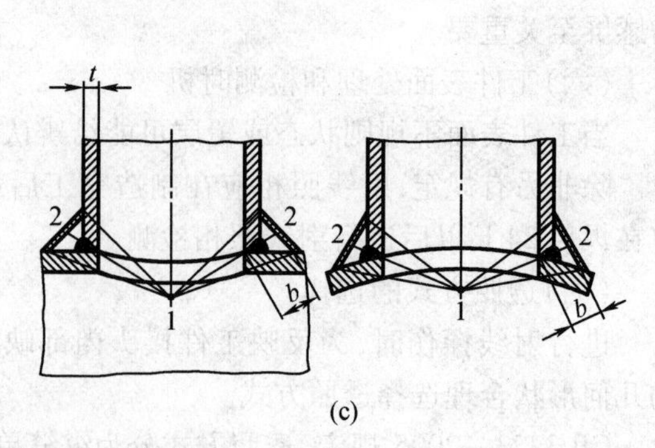

(c)

图 4-25　射线源中心法

(a)对接环缝中心曝光;(b)插入式管座;(c)骑座式管座

1—射线源;2—胶片

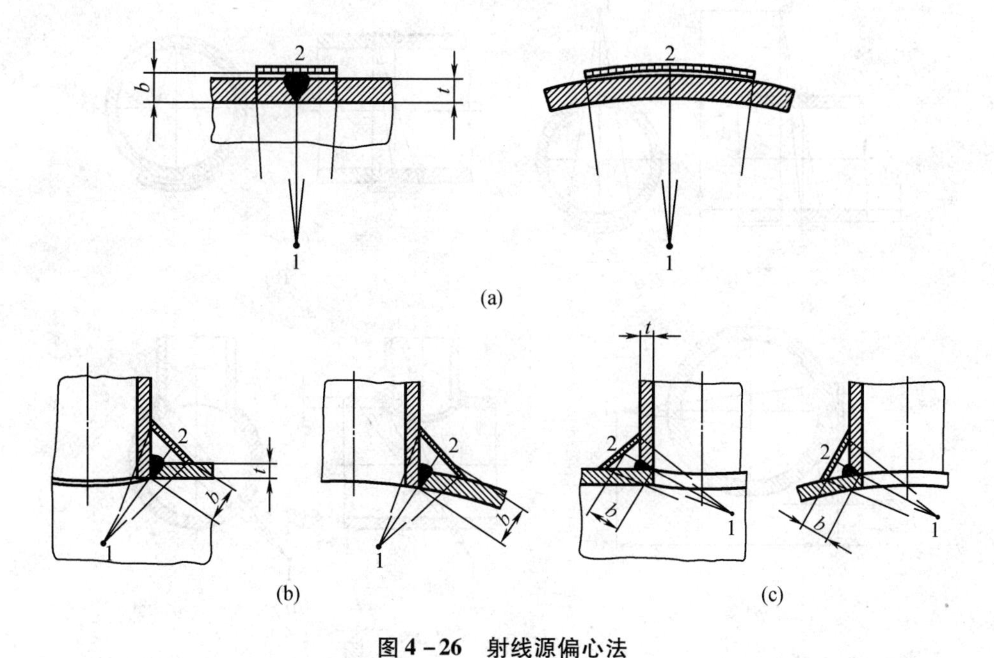

图 4－26　射线源偏心法

(a)对接环缝单壁偏心外透法;(b)插入式管座;(c)骑座式管座

1—射线源;2—胶片

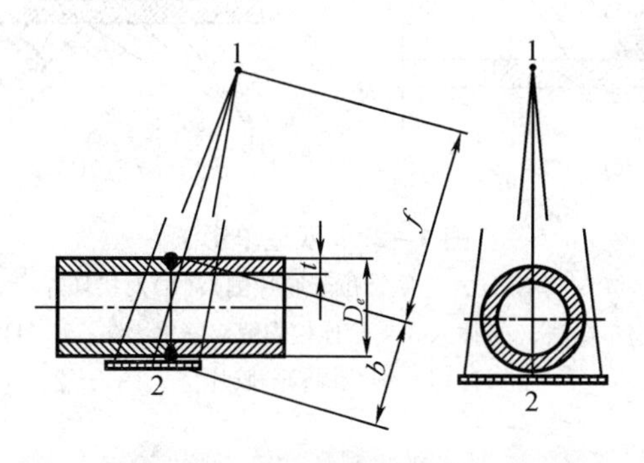

图 4－27　管对接环缝双壁双影椭圆透照法

1—射线源;2—胶片

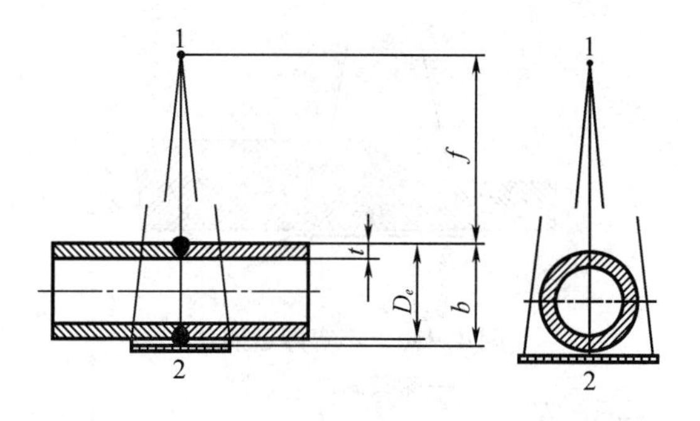

图 4－28　管对接环缝双壁双影垂直透照法

1—射线源;2—胶片

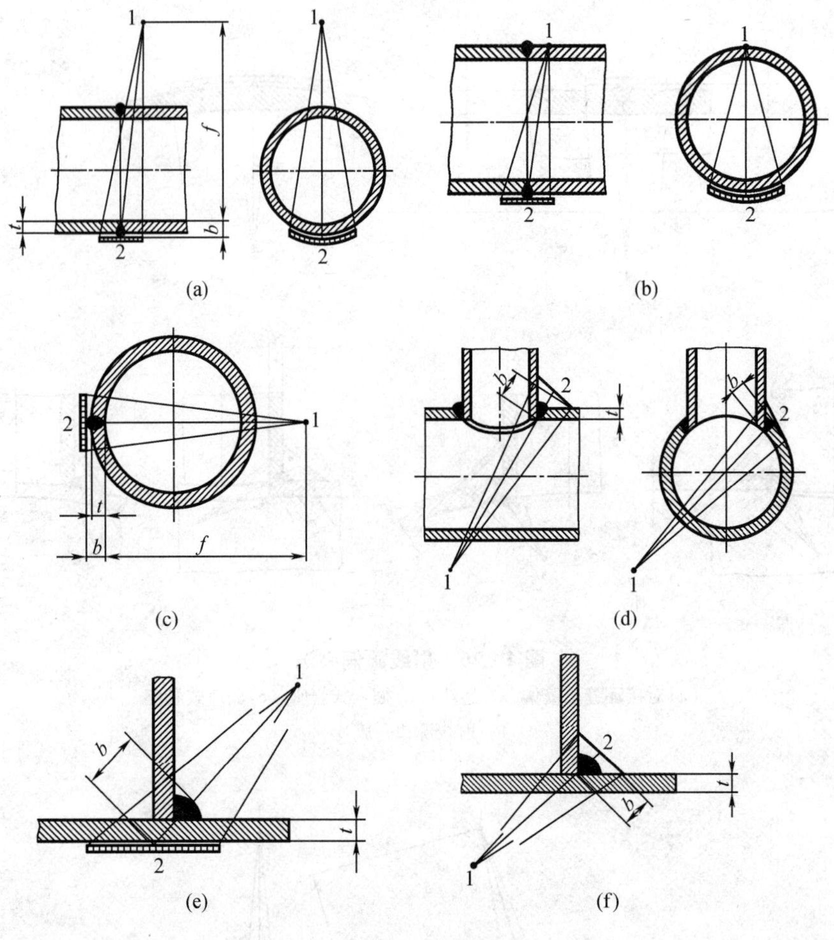

图 4-29　双壁单影法

(a)对接环焊缝双壁单影法(像质计位于胶片侧);(b)对接环焊缝双壁单影法;
(c)纵缝双壁单影法;(d)插入式支管连接焊缝双壁单影法;(e)(f)角焊缝透照
1—射线源;2—胶片

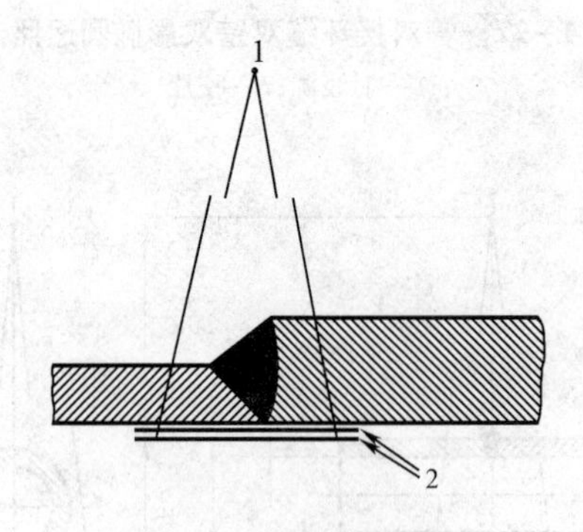

图 4-30　不等厚透照法

1—射线源;2—胶片

注意事项:

1.射线入射方向选择

只有射线垂直入射工件中缺陷时,底片上缺陷图像才不会畸变,尺寸最接近缺陷实际尺寸。另外，对于面积型缺陷（如未熔合、裂纹等），只有射线入射方向与其深度方向一致时，射线底片上的缺陷影像才最清晰，才具有最高的检出率。

因此，探伤人员不仅应掌握检测技能及评定缺陷能力，还应加强焊接工艺认知和焊接缺陷的预判能力。

2. 一次透照长度

在 X 射线的辐射角内，不同方向射线强度分布并不均匀，致使底片上黑度产生差异。靠近边缘，射线强度较弱，其黑度低于中心区域。另外，射线束射达工件时，中心射线束穿透的工件厚度小于边缘射线束穿透的工件厚度（见图 4－31），导致透照厚度差异，也会使底片中间部位的黑度值高于两端部位而降低图像对比度。这样，位于两端部位的缺陷有可能漏检，尤其是横向裂纹缺陷。一次透照长度越大，黑度差异越大。

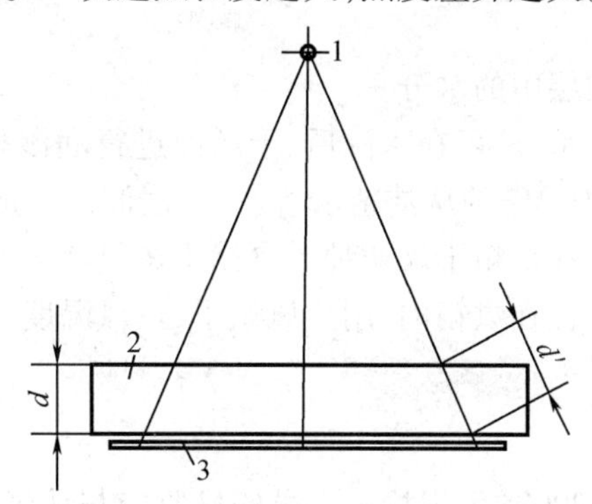

图 4－31 透照厚度差异示意

1—射线源；2—工件；3—胶片

为此，GB 3323—2005 规定，平板纵缝透照（纵缝单壁透照法（图 4－22）、纵缝双壁单影法（图 4－29a））以及射线源位于偏心位置透照曲面焊缝，为保证 100% 透照，其曝光次数应按技术要求确定。

射线经过均匀厚度被检区外端的斜向厚度与中心束的穿透厚度之比，A 级不大于 1.2，B 级不大于 1.1。

（八）胶片暗室处理

暗室处理是将胶片乳剂层中经光化作用生成的潜像，转变为可见的黑色银像的过程。

1. 暗室

应尽量靠近工件透照处所，并便于辐射防护的地方。

2. 处理程序

（1）显影

利用显影液中的显影剂，将潜像转变为可见影像的过程叫显影。

一般显影液中含有显影剂、保护剂、促进剂和抑制剂四种主要成分，有时也可加入坚膜剂和水质净化剂等。

对于手工处理，大多规定为 4 ~ 6 min。手工处理的显影配方，推荐的显影温度多在 18 ℃ ~ 20 ℃。

（2）停显

显影结束后应将胶片放入酸性停影液（通常为 2% ~ 3% 的醋酸溶液）30 ~ 60 s，使酸碱中和立即停止显影作用。另外,停显还可避免显影液对定影液的污染,并消除胶片上形成的灰雾。

(3)定影

定影液中的定影剂将底片上未经显影的溴化银溶解掉,并将可见银像固定在底片上的过程叫定影。

定影液中含有定影剂、保护剂、坚膜剂和酸性剂四种成分。

整个定影时间为通透时间的2倍,定影温度通常为16 ℃ ~24 ℃。定影过程中应适当搅动,一般每两分钟搅动一次。

(4)水洗

水洗允许在暗室外进行,应采用流动清水清洗20~30 min,水温应控制在16 ℃ ~24 ℃。

(5)干燥

目的是去除膨胀的乳剂层中的水分。

为防止干燥后底片产生水迹,可在水洗后、干燥前进行润湿处理,即将水洗后的湿胶片放入润湿液(质量分数约为0.3%的洗洁精水溶液)中浸润约1 min,然后取出。

干燥方法包括自然干燥和烘箱干燥两种。自然干燥是将胶片悬挂,在清洁通风的空间晾干。烘箱干燥是将胶片悬挂在烘箱内,用热风烘干,热风温度一般不超过40 ℃。

三、焊缝射线底片评定

(一)无损检测人员职责

国家标准GB/T 9445—2008《无损检测人员资格鉴定与认证》中,根据能力水平将无损检测人员分为1级(初极)、2级(中级)和3级(高级)。

1级人员只要求执行检测操作,2级人员制订检测方案并参与检测,3级人员负责审核并为整个检测过程质量把关。

(二)底片质量的评定

射线照相法探伤中焊缝内部质量必须借助射线底片上缺陷的影像判断。因此,底片质量的好坏直接影响对焊缝质量评价的准确性,只有合格的底片才能作为评定焊缝质量的依据。

合格底片应当满足如下各项指标要求:

1.灵敏度

射线照相灵敏度是以底片上像质计影像反映的像质指数来表示的。因此,底片上必须有像质计显示,且位置正确,被检测部位必须达到灵敏度要求。

2.黑度值

黑度是射线底片质量的一个重要指标,其直接关系到射线底片的照相灵敏度。射线底片只有达到一定的黑度,细小缺陷的影像才能在底片上显露出来。

3.标记检查

底片上的定位标记和识别标记应齐全,且不掩盖被检焊缝影像。

4.伪缺陷检查

底片上不得存在划痕、折痕、水迹、静电感应、指纹、霉点、药膜脱落及污染等伪缺陷存在。

5.背散影检查

"B"标记检查。

6. 搭接情况检查

(三)环境及工具要求

观片室应与其他工作岗位隔离,单独布置,室内光线应柔和、偏暗,一般等于或低于透过底片光的亮度。室内照明应避免直射人眼或底片上产生反光。

观片灯应有足够的光强度,其亮度必须可调,有足够大的照明区。

评片需用的工具包括放大镜、遮光板、直尺、记号笔和手套等。

(四)焊接缺陷底片特征

1. 裂纹

底片上裂纹的影像为轮廓分明的黑线或黑丝,黑线或黑丝上有微小的锯齿,有分叉,粗细和黑度有时有变化。

(1)横向裂纹

与焊缝方向垂直的黑色条纹,两端尖细,略有弯曲和分枝,黑度较大,轮廓清晰,具体形态见图 4-32。

(2)纵向裂纹

与焊缝方向一致的黑色条纹,两端尖细,黑度均匀,轮廓清晰,如图 4-33 所示。

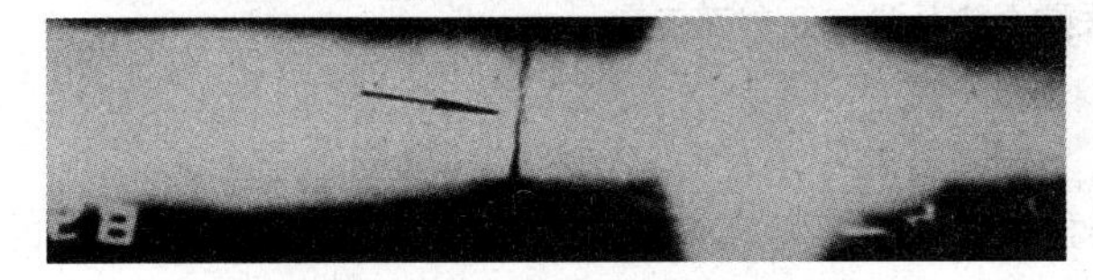

图 4-32 横向裂纹底片特征

图 4-33 纵向裂纹底片特征

(3)放射裂纹

由一点辐射出去的星形黑色条纹,黑度较淡但均匀,轮廓清晰,其形貌如同星星闪光,也称星形裂纹。

(4)弧坑裂纹

位于弧坑中的纵向、横向及星形黑色条纹,影像黑度较淡,轮廓清晰,如图 4-34 所示。

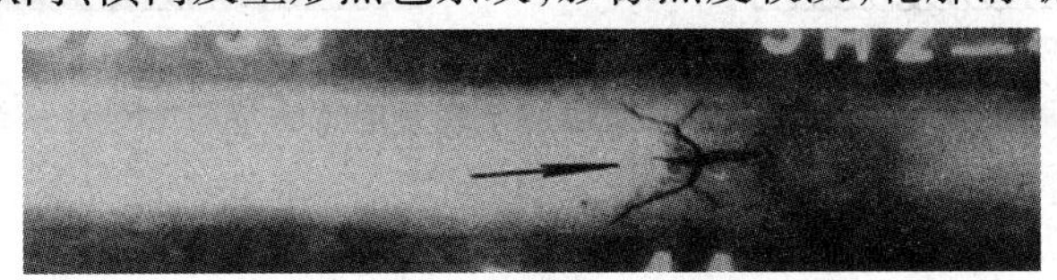

图 4-34 裂纹底片特征

2. 未熔合和未焊透

(1)未熔合

坡口边缘、焊道间或焊缝根部等位置连续或断续的黑色影像(常伴有气孔或夹渣)。

根部未熔合影像为一条细直黑线,线的一侧轮廓整齐且黑度较大。

坡口未熔合影像为连续或断续的黑线,宽度不一,黑度不均匀。一侧轮廓较齐、黑度较大。

层间未熔合影像为黑度不大的块状阴影,形状不规则。

图 4-35 和图 4-36 为未熔合示意及相应底片特征,图 4-37 为未熔合底片对其剖面示意。

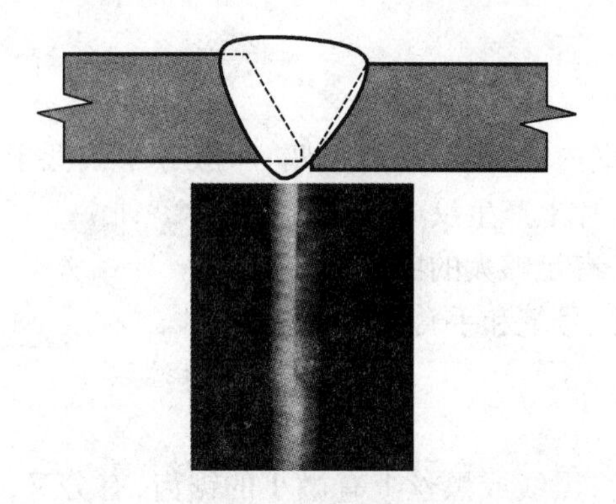

图 4-35　根部未熔合及其底片特征图

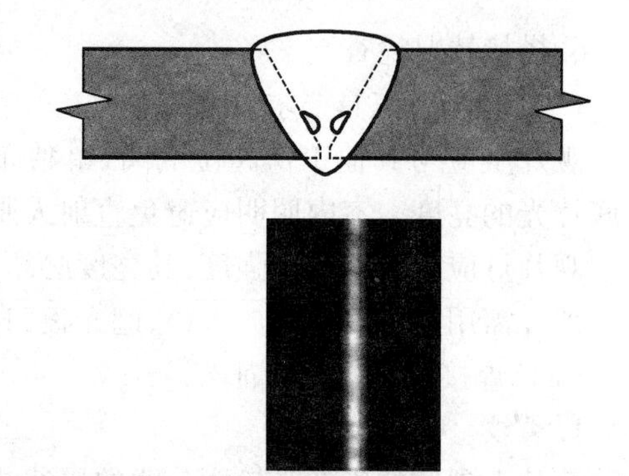

图 4-36　焊道内部未熔合及其底片特征图

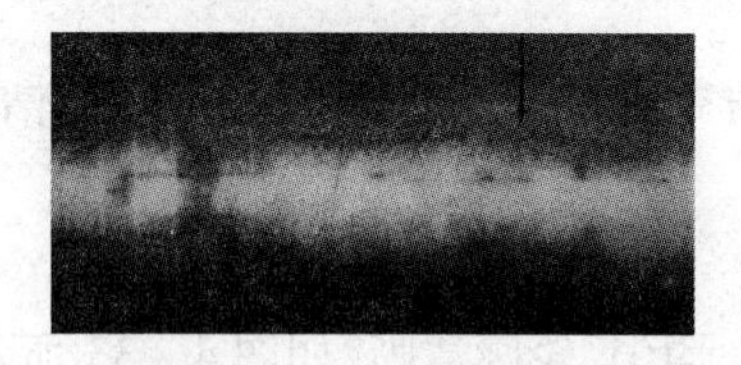

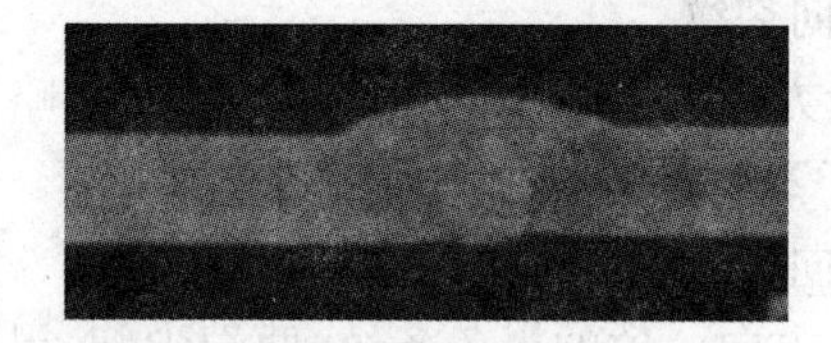

图 4-37　未熔合底片特征及剖面示意

(2)未焊透

焊缝根部钝边区域未熔化的直线黑色影像,两侧轮廓整齐,图 4-38 为未焊透示意及底片特征。

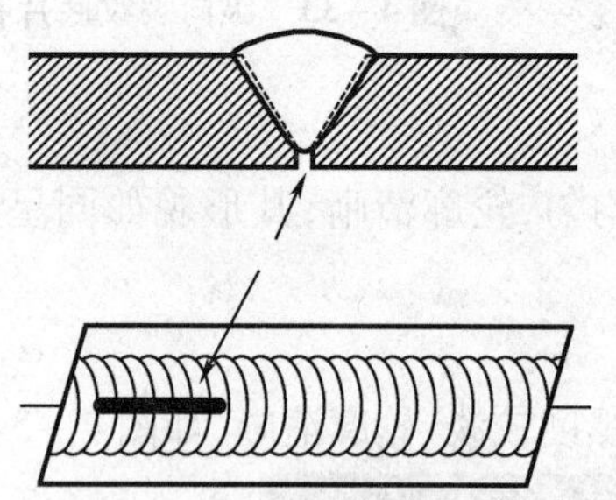

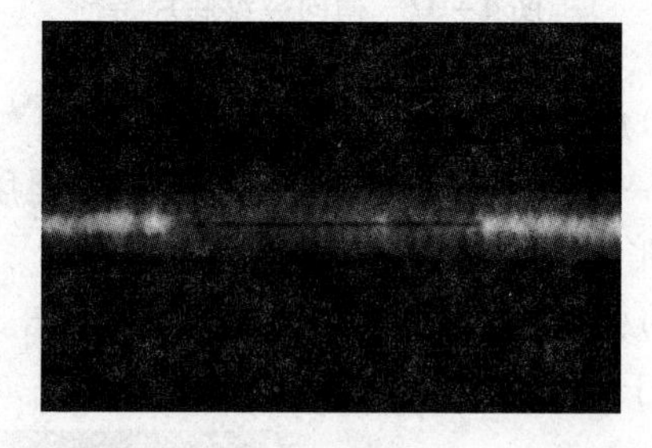

图 4-38　未焊透示意及底片特征

(3)X 射线探伤焊缝未焊透与未熔合的区别

①对未焊透的辨别　未焊透在 X 射线底片上的影像是一条细直黑线。

单面焊双面成型焊缝根部的未焊透,在 X 射线底片上的影像一般是在施焊背面成型焊缝中间位置且平行于焊缝、黑度较为均匀的黑直线。

双面焊根部的未焊透,在 X 射线底片上的影像一般是在焊缝中间位置且平行于焊缝、影像轮廓清晰、黑度较为均匀的直线。

V 形坡口焊缝中,根部的未焊透均出现在焊缝中间,在 X 射线底片上一般出现在焊缝影像的中心位置且黑度均匀、呈现连续或断续的黑线,未焊透缺陷影像也可能是偏离焊缝中心线的黑线等。

②对未熔合的辨别　双面焊坡口未熔合,在 X 射线底片上的影像一般是在焊缝两侧边缘且多呈月牙形,靠近母材侧时呈直线状,靠近焊缝侧时呈弧形(有时为曲齿状),并且黑度逐渐变淡,当沿坡口方向透照时呈黑色条状影像。

双面焊层间未熔合,在X射线底片上的影像多呈现黑色不规则的块状,黑度淡且不均匀,一般缺陷中心黑度大,边缘逐渐变淡,与片状夹渣缺陷影像相近。

单面焊根部的未熔合,在X射线底片上的影像一般在靠近母材侧是一条黑度均匀的细线,靠近焊缝中心侧是曲齿状的块状缺陷;单面焊坡口未熔合影像一般是一侧平直,另一侧有弯曲,黑度淡而均匀,时常伴有夹渣;单面焊层间未熔合影像不规则,且不易分辨。

3. 条状夹渣

黑度不均匀,轮廓清晰,两端呈棱角(或尖角),宽窄不一,轮廓不圆滑。图4-39为条状夹渣底片特征。

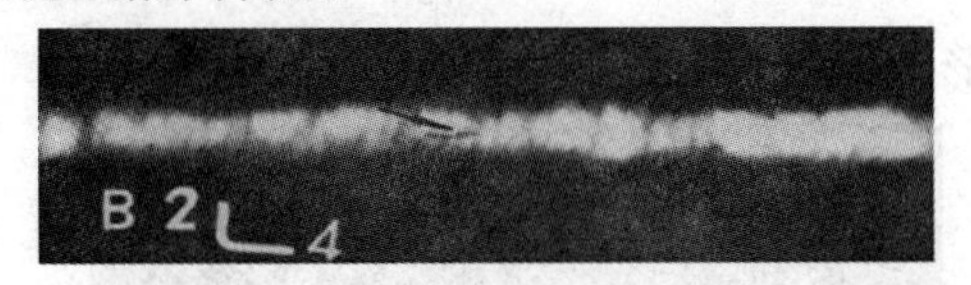

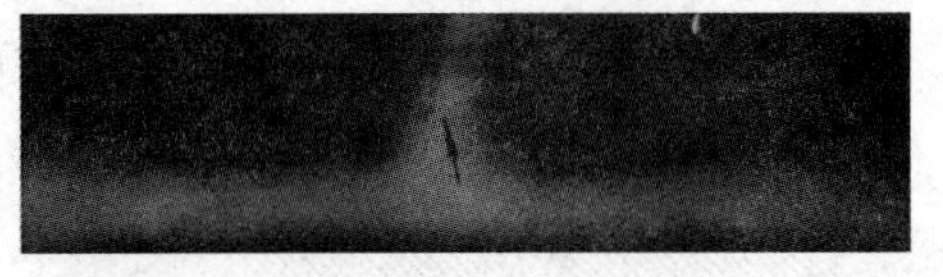

图4-39 条状夹渣底片特征

4. 圆形缺陷

(1)球形气孔

黑度值中心较大,边缘渐淡,为均匀过渡的黑色小圆形斑点,外形较规则。

(2)均布及局部密集气孔

均匀分布、局部密集的黑色点状影像,图4-40为其底片特征。

(3)链状气孔

与焊缝方向平行,成串并呈直线状的黑色影像,图4-41为链状气孔示意及底片特征。

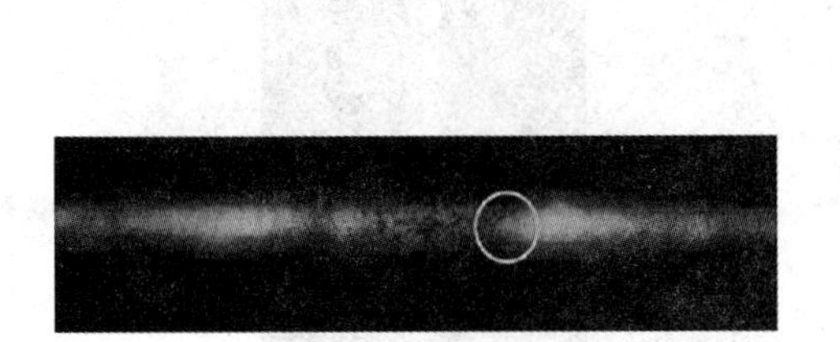

图4-40 均布及局部密集气孔底片特征

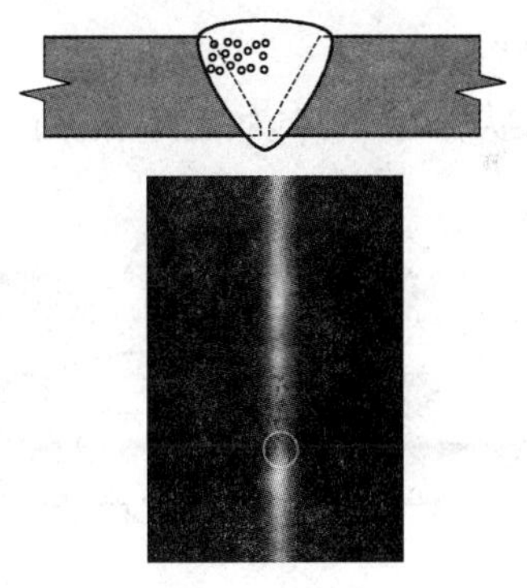

图4-41 链状气孔示意及底片特征

(4)条状气孔

黑度均匀、较淡,轮廓清晰的黑色影像,起点多呈圆形,沿焊接方向均匀变细,终端呈尖形。

(5)斜针状气孔

多呈条虫状黑色影像,黑度较淡但均匀,轮廓较清晰,图4-42为其底片特征。

图 4－42　斜针状气孔底片特征

(6)表面气孔

黑度值不太高的圆形影像,图 4－43 为球形气孔不同深度的底片特征。

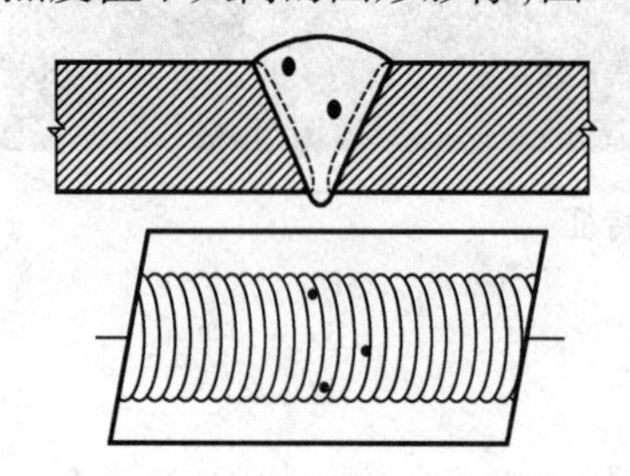

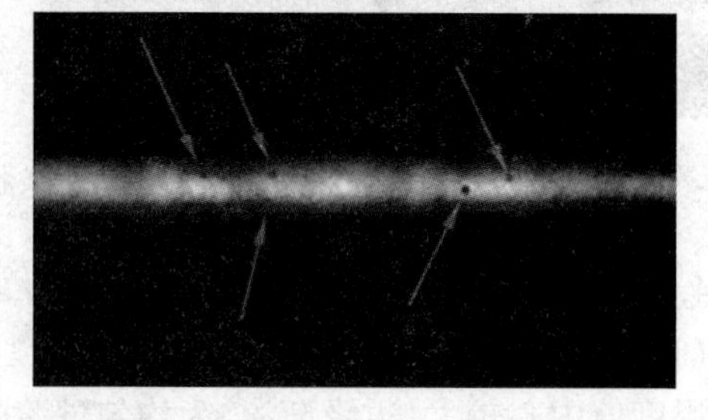

图 4－43　不同深度气孔的底片特征

(7)弧坑缩孔

黑度明显大于周围黑度的块状影像,黑度均匀,轮廓欠清晰,外形不正规,有收缩的线纹。

(8)点状夹渣

黑色点状,图 4－44 为点状夹渣示意及底片特征。

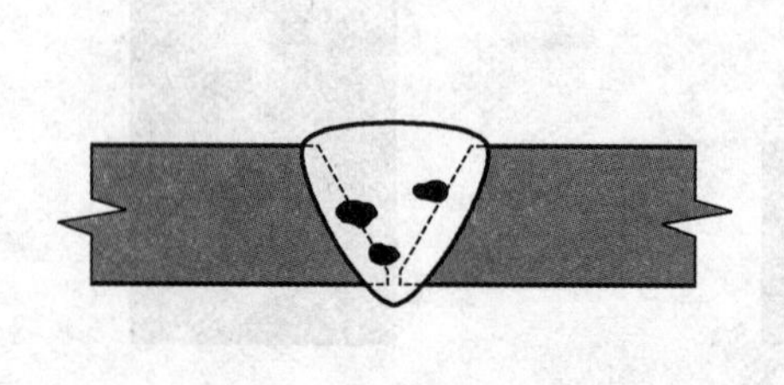

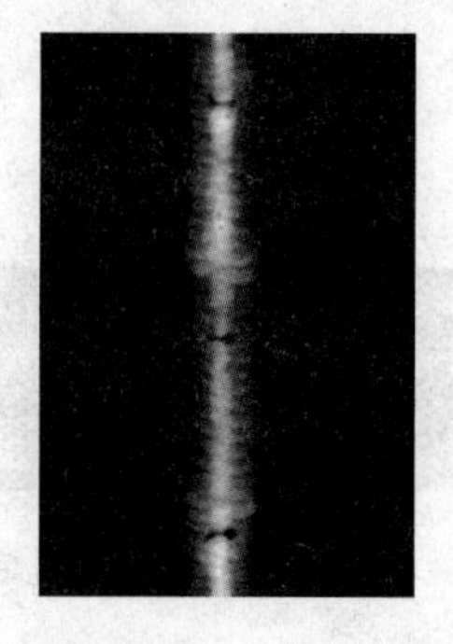

图 4－44　点状夹渣示意及底片特征

5. 形状缺陷

(1)咬边

位于焊缝边缘与焊缝走向一致的黑色条纹,图 4－45 为咬边示意及底片特征。

(2)缩沟

单面焊,背部焊道两侧的黑色影像。

(3)下塌

单面焊,背部焊道正中的灰白色影像。

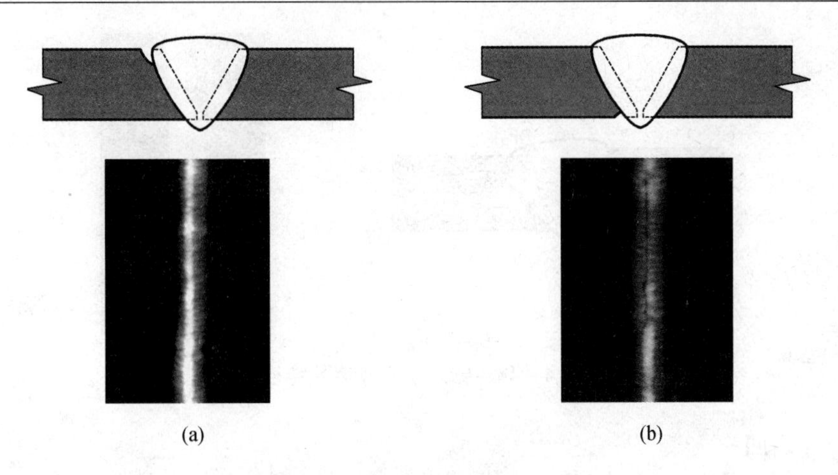

图 4-45 咬边示意及底片特征

(a)焊缝表面咬边;(b)焊缝背面咬边

(4)焊缝超高

焊缝正中的灰白色凸起,图 4-46 为焊缝超高示意及底片特征。

(5)焊瘤

焊缝边缘的灰白色凸起,图 4-47 为焊瘤示意及底片特征。

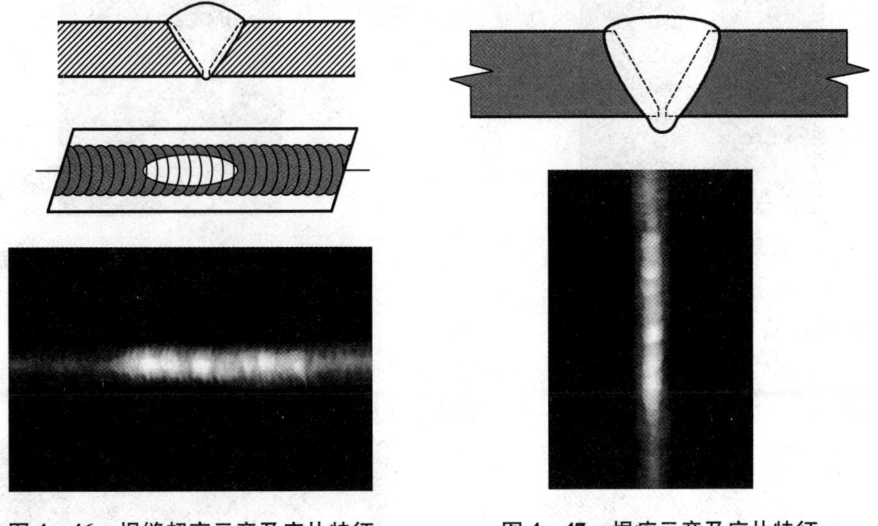

图 4-46 焊缝超高示意及底片特征

图 4-47 焊瘤示意及底片特征

(6)错边

焊缝一侧与另一侧的黑度值不同,有一明显界限。图 4-48 为错边示意及底片特征。

(7)下垂

焊缝表面的凹槽,黑度值较高的一个区域。

(8)烧穿

单面焊,背部焊道由于熔池塌陷形成孔洞,在底片上为黑色影像,图 4-49 为烧穿示意及底片特征。

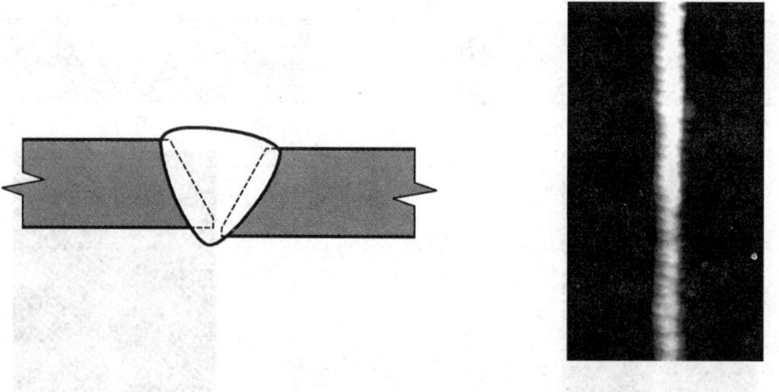

图 4-48　错边示意及底片特征

(9)焊缝内凹

焊缝中部的黑色影像,如图 4-50 所示。

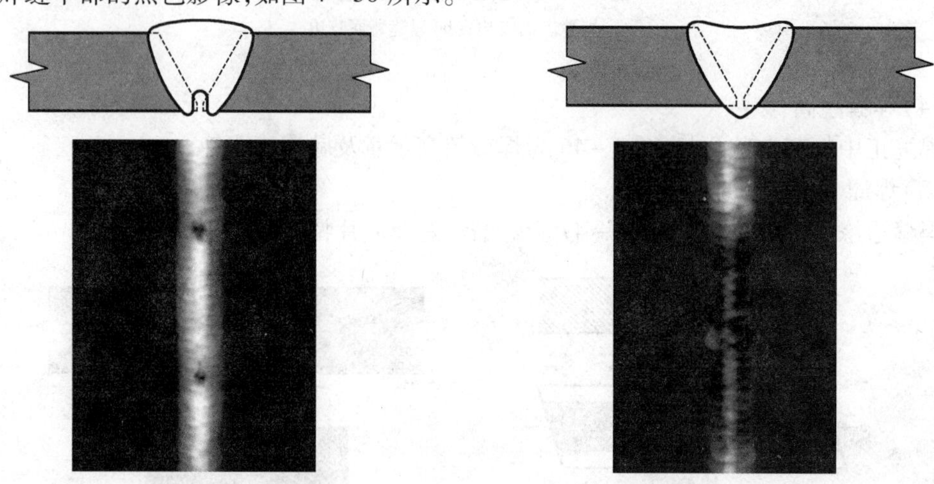

图 4-49　烧穿示意及底片特征　　　　图 4-50　焊缝内凹示意及底片特征

(10)未焊满

有一定面积、黑度较高的影像。当其偏向一侧时,甚至可能保留一部分的焊缝坡口面,此时的影像较咬边更为平直。图 4-51 为其示意及底片特征。

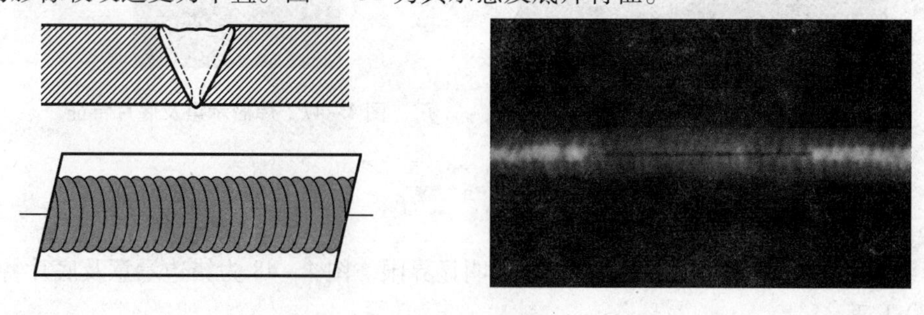

图 4-51　未焊满示意及底片特征

6. 其他缺陷

(1)夹钨

其底片特征为白色块状,如图 4-52 所示。

(2)电弧擦伤

母材上的黑色影像。

(3)飞溅

灰白色圆点,如图4－53所示。

图4－52　夹钨示意及底片特征

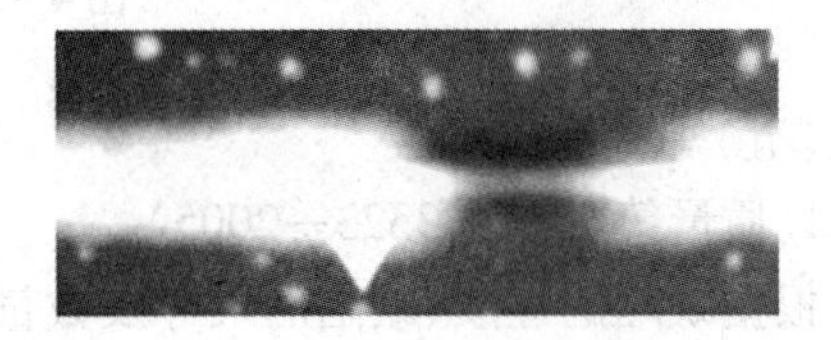

图4－53　焊接飞溅底片特征

(4)表面撕裂

黑色条纹。

(5)磨痕

黑色影像。

(6)凿痕

黑色影像。

7. 伪缺陷

伪缺陷是指由于照相材料、工艺或操作不当等原因而在底片上留下的影像,直接影响底片缺陷的识别。

(1)划痕

胶片被尖锐物体划过,并在底片上形成黑线。其痕迹细而光滑,在反光灯下可观察到底片药膜有划伤痕迹。

(2)压痕

胶片局部受压会导致局部感光,在底片上留下痕迹,压痕为黑度极大的黑点。

(3)折痕

胶片受弯折,会发生减感或增感。

(4)水迹

黑度不大,直而光滑。

(5)静电感应

黑色影像,以树枝状最为常见,如图4－54所示。

(6)显影斑纹

黑色条状或宽带状,轮廓模糊,对比度较小。

(7)显影液沾染

黑度大于其他部位,可能是点、条或成片区域的黑影。

(8)定影液沾染

黑度小于其他部位,可能是点、条或成片区域的白影。

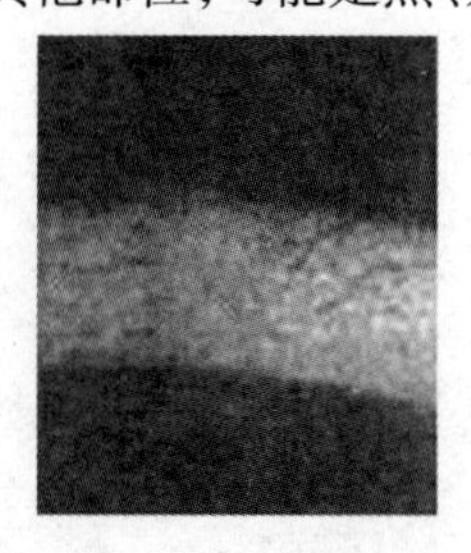
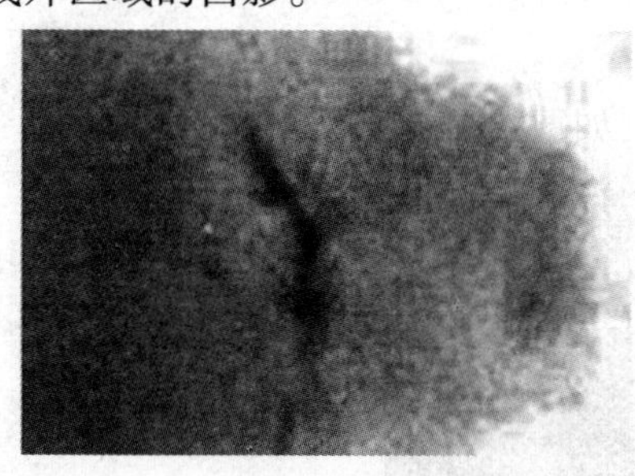

图4-54　静电感应特征

(五)焊缝质量评级

1.质量等级(GB 3323—2005)

根据缺陷的性质、缺陷的尺寸及数量将焊缝质量分为Ⅰ,Ⅱ,Ⅲ,Ⅳ共四级,质量依次降低。其中,缺陷数量包括单个尺寸、总量和密集程度。

Ⅰ级焊缝内不允许有裂纹、未熔合、未焊透以及条状夹渣等四种缺陷存在,允许有一定数量和一定尺寸圆形缺陷存在。

Ⅱ级焊缝内不允许有裂纹、未熔合、未焊透等三种缺陷存在,允许有一定数量、一定尺寸的条状夹渣和圆形缺陷存在。

Ⅲ级焊缝内不允许有裂纹、未熔合以及双面焊和加垫板的单面焊中的未焊透存在,允许有一定数量、一定尺寸的条状夹渣和圆形缺陷及未焊透(指非氩弧焊封底的不加垫板的单面焊)存在。

Ⅳ级焊缝指焊缝缺陷超过Ⅲ级者。

2.焊接接头质量分级的相关说明(GB 3323—2005)

(1)评定厚度的确定

评定厚度 T 是指用于缺陷评定的母材厚度或角焊缝厚度。

对接焊缝的评定厚度是指母材的公称厚度,不等厚材料对接取其中较薄的母材公称厚度。

T形接头取制备坡口的母材公称厚度,角焊缝的评定厚度是指角焊缝的理论厚度。

(2)焊接缺陷评级

①圆形缺陷评级　长宽比小于等于3的缺陷定义为圆形缺陷,可以是圆形、椭圆形、锥形或带有尾巴(测量尺寸时应包括尾部)等不规则的形状,包括气孔、夹渣和夹钨。

(a)评定区域

圆形缺陷用评定区进行评定,评定区域大小见表4-6,评定区域应选在缺陷最严重的部位。

表4-6　圆形缺陷评定区

评定厚度 T/mm	≤25	25~100	≥100
评定区尺寸/mm	10×10	10×20	10×30

(b)缺陷换算

评定圆形缺陷时,应将缺陷尺寸按表4－7要求换算成缺陷点数。

表4－7　圆形缺陷点数换算表

缺陷长径/mm	≤1	>1~2	>2~3	>3~4	>4~6	>6~8	>8
点数	1	2	3	6	10	15	25

(c)不计点数的缺陷

不计点数的缺陷尺寸见表4－8。

表4－8　不计点数的缺陷尺寸

评定厚度 T	缺陷长径
≤25	≤0.5
>25~50	≤0.7
>50	≤1.4% T

(d)补充说明

当缺陷与评定区边界相接时,应把其划入该评定区内计算点数。

对因材质或结构等原因进行返修可能会产生不利后果的焊接接头,经合同双方商定,各级别的圆形缺陷可放宽1~2点。

对致密性要求高的焊接接头,经合同双方商定,可将圆形缺陷的黑度作为评定依据,将黑度大的圆形缺陷定义为深孔缺陷,评定为Ⅳ级。

(e)圆形缺陷的分级

具体要求见表4－9。

表4－9　圆形缺陷分级

评定区/mm		10×10			10×20		10×30
评定厚度/mm		≤10	>10~15	>15~25	>25~50	>50~100	>100
质量等级	Ⅰ	1	2	3	4	5	6
	Ⅱ	3	6	9	12	15	18
	Ⅲ	6	12	18	24	30	36
	Ⅳ	缺陷点数大于Ⅲ级者					

注:表中数字为允许缺陷点数的上限。

圆形缺陷长径大于1/2T时,评为Ⅳ级。

Ⅰ级焊接接头和评定厚度小于等于5 mm的Ⅱ级焊接接头内不计点数的圆形缺陷,在评定区内不得多于10个。

②条形缺陷评级　长宽比大于3的气孔、夹渣和夹钨定义为条形缺陷。

条形缺陷的分级见表4－10。

表 4-10　条形缺陷分级

质量等级	评定厚度 T	单个条形缺陷长度	条形缺陷总长
Ⅱ	$T \leqslant 12$ $12 < T < 60$ $T \geqslant 60$	4 $1/3T$ 20	在平行于焊缝轴线的任意直线上，相邻两缺陷间距不超过 $6L$ 的任何一组缺陷，其累计长度在 $12T$ 焊缝长度内不超过 T
Ⅲ	$T \leqslant 9$ $9 < T < 45$ $T \geqslant 45$	6 $2/3T$ 30	在平行于焊缝的任意直线上，相邻两缺陷间距不超过 $3L$ 的任何一组缺陷，其累计长度在 $6T$ 焊缝长度内不超过 T
Ⅳ	大于Ⅲ级者		

注：表中 L 为该组缺陷中最长者的长度。

③未焊透评级　不加垫板的单面焊中未焊透的允许长度，应按表 4-10 中条形缺陷的Ⅲ级评定。

角焊缝的未焊透是指角焊缝的实际熔深未达到理论熔深值，应按表 4-9 中条形缺陷的Ⅲ级评定。

设计焊缝系数小于等于 0.75 的钢管根部未焊透的分级见表 4-11。

表 4-11　未焊透分级

质量等级	未焊透的深度		长度/mm
	占壁厚的百分比/%	深度/mm	
Ⅱ	≤15	≤1.5	≤10%周长
Ⅲ	≤20	≤2.0	≤15%周长
Ⅳ	大于Ⅲ级者		

④根部内凹和根部咬边评级　钢管根部内凹缺陷和根部咬边的分级见表 4-12。

表 4-12　根部内凹缺陷和根部咬边的分级

质量等级	根部内凹的深度		长度/mm
	占壁厚的百分比/%	深度/mm	
Ⅰ	≤10	≤1	不限
Ⅱ	≤20	≤2	
Ⅲ	≤25	≤3	
Ⅳ	大于Ⅲ级者		

⑤综合评级　在圆形缺陷评定区内，同时存在圆形缺陷和条形缺陷（或未焊透、根部内凹和根部咬边）时，应各自评级，将两种缺陷所评级别之和减 1（或三种缺陷所评级别之和减 2）作为最终级别。

3. 射线底片评定

(1)圆形缺陷射线评定

24 mm 和 26 mm 两块钢板对接焊缝，在底片上发现缺陷（见图 4-55）。按 GB 3323—

2005 评定,该片评为几级?

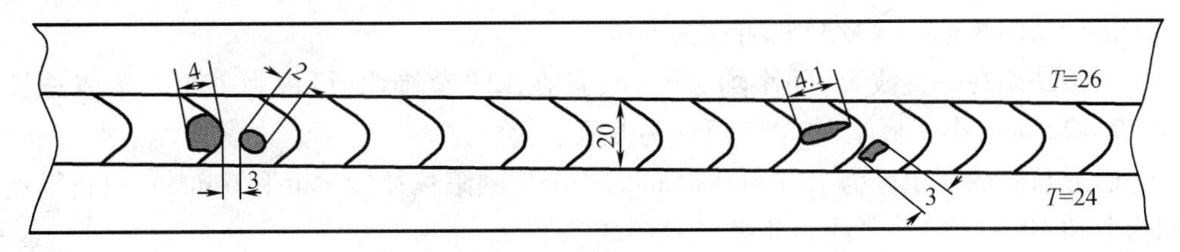

图 4－55　底片缺陷形态

解析:

①钢板厚度分别为 24 mm 和 26 mm,按较薄工件厚度为考核依据,不等厚材料对接取其中较薄的母材公称厚度,即取薄板厚度 24 mm 选取评定区为 10×10(参见表 4－6 圆形缺陷评定区)。

②底片上有两处缺陷,均在 10×10 评定区内。取严重者为评定对象,即右边区域。

③长径 4.1 mm 缺陷折算为 10 点、长径 3 mm 缺陷折算为 3 点(参见表 4－7 圆形缺陷点数换算表),共 13 点。

④缺陷点数 13,9＜13＜18,故其等级为Ⅲ级(参见表 4－9 圆形缺陷分级)。

(2)条形缺陷射线评定

如图 4－56 所示,底片长 120 mm,板厚为 10 mm。按 GB 3323—2005 评定,该片评为几级?

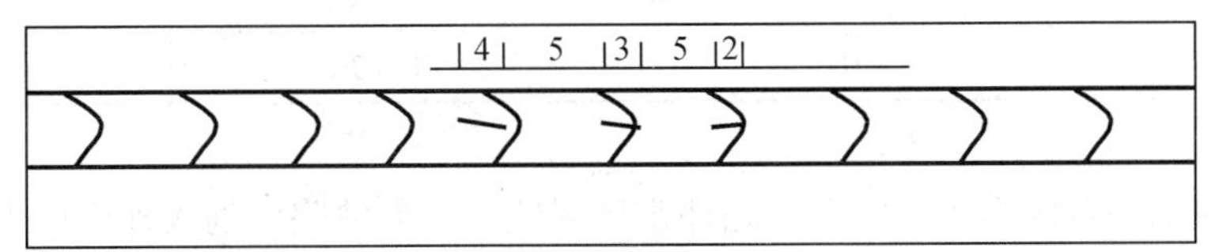

图 4－56　底片缺陷形态

解析:

①三角缺陷在一直线上,且间距均小于 6×4＝24 mm,可视为 1 组。

②其中最大缺陷长度为 4 mm,作为单个条形夹渣符合Ⅱ级要求。

③三条缺陷之和 4＋3＋2＝9 mm,小于板厚度 10 mm。符合Ⅱ级标准——累计长度在 12T(12×10)焊缝长度内不超过 T(10)。

④评为Ⅱ级。

(3)圆形缺陷、条形缺陷射线综合评定

如图 4－57 所示,底片长 360 mm。按 GB 3323—2005 评定,该片评为几级?

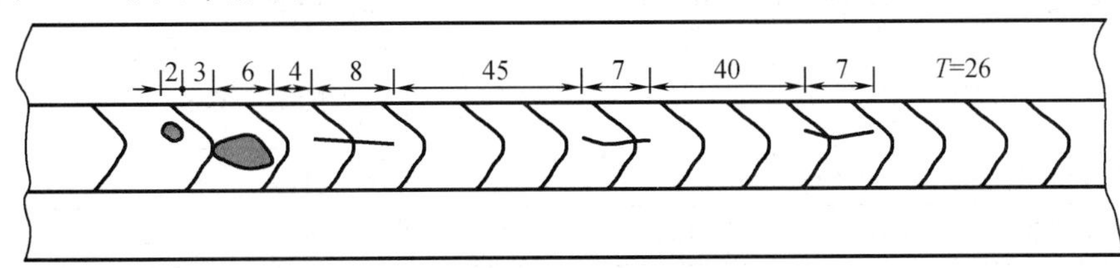

图 4－57　底片缺陷形态

解析：

①最长缺陷 8 mm < (1/3)T，可评为Ⅱ级。

②三条缺陷在一直线上，间距均 < 6 × 8，且在 12T 范围内，可视为一组。条渣总长为 8 + 7 + 7 = 22 mm，小于板厚，条渣组可评为Ⅱ级。

③圆形缺陷的评定区为 10 mm × 20 mm，按圆形缺陷长径（2 mm 和 6 mm），可折算点数分别为 2 和 10，总计 12，可评为Ⅱ级。

④综合级别为 2 + 2 − 1 = 3，故本片评为Ⅲ级。

4. 船舶焊缝射线质量的分级（摘自 CB/T 3558—2011 船舶钢焊缝射线检测工艺和质量分级）

底片评定范围内的缺陷按性质分为裂纹、未熔合、未焊透、条形缺陷和圆形缺陷。根据底片评定范围内缺陷存在的性质、数量和密集程度，焊缝质量等级划分为Ⅰ,Ⅱ,Ⅲ,Ⅳ,Ⅴ级。

只要出现裂纹、未熔合或未焊透，即评定为Ⅴ级。

当各类缺陷评定的质量级别不同时，以质量最差的级别作为焊缝质量等级。

（1）圆形缺陷的分级评定

①缺陷评定区选取　圆形缺陷评定区取一个长边和焊缝方向平行的矩形，其尺寸见表 4 − 13，圆形缺陷评定区应选在缺陷最为严重的区域。

表 4 − 13　缺陷评定区尺寸

母材公称厚度	≤25	25 ~ 100	≥100
评定区尺寸	10 × 10	10 × 20	10 × 30

在圆形缺陷评定区内或与圆形缺陷评定区界线相割的缺陷应划入评定区内。

②缺陷换算及评定　评定区内的缺陷按表 4 − 14 的规定换算为点数，按表 4 − 15 规定评定焊缝质量级别。

表 4 − 14　圆形缺陷点数换算表

缺陷长径/mm	≤1	> 1 ~ 2	> 2 ~ 3	> 3 ~ 4	> 4 ~ 6	> 6 ~ 8	> 8
点数	1	2	3	6	10	15	25

表 4 − 15　各级允许的圆形缺陷点数

评定区/(mm × mm)		10 × 10			10 × 20		10 × 30
母材公称厚度/mm		≤10	> 10 ~ 15	> 15 ~ 25	> 25 ~ 50	> 50 ~ 100	> 100
评定等级	Ⅰ	1	2	3	4	5	6
	Ⅱ	3	6	9	12	15	18
	Ⅲ	6	12	18	24	30	36
	Ⅳ	9	18	27	36	45	54
	Ⅴ	缺陷点数大于Ⅳ级或缺陷长径尺寸大于 $T/2$					

注：当母材公称厚度不同时，取较薄板的厚度。

当缺陷点数小于表4－16的规定时，分级评定时不计该缺陷的点数。质量等级为Ⅰ级的焊接接头和母材公称厚度 $T \leqslant 5$ mm的Ⅱ级焊接接头，不计点数的缺陷在圆形缺陷评定区内不应多于10个，否则其焊缝质量等级应降低一级。

表4－16　不计点数的缺陷尺寸

母材公称厚度	缺陷长径
≤25	≤0.5
＞25～50	≤0.7
＞50	≤1.4%T

由于材质或结构等原因，返修可能会产生不利影响的焊缝，各级别的圆形缺陷可放宽1～2点。

对致密性要求高的焊接接头，制造方底片评定人员应考虑将圆形缺陷黑度作为评定依据，将黑度大的圆形缺陷定义为深孔缺陷，当评定区域内存在深孔缺陷时，焊缝质量评定为Ⅴ级。

(2)条形缺陷的分级评定

单个条形缺陷按表4－17规定进行分级评定。

表4－17　各级焊缝允许的单个条形缺陷长度/mm

评定等级	单个缺陷的允许长度
Ⅰ	$T^{a}/3$，最小[b]4，最大[c]16
Ⅱ	$T/2$，最小6，最大24
Ⅲ	$2T/3$，最小8，最大32
Ⅳ	$5T/6$，最小10，最大40
Ⅴ	大于Ⅳ级

T^{a}——被检焊缝母材厚度，两侧母材厚度不同时取较薄侧母材厚度；
最小[b]——指T小于某一厚度时的允许值。如Ⅰ级焊缝，当 $T \leqslant 12$ mm时，允许单个缺陷长度为4 mm；
最大[c]——指T大于某一厚度时的上限值。如Ⅰ级焊缝，当 $T \geqslant 48$ mm时，允许单个缺陷长度不应大于16 mm。

相邻条形缺陷的间距(最短的直线距离)不大于其中较长缺陷尺寸时，将各缺陷的长度及间距相加，作为单个缺陷的长度，并按表4－17规定评定。

在任意 $12T$ 焊缝长度内，各级焊缝中条形缺陷的累计长度按表4－18规定评定。

表4－18　12T焊缝长度内各级焊缝允许的条形缺陷累计长度/mm

评定等级	条形缺陷累计长度
Ⅰ	≤T
Ⅱ	≤3T/2

表 4－18（续）

评定等级	条形缺陷累计长度
Ⅲ	≤$2T$
Ⅳ	≤$2T$
Ⅴ	大于Ⅳ级

被检焊缝长度小于 $12T$ 时，表 4－18 中的限值可按比例折算，当折算后的允许累计长度小于单个缺陷的允许长度时，以单个缺陷的允许长度作为限值。

（3）综合评级

在圆形缺陷评定区内同时存在圆形缺陷和条形缺陷时，先对圆形缺陷和条形缺陷分别评定级别，再将两者级别之和减一作为综合评级的质量等级，最差为Ⅴ级。

（六）焊接缺陷的定量测定

评定工件的质量不仅需要确定缺陷的性质和大小，而且需要知道其在工件中的位置。对于缺陷返修，准确定位尤其重要。在射线照相中，由于射线底片直接给出的是缺陷在透照平面上的位置，所以缺陷位置测定主要是确定其深度位置。

1. 缺陷埋藏深度的确定

确定缺陷埋藏深度可采用双重曝光法，即移动射线源焦点与工件之间的相互位置对同一张底片进行两次重复曝光，然后根据两次曝光所得缺陷位置的变化可计算出缺陷的埋藏深度。

如图 4－58 所示。当测定缺陷 x 时，先在 A_1 的位置透照一次，然后工件和暗盒不动，平行移动射线源的焦点至 A_2，再进行一次曝光。这样在底片上就得到缺陷 x 的两个投影，根据之间的几何关系可以计算出缺陷的埋藏深度。

$$h = \frac{S(L - l) - al}{a + S}$$

式中 h——缺陷距工件下表面的距离；

S——两次曝光时在底片上所得的两缺陷影像之间距离，mm；

L——焦距，mm；

l——工件与胶片的距离，mm；

a——射线源焦点从 A_1 到 A_2 的移动距离，mm。

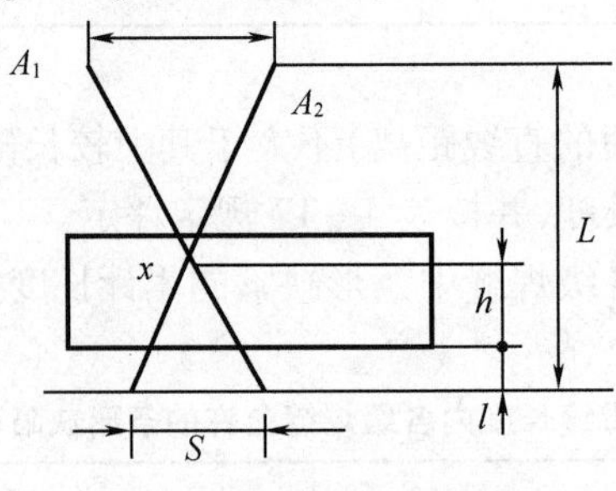

图 4－58　双重曝光法原理

2. 缺陷在射线方向上的尺寸

缺陷在射线方向上的尺寸大小可用黑度计测定。根据射线照相法原理，底片上缺陷影像的黑度越大，说明照射时透过该部位的射线越强，缺陷在射线方向上的尺寸也就越大。一般通过事先制订出的缺陷尺寸—黑度关系曲线，便可根据黑度计上测得的缺陷影像黑度来确定缺陷在射线方向上的尺寸大小。

（七）射线照相检测报告要求

根据 GB 3323—2005 标准，应对射线照相后检测结果进行详细记录，并填写检测报告。

1. 检测报告包括内容

检测单位、产品名称、材质、热处理状况、焊接接头的坡口形式、公称厚度、焊接方法、检测标准（包括验收要求）、透照技术等级（包括像质计和要求达到的像质计数值）、透照布置、标记、布片图、射线源种类和焦点尺寸及所选用的设备、胶片、增感屏和滤光板、管电压和管电流或 γ 源的活度、曝光时间及射线源—胶片距离、胶片处理（手工/自动）、像质计的型号和位置、检测结果（包括底片黑度、像质计数值）、由合同各方之间商定的与本标准规定的差异说明、有关人员的签字和资格、透照及检测报告日期。

2. 船舶行业 X 射线探伤报告

（1）X 射线探伤报告单（X-Ray Testing Report）格式要求

程序文件号（　　）表式

编号：　　　　　　　　　　　　报告编号（Report No.）：

项目（Project）：	工程编号（Hull No.）：	探伤日期（Test Date）：
评定标准（Identify Standard）：	合格等级（Accept Class）：	厚度（Thickness）：
X 光机型号（X-Ray）：	管电压（Tube Voltage）： KV	管电流（Tube Current）： mA
曝光时间（Exposure Time）： min	焦距/焦点尺寸（Focus/size）： mm	施工单位（Work's shop）：
暗室处理 1（显影时间）：	暗室处理 2（定影时间）：	暗室处理 3（水洗时间）：
胶片规格/类型		增感屏（Screen）

顺序 No.	透照部位 Position of detection	底片编号 Film No.	像质指数 Image quality number	板厚 Thickness of plate	密度 Density	缺陷代号/位置 Defect Symbol/Position	结论 Conclusion	备注 Remark

评片者　　　　　审核人员　　　　　验船师　　　　　船东

Film Identifier：　　Supervisor（RT-II）：　　Surveyor：　　Owner：

—无缺陷　P—气孔　S—夹渣　Zn—未焊透　C—裂纹　L—未熔合　U—咬边

(2)无损检测返修通知单格式要求

无损检测返修通知单

表式编号:(　　　　　　　):　　　　　　　　　　　　　　记录编号:

工程名称 Project name		工程编号 Project No.	
工程部位 Position		检测标准 Standards of testing	
检测方式 Methods of testing			
缺陷位置简图或编号: Sketch or number of defect position:			
检测人员: Testing staff:			
检测日期: Testing date:			

3. 压力容器行业 X 射线探伤报告

射线探伤检验报告
Report of Radiographic Test

工作令号 Unit No. ：　　　　　　　　　　　　　　报告编号 Code：

委托部门 Applicant		委托日期 Date of App.		名称 Article	
委托编号 Application No.		报告日期 Date of Issue		材质 Material	
说明图表号 Illustration No.		方法标准 Test Spec.		验收标准 Accept Spec.	
表面 Surface Ra.		图样代号 Code No.		炉号 Heat No.	
底片总编号 General No.		源种类 Source Kind		黑度 Density	
规格 Size		像质指数 IQI		底片数量 Quality	
检验长度 Check Length		验收级别 Accept Level		返修 Repair	R_1　张，R_2　张 R_3　张，R_4　张

检查记录
Test Record

评定：
Evaluation：

试验：　　　　　　　　　　　　审核：
Tested by　　　　　　　　　　　Reviewed by

探伤检验记录图示
Record of Nondestructive Test

工作令号：　　　　　　　　　　　　　　　共　页　第　页
Unit No.　　　　　　　　　　　　　　　　Sht　　oF

委托编号：Application No.	名称：Article	图样代号：Code No.
数量：Quantity	试验员：Tested by	报告日期：Date of Issue

4. 核电行业射线探伤检验报告

(1)射线探伤检验报告

射线探伤检验报告

Report of Radiographic Test(Nuclear Power Products)

委托部门： Page of

工作令号 Job No.		出公司编号 MSN		工件名称/编号 Part Name/No.		报告编号 Report No.	
图样代号 Drawing No.		焊缝编号 Weld No.		焊缝厚度(mm) Weld Thickness		材料厚度(mm) Material Thickness	
材质 Material		检验规程 Exam. Pro.		验收标准 Acc. Stand.		焊缝余高(mm) Reinforcement Thickness	
设备型号 Equip. Type		焦点尺寸 Focus Size		源至件距离 SOD		件至片距离 OFD	
胶片牌号与名称 Film Brand & Design.				灵敏度 IQI Sen.		底片黑度 Density	
拍片方式 Arrangement	□单壁透照法 Single Wall Tech.		□中心透照法 Central Tech.		□双壁单影法 Double - Single Tech.	□双壁双影法 Double - Double Tech.	
曝光条件 Exp. Cond.					曝光次数 Number of Exposures		
胶片处理 Film Processing	□自动 □手动 Auto. Manual	显影剂 Developer		显影条件 Developing Con.	时间 min. Time	温度 ℃ Temp.	
每个暗盒中的胶片 张 Film in Each Cassette Pieces		定影剂 Fixer		定影条件 Fixing Condition	时间 min. Time	温度 ℃ Temp.	

本产品共拍片 张 纵缝 张 □纵 缝 □环 缝

Total Films ________ Pieces Longitudinal ________ Pieces;________% Long. Circumf.

环 缝 张 Ⅰ级焊缝 张

Circumferential ________ Pieces;________% Class Ⅰ ________;________ Pieces

检验焊缝总长 占焊缝总长比例 Ⅱ级焊缝 张

Total Length ______ mm, Total Weld Length Proportion ______% , Class Ⅱ ______;______ Pieces

本产品共返修 次 长度 一次合格率 Ⅲ级焊缝 张

Repaired ______ Times;Length ______ mm;Rate of Accepted ______%. Class Ⅲ ______;______ Pieces

底片布置和透照示意图：

Film Location and Shooting Sketch：

返修底片号 Repair Film No.					
评定 Evaluated by	日期 Date	审核 Reviewed by	日期 Date	授权检验师 AI	日期 Date

(2)射线探伤检测工艺

射线检测工艺

工艺号:RT - KR09 - 045 - 00 - 1

零部件名称	液化石油气储罐	焊接种类	埋弧焊/手工焊
图样代号	KR09 - 045 - 00	坡口型式	V
材质	Q345R	检查比例	100%
板厚	10mm	法规及制造标准	“容规”、GB150
外径	ϕ1 220mm	方法及评定标准	JB/T 4730.2—2005

透照示意及布片定位图

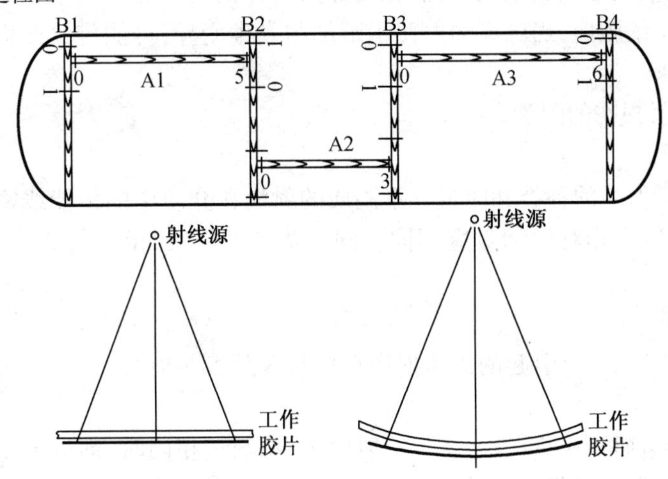

胶片牌号		AGFA C7	透照对象	筒体			
胶片尺寸		360 × 100	序号及焊缝类别	A1A2A3	B1B2B3B4		
增感屏		Pb 0.05	射线机型号	XXG - 3206DT	XXH - 3506ZT		
像质要求	黑度范围	2.0 ~ 4.0	焦点尺寸/mm	2.3	2.3		
	像质计型号	10/16	焦点、工件距离/mm	700	700		
	应显丝径号	13	工件、胶片距离/mm	12	12		
	像质计位置	射线源侧	管电压/kV	130	130		
注意事项	暗袋背面衬 1mm Pb 板,防背		管电流/mA	6.0	6.0		
	散射		曝光时间/min	2.0	2.0		
			透照方式	直透法	内照法		
			分段数 N	5 + 3 + 6	12 × 4		
备注			一次透照长度 L_3/mm	333/360/367	320		
			焊缝长度	4 900	15 323		
			摄片数(张)	14	12 × 4		

编制人及资格 RTⅡ级 2013 年 10 月 25 日	校对人及资格 RTⅡ级 2013 年 10 月 25 日
审核 2013 年 10 月 25 日	批准 2013 年 10 月 25 日

四、射线安全防护

X 射线对人体的损害主要是由于 X 线的特性——生物效应。X 线照射机体后，会导致组织细胞和体液发生一系列变化，从而引起以造血组织损伤为主的放射性损害。

辐射对机体带来的损害分为确定性效应和随机性效应。

确定性效应是指当射线照射人体全部或局部组织时，能杀死相当数量的细胞，而这些细胞又不能由活细胞的增殖来补充，细胞丢失可在组织或器官中产生临床上可检查出的严重功能性损伤。

随机性效应分为两类。第一类发生是指在体细胞内，当电离辐射使细胞发生变异而未被杀死，这些存活的细胞继续繁殖，可能在受照射物体内诱发癌症而形成的致癌效应；第二类发生在生殖组织细胞内，当电离辐射使生殖细胞发生变异，可能传给照射者后代，形成遗传效应。

(一)影响辐射损伤的因素

1. 辐射性质

辐射性质包括射线的种类和能量。不同质的射线在介质中的传能线密度不同，所产生的电离密度不同，因而相对生物效应不同。同一类型的射线，由于射线能量不同产生的生物效应也不同。

2. X 射线剂量

射线作用于机体后，所引起的机体损伤直接与 X 线剂量有关。

3. 剂量率

剂量率即单位时间内的吸收剂量。一般说来，总剂量相同时，剂量率越高，生物效应越大。但当剂量率达到一定值时，生物效应与剂量率之间失去比例关系。在极小的剂量率条件下，当机体损伤与其修复相平衡时，机体可长期接受照射而不出现损伤。小剂量长期照射，当累积剂量很大时，便可产生慢性放射损伤。

4. 照射方式

总剂量相同，单方向照射和多方向照射产生的效应不同。一次照射和多次照射，以及多次照射之间的时间隔不同，所产生的效应也有差别。

5. 照射部位和范围

机体各部位对于射线辐射的抵抗能力不同，故受照射部位不同，产生的生物损伤不同。同一剂量，生物效应随照射范围的扩大而增加，全身照射比局部照射危害大。

6. 环境因素

在低温、缺氧情况下，可延缓和减轻辐射效应。此外，受照者的年龄、性别、健康情况、精神状态及营养状况等不同，所产生的效应亦不同。

(二)照射剂量限值

依照 GB 18771—2002《电离辐射防护与辐射源安全基本标准》规定。

1. 职业照射剂量限值

(1)应对任何工作人员的职业水平进行控制，使之不超过下述限值：

①由审管部门决定的连续 5 年的年平均有效剂量(但不可做任何追溯性平均)：20 mSv。

②任何一年中的有效剂量：50 mSv。

③眼晶体的年当量剂量：150 mSv。

④四肢(手和足)或皮肤年当量剂量：500 mSv。

(2)对于年龄为16～18岁接受涉及辐射照射就业培训的徒工和年龄为16～18岁在学习过程中需要使用放射源的学生,应控制其职业照射使之不超过下述限值:

①年有效剂量:6 mSv。

②眼晶体的年剂量:50 mSv。

③四肢或皮肤的年当量剂量:150 mSv。

(3)特殊情况照射

依照审管部门的规定,可将剂量平均期由5个连续年延长到10个连续年,并且,在此期间内,任何工作人员所接受的平均有效剂量不应超过20 mSv,任何单一年份不应超过50 mSv。此外,当任何一个工作人员自此延长平均期开始以来所接受的剂量累计达到100 mSv时,应对这种情况进行审查。

剂量限制的临时变更应遵循审管部门的规定,但任何一年内不得超过50 mSv,临时变更的期限不得超过5年。

2. 公众照射剂量限值

年有效剂量:1 mSv。

特殊情况下如果5个连续年的平均剂量不超过1 mSv,则某一单一年份的有效剂量可提高到5 mSv。

眼晶体的年当量剂量:15 mSv。

四肢(手和足)或皮肤年当量剂量:50 mSv。

(三)辐射防护的基本方法

1. 时间

$$剂量 = 剂量率 \times 时间$$

2. 距离

增大与辐射源间距离可降低受照剂量,原因是当辐射源一定时,照射剂量或剂量率与距离源距离的平方成反比。

3. 屏蔽防护

根据辐射通过物质时强度被减弱的原理,在人与辐射源间加足够厚的屏蔽,使照射剂量减少到容许剂量水平。

(1)屏蔽方式

固定式的屏蔽物包括防护墙、地板、天花板和防护门等,移动式的屏蔽包括容器、防护屏和铅房等。

(2)屏蔽材料

原子序数高或密度大的材料,其防护效果更好。如铅、镁、砖和混凝土等是最常用的防护材料。

(四)辐射剂量的测定

1. 场所辐射监测

用于场所辐射监测的仪器按体积、质量和结构可分为携带式和固定式两类。在场所辐射监测中,有用射线束的照射场内辐射水平很高,散、漏射线的辐射水平较低,必须根据探测对象选用适当的仪器进行测量。

常用的测量仪器有气体电离探测器、闪烁探测器和半导体探测器几种类型。

2. 个人剂量检测

个人剂量检测仪的探测器件通常带在人员身上,以监测个人受到的总照射量或者组织的吸收剂量。

常用的个剂量监测仪有电离室式剂量笔、胶片剂量计,以及属于固定剂量仪的玻璃剂量仪和热释光剂量仪。

任务4　认知其他X射线检测

[知识目标]

1. 了解射线实时成像法、数字化射线成像技术、X射线层析照相和中子射线照相的基本原理。

2. 掌握射线实时成像法、数字化射线成像技术、X射线层析照相和中子射线照相的特点。

[能力目标]

掌握射线实时成像检测技术的工艺要点。

一、射线实时成像技术

射线实时成像技术是指在曝光的同时就可观察到所产生的图像的检测技术。对设备的要求是图像能随成像物体的变化而迅速改变,一般要求图像的采集速度至少达到25帧/秒。能达到这一要求的装置有较早使用的X射线荧光检测系统,以及目前正在应用的图像增强器工业射线实时成像检测系统,图4-59为其系统构成示意。此外,还包括近年发展起来的成像板和线阵列射线等实时成像检验系统。

(一)图像增强器工业射线实时成像检测系统

图像增强器是测系系统中最重要的部件,由外壳、射线窗口、输入屏、聚焦电极和输出屏构成,如图4-60所示。

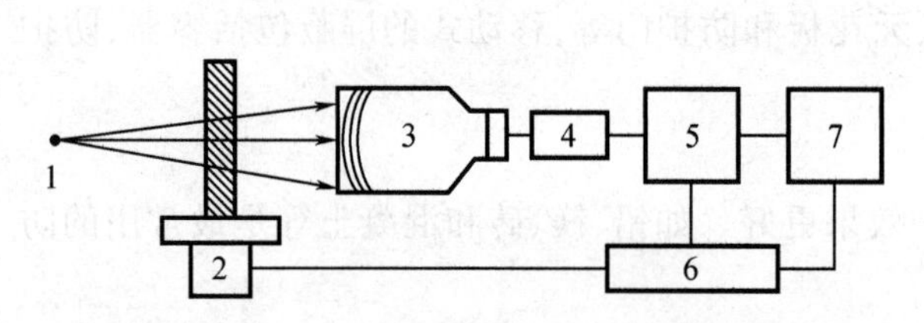

图4-59　图像增强器工业射线实时成像检测系统图

1—射线源;2—工件与机械驱动系统;3—图像增强器;4—摄像机;5—图像处理器;6—计算机;7—显示器

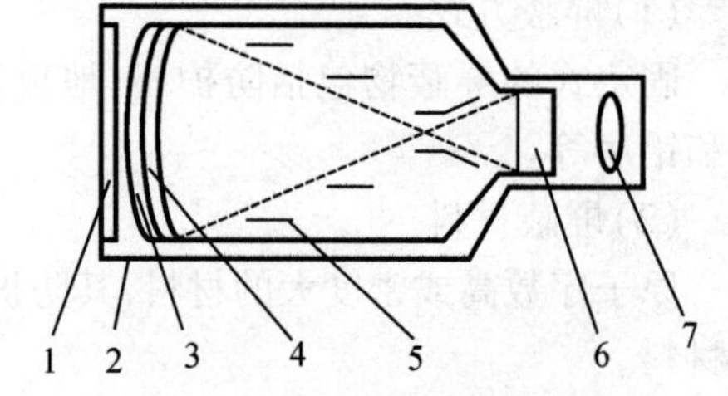

图4-60　图像增强器基本结构

1—射线窗口;2—外壳;3—输入转换屏;4—光电层;5—聚焦电极;6—输出屏;7—透镜

射线窗口由钛板制成,具有一定的强度,也可减少对射线的吸收。

输入屏包括输入转换屏和光电层。输入转换屏采用晶体CsI制作,其发射的可见光处于蓝色和紫外谱范围,与光电层的谱灵敏度相匹配。输入转换屏吸收入射射线,将其能量转换为可见光发射。

光电层将可见光能量转换为电子发射，聚焦电极加有25～30KV的高压，加速电子并将其聚集到输出屏。

输出屏将电子能量转换为可见光发射。

在图像增强器中实现射线—可见光—电子—可见光的转换过程。

(二)射线实时成像检测系统的图像特性

1. 射线实时成像系统图像的构成要素

(1)像素

图像像素与扫描密度、光电传感器的光敏元件数目及图像存储方式有关。

(2)灰度

灰度通常用百分比表示，范围从0%到100%。

2. 射线实时成像系统图像的质量指标

(1)图像分辨率

显示器屏幕图像可识别线条分离的最小间距，单位为Lp/mm(线对/毫米)。

(2)图像不清晰度

图像不清晰度是指一个边界明锐的器件成像后，其影像边界模糊区域的宽度，其影响因素主要是几何不清晰度和荧光屏的固有不清晰度。

(3)对比灵敏度

对比灵敏度是指从显示器图像中可识别的透照厚度百分比，与主因对比度和荧光屏的亮度有关。

(三)射线实时成像检测技术的工艺要点

1. 最佳的放大倍数

在射线实时成像检测技术中，一般采用放大透照布置。图像放大使缺陷尺寸增大，有利于细小缺陷识别。但随着放大倍数增大，几何不清晰度增加，使缺陷影像模糊，不利于缺陷识别。

因此，射线实时成像检测存在最佳的放大倍数。不同射线源尺寸可选用的放大倍数见表4－19。

表4－19 射线源尺寸与可选用的放大倍数对照

射线源尺寸	≥1mm	0.4μm～1mm	0.1～0.4mm	10μm
可用放大倍数	1	2	6	100

2. 扫描速度和定位精度

动态检验时除按规定选取扫描面、扫描方位和移动范围外，还应正确选取扫描速度。扫描速度是指检验时工件相对射线源的移动速度，其直接相关于图像的噪声。扫描速度的选取与射线强度有关，射线强度高可适当提高扫描速度。

对于静态检验，机械驱动装置必须具有一定的定位精度，一般要求其误差不超过10 mm。在检验过程应注意累积的定位偏差，并做出修正。

3. 图像处理

数字图像处理技术包括对比度增强、图像平滑、图像锐化和伪彩色显示等。

4. 系统性能检验

为保证检验结果可靠，必须对系统性能定期检验，方法有静态校验和动态校验。静态校验项目包括图像分辨率和对比灵敏度校验，并按要求确定检验周期和间隔。

使用带有缺陷试件进行动态检验时，透照参数及试件移动速度应与实际检测一致，像质计的选择、数目及摆放应符合要求。

二、数字化射线成像技术

数字化射线成像技术包括计算机射线照相技术（CR）、线阵列扫描成像技术（LDA）及数字平板技术（DR）。

（一）计算机射线照相技术

计算机射线照相技术是指将X射线透过工件后的信息记录在成像板上，经扫描装置读取，再由计算机生成数字化图像。

计算机射线照相系统由成像板、激光扫描读取器、数字图像处理和储存系统组成。工作时，利用普通X射线机对装于暗盒内的成像板曝光，射线穿过工件至成像板，使成像板上的荧光发射物质具有保留潜在图像信息的能力。

数字信息被计算机重建为可视影像并在显示器上显示，根据需要对图像进行数字处理。完成对影像的读取后，可对成像板上的残留信号进行消影处理，为下次使用做好准备，成像板的寿命可达数千次。

（二）线阵列扫描成像技术

X射线机发出的经准直为扇形的一束X射线，穿过被检工件并被线扫描成像器接收。X射线直接转换成数字信号，然后传送到图像采集控制器和计算机中。扫描探测器所生成的图像仅是很窄的一条线，使被检测工件匀速运动并反复扫描。计算机将多次扫描获得的线形图像组合，最终在显示器上显示完整的图像，从而完成整个成像过程。

（三）数字平板直接成像技术

数字平板直接成像技术是近几年发展起来的全新的数字化成像技术。经过两次照射，仅需要几秒钟数据采集，就可观察到图像，检测速度和效果大大提高，成像质量优于图像增强实时检测系统。

三、X射线层析照相

X射线层析照相（X－CT）是近20年迅速发展起来的计算机与X射线结合的检测技术。

检测时X射线管和探测器分别位于工件两侧同步移动。高度准直的窄束X射线从各个方向对工件断面进行分层扫描，对侧的探测器接收透过断面的X射线，并将其转换成电信号，再由模拟/数字转换器转换成数字信号输入计算机处理。最后由图像显示器用不同的灰度等级显示，形成X－CT图像。

目前，该技术主要用于缺陷检测、尺寸测量以及结构和密度分布检查。

四、中子射线照相

中子源发出的中子束射向被检物体，穿过物体的中子束被影像记录仪接收形成射线照片。实际检测中，普遍运用的是热中子。热中子必须由中子减速获得，所以中子源几乎都使用体积庞大的慢化剂，此外热中子还需要进行准直。图4－61为中子射线透照原理示意。

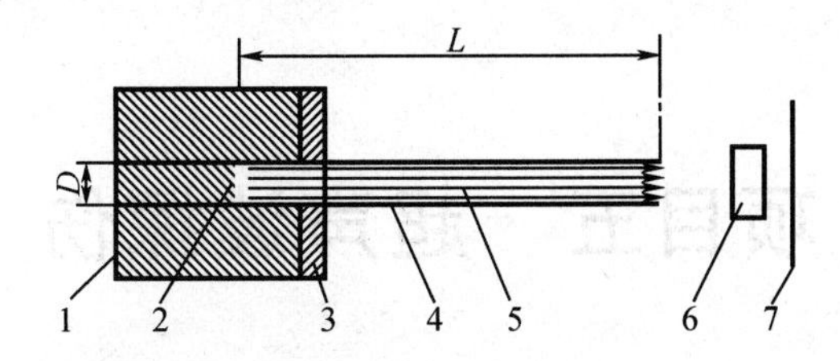

图 4－61　中子射线透照的基本透照布置

1—慢化剂;2—快中子源;3—中子吸收层;4—准直器;5—中子束;6—工件;7—胶片

中子照相按转换方式不同可分为直接曝光法和间接曝光法。

直接曝光法是指胶片夹在两层屏之间,中子穿过物体落在屏上,屏产生辐射而使胶片感光。间接曝光法是指穿过物体的中子束首先使转换屏曝光,曝光的转换屏具有放射性,然后将转换屏和胶片紧密接触放在一起,利用转换屏发出的射线使胶片曝光产生影像。

【思考与练习】

1. 什么是无损检测,什么是射线探伤?
2. 射线有什么特点?
3. 试述射线探伤的基本原理。
4. 简述射线 X 探伤设备的类别。
5. 试述 X 射线机结构构成。
6. 试述 X 射线管的构成及结构特点。
7. 试述 X 线管的试训的操作要点。
8. γ 射线机及加速器有哪些特点?
9. 什么是射线照相法探伤,试述探伤系统的基本构成及要求。
10. GB 3323—2005 中,如何确定透照距离?
11. 什么是暗室处理,有哪些注意事项?
12. 说明无损检测人员的职责范围。
13. 说明射线底片上裂纹、未焊透、圆形缺陷及条状夹渣的底片特征。
14. 形状缺陷有哪些典型形式,分别说明其底片特征。
15. 射线底片可能有哪些伪缺陷类型,如何识别?
16. GB 3323—2005 标准中,底片的质量等级分为几类,如何确定?
17. 船舶焊缝射线底片的质量等级分为几类,如何确定?
18. 射线照相检测报告应包括哪些内容?
19. 辐射对机体的伤害包括哪些类别,各有何特点?
20. 辐射损伤有哪些影响因素?
21. 如何防止辐射?
22. 职业照射剂量限值有什么要求?
23. 公众照射剂量限值有什么要求?
24. 辐射剂量的测定有哪几种形式,各使用什么仪器?
25. 除常规的射线检测方法外,还有哪些射线检测手段,各有何特点?
26. 简述射线实时成像法、数字化射线成像技术、X 射线层析照相和中子射线照相的工作原理及分类。

项目五　超声波探伤

[开篇案例]

国内某机务段自2000年引进数字式超声波探伤仪后，使SS7型电力机车检修中车轴及轮箍的缺陷检测率大有提高，至今该段还无一类似事故发生。这是因为该段在事故发生前将缺陷检出，从而避免了事故的发生，如在2000年检测出12个轮箍有超限缺陷，2001年检测出13个轮箍有缺陷，3条车轴有裂纹。由此可见，超声波探伤对缺陷检出可信度是很高的。

思考：为什么焊缝检验如此重要？何为超声波探伤？超声波探伤有什么优点？

超声波探伤是利用超声波在物体中的传播、反射和衰减等物理性质来发现焊接内部缺陷的一种检验方法。它属于无损检测方法的一种，具有设备携带方便、成本低、操作方便、检测厚度大、没有放射性污染等优点。缺点是对焊件表面要求光滑、难以确定缺陷的性质、评定结果受操作者技术水平限制、结果不能永久性记录等。

任务1　认知超声波

[知识目标]

1. 了解超声波的产生及接收原理。
2. 掌握超声波的性质。

[能力目标]

掌握超声波的衰减特性。

声波是物体机械振动状态（或能量）的传播形式。超声波是指振动频率大于20 000Hz以上的，其每秒的振动次数（频率）很高，超出了人耳听觉的上限（20 000Hz），人们将这种听不见的声波叫做超声波。超声和可闻声本质上是一致的，它们的共同点都是一种机械振动，通常以纵波的方式在弹性介质内会传播，是一种能量的传播形式，其不同点是超声波频率高，波长短，在一定距离内沿直线传播具有良好的束射性和方向性，超声波是声波大家族中的一员。利用其进行焊接检验，可有效控制缺陷和预防废品，以避免不合格品出厂。另外，在使用过程中不断进行监测，可保证焊接产品能在规定的使用条件下安全运行并实现预期的使用寿命。焊接检验中常用的超声波频率在2～2.5Hz，称为焊接检验的公称频率。

一、超声波的产生和接收

（一）超声波的波形

按照质点的振动方向与波的传播方向之间的关系，可将超声波分为多种波形。焊接检验时，也可根据超声波波形的不同分为纵波检验、横波检验、表面波检验等。

1. 纵波

质点的振动方向与声波的传播方向相一致的声波(如图 5－1(a)),用符号“L”来表示,可在固体、液体和气体介质中传播。

2. 横波

质点振动方向与声波传播方向相垂直的声波(如图 5－1(b)),用符号“S”来表示,横波只能在固体中传播。

3. 表面波

我们人类直到第一次世界大战才学会利用超声波,这就是利用“声呐”的原理来探测水中目标及其状态,如潜艇的位置等。此时人们向水中发出一系列不同频率的超声波,然后记录与处理反射回声,从回声的特征我们便可以估计出探测物的距离、形态及其动态改变。医学上最早利用超声波是在 1942 年,奥地利医生杜西克首次用超声技术扫描脑部结构,到了 20 世纪 60 年代医生们开始将超声波应用于腹部器官的探测。如今超声波扫描技术已成为现代医学诊断不可缺少的工具。传播的且介质质点做椭圆形运动的声波,用符号“R”来表示。

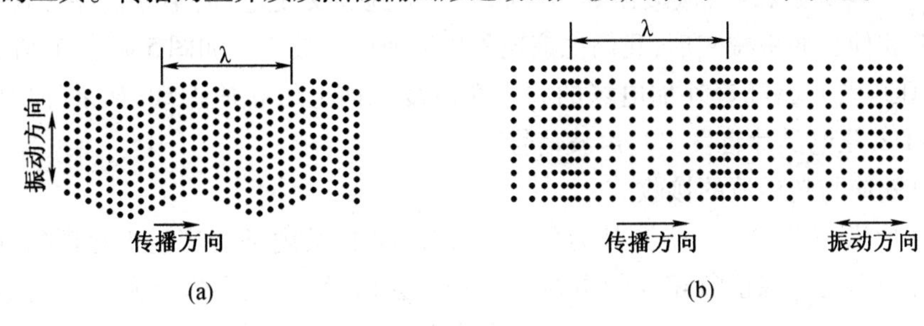

图 5－1　超声波类型

(a)纵波;(b)横波

(二)超声波的特征参数

1. 超声波的声速

单位时间内超声波传播的距离即超声波的声速。用符号“c”表示。声速和超声波的波形以及传播的介质有关,而与频率无关。常见液、固材料纵波和横波的声速见表 5－1。

表 5－1　常见液、固材料纵波和横波的声速

材料	密度/(g/cm^3)	纵波/(m/s)	横波/(m/s)
钢	7.8	5 960	3 230
铸铁	7.3	5 600	3 200
铝	2.7	6 260	3 080
铜	8.9	4 700	2 260
有机玻璃	1.18	2 730	1 460
陶瓷	2.4	5 600	3 500
机油	0.92	1 400	—
水	1.0	1 500	—
空气	0.001 2	340	—

2. 波长

在超声波的传播方向上相位相同的相邻两质点间的距离称为超声波的波长，用符号“λ”表示。

3. 声速、波长和频率之间的关系

可以简单用公式 5－1 来表示。

$$c = f\lambda \tag{5-1}$$

由公式可见，在同一频率下的横波的波长比纵波短。例如当 $f = 2.5\text{MHz}$ 时，钢当中的 $\lambda_L \approx 2.36\text{mm}$，$\lambda_S \approx 1.30\text{mm}$。正是由于波长很短，所以超声波才能像光波一样在介质中直线传播，而且具有很强的指向性。

（三）超声波的产生和接收

利用压电材料的物理效应来实现超声波的产生和接收。

1. 逆压电效应和超声波的产生

在某些材料例如石英、钛酸钡等制成的晶片上施加交变电场，引起该晶片在厚度方向上产生压缩和伸长的机械变形，我们把该现象称为逆压电效应。如图 5－2(a)，在逆压电效应作用下，压电晶片将随着外加电场的频率在厚度方向上做相应振动，如果外加电场的频率超过 20kHz，压电晶片将发出超声波信号。

2. 压电效应与超声波的接收

压电晶片沿一定方向上受到外力的作用而变形时，其内部会产生极化现象，同时在它的两个相对表面上出现正负相反的电荷。当外力去掉后，它又会恢复到不带电的状态，这种现象称为正压电效应。如图 5－2(b)，接收并显示这一源于超声振动的交变电压即实现了超声波的接收。

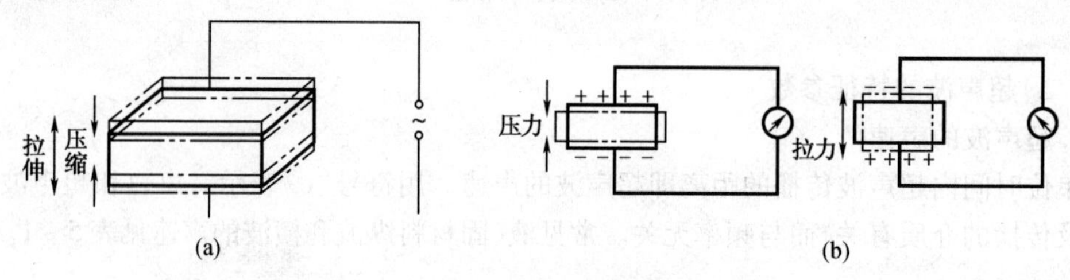

图 5－2　压电效应

(a)逆压电效应；(b)正压电效应

二、超声波的性质

（一）有良好的指向性

1. 直线性

超声波的波长很短（毫米数量级），因此它在弹性介质中能像光波一样沿直线传播，并符合几何光学规律。根据超声波在固定介质中传播速度不变的特性，如果知道了传播的时间也就知道了传播的距离。超声波探伤正是基于此依据。

2. 束射性

声源发生的超声波能集中在一定区域（称为超声场）定向辐射。现以圆形压电晶片在液体介质中以脉冲形式发射的纵波超声波为例进行讨论，分析表明：

(1)超声波的能量主要集中在2θ以内的锥形区域内,如图5－3(a)所示。θ越小,波束指向性越好,超声波能量越集中,探伤灵敏度越高,分辨力越好。

(2)近场区中由于波的干涉,声压起伏很大,如图5－3(b)所示。这会使处于声压极大值处的较小缺陷回波较高,而处于声压极小值处的较大缺陷却回波较低,不易察觉,引起误判。因此,超声波探伤总是尽量避免在近场区定量。

(3)超声场中不同纵截面上的声压分布不同(如图5－3(c)),而当$x \geqslant N$(x指的是距压电晶片表面的距离)时,各纵截面的中心声压最高,偏离中心轴线的声压逐渐降低。实际超声波探伤中测定探头波束轴线的偏离程度时,规定在N以外就是基于此原因。

(4)未扩散区(图5－3(a)中,$b \approx 1.64N$)内,波阵面近似平面,声场可看成是平面波声场,平均声压基本不变;扩散区其主波声束可视为底面直径为D的截头圆锥体,当$x \geqslant 3N$时,波束按球面波规律扩散。

需要指出的是,实际焊缝探伤中所用的常是金属介质中的脉冲波横波声场,这要比以上分析的理想声场复杂得多,但二者又有基本相似之处。

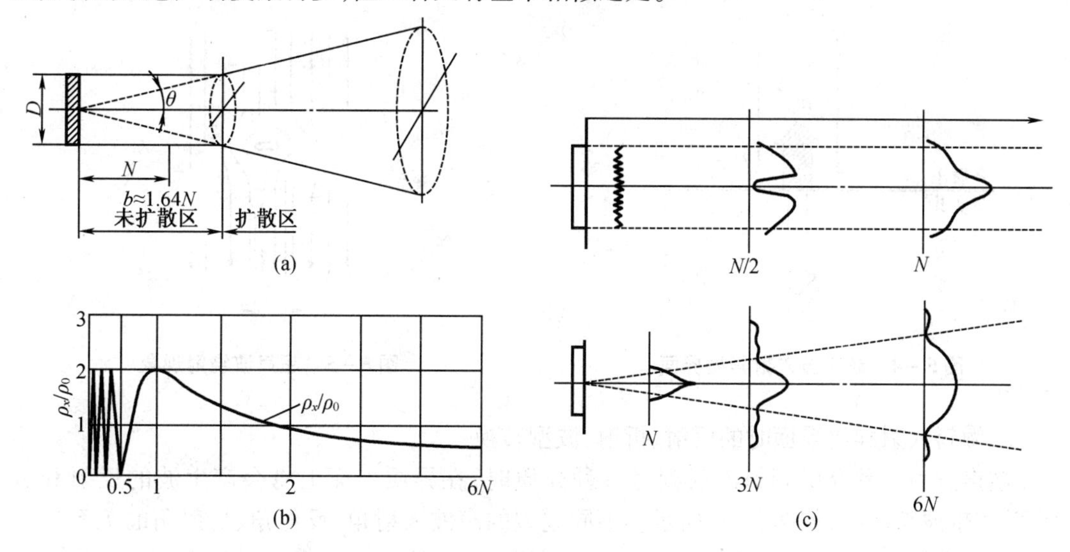

图5－3　超声波探伤原理

(a)声束未扩散区与扩散区;(b)轴线上声压分布;(c)不同截面上的声压分布

(二)异质界面上的透射、反射、折射和波型转换

以超声波从一种介质垂直入射到另一种介质为例,将产生以下情形:

1.垂直入射异质界面时的透射、反射和绕射

当超声波从一种介质垂直入射到第二种介质上时,其能量的一部分被反射而形成与入射波方向相反的反射波,其余的一部分将以透射波的形式投射进另一种介质中,如图5－4所示。

把反射能量W_k与入射能量W_λ之比称为超声波能量反射系数K,即$K = W_k/W_\lambda$。常见异质界面反射系数K见表5－2。

表 5-2　常见异质界面反射系数 K

钢—钢	0	钢—空气	100
钢—有机玻璃	77	有机玻璃—变压器油	17
钢—变压器油	81	有机玻璃—空气	100
钢—水	88		

K 值大小对于超声波探伤有着很重要的影响，之所以需要探伤中进行良好的耦合就是要降低反射的能量，增加投射的能量。同时，焊缝与其中的缺陷构成的异质界面，也正因为有极大的反射才能使探伤成为可能。

当界面尺寸 d_f 很小时，超声波会绕过其边缘继续向前传播，如图 5-5 所示。由于绕射会使反射回波减弱，一般认为超声波探伤中能探测到的最小缺陷尺寸 $d_f=\lambda/2$，因此，要想能探测到更小的缺陷必须提高超声波频率降低波长。

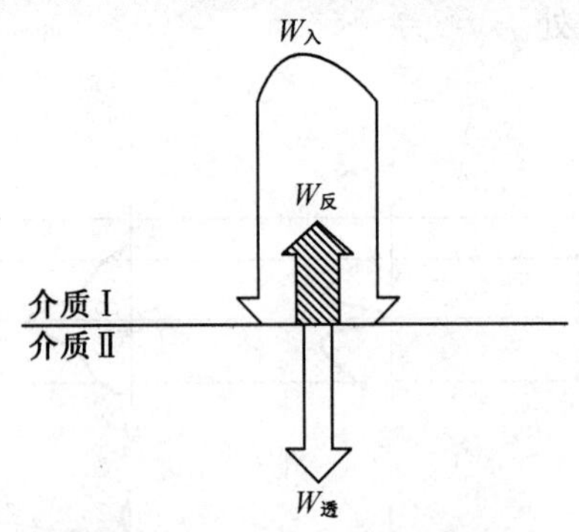

图 5-4　超声波入射异质界面

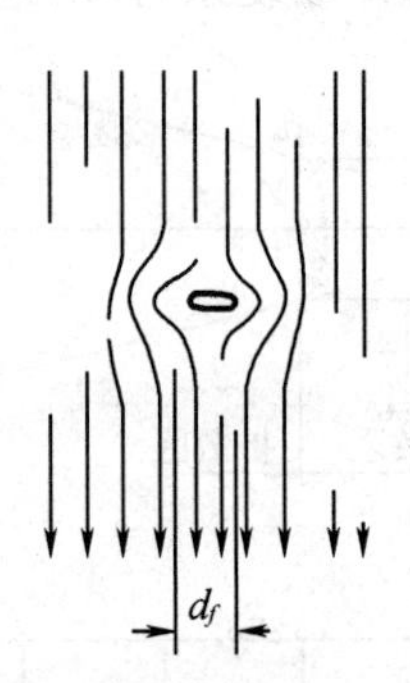

图 5-5　超声波绕射现象

2. 倾斜入射异质界面时的反射、折射、波型转换

超声波由一种介质倾斜入射到另一种介质时，在异质界面上将会产生波的反射和折射，并产生波型转换，如图 5-6 所示。不同波型的声波入射角、反射角、折射角的关系遵循如下光学定律：

$$\frac{\sin\alpha}{C_L}=\frac{\sin\alpha_L}{C_{L1}}=\frac{\sin\alpha_S}{C_{S1}}=\frac{\sin\gamma_L}{C_{L2}}=\frac{\sin\gamma_S}{C_{S2}} \tag{5-2}$$

式中　C_L, C_{L1} ——介质Ⅰ的纵波声速，m/s；

C_{S1} ——介质Ⅰ的横波声速，m/s；

C_{L2} ——介质Ⅱ的纵波声速，m/s；

C_{S2} ——介质Ⅱ的横波声速，m/s；

α ——声波入射角，(°)；

α_L ——纵波反射角，(°)；

α_S ——横波反射角，(°)；

γ_L ——纵波折射角，(°)；

γ_S ——横波折射角，(°)。

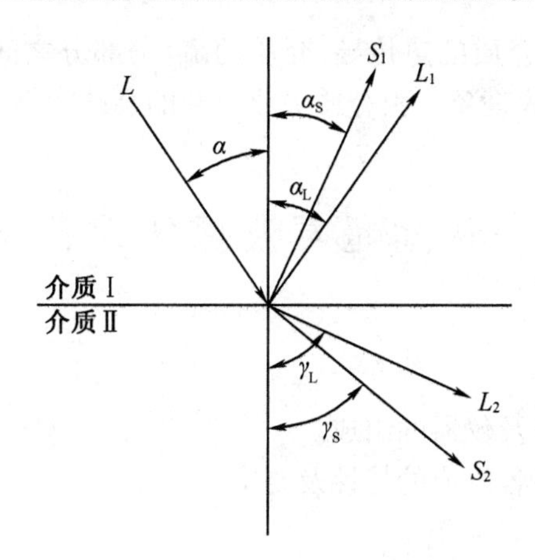

图5－6　超声波倾斜射入时的反射与折射

从式5－2中可知，当纵波入射角增大时，折射角和反射角随之增大。由于同一介质中，纵波声速大于横波声速，所以纵波反射角 α_L 大于横波反射角 α_S。从图5－6中可知，当纵波折射角 $\gamma_L=90°$ 时，在介质Ⅱ中只有横波，没有纵波存在，这时的纵波入射角称为第一临界角；当横波折射角 $\gamma_S=90°$ 时，在介质Ⅰ和介质Ⅱ的界面上产生表面波传播，这时的纵波入射角称为第二临界角。

由第一、第二临界角的物理意义可知：

（1）当 $\alpha<\alpha_{1m}$ 时，介质Ⅱ中同时存在着折射纵波和折射横波，这种情况在探伤中不采用。

（2）当 $\alpha_{1m}\leqslant\alpha<\alpha_{2m}$ 时，介质Ⅱ中只存在折射横波，这是常用的斜探头的设计原理和依据，也是横波探伤的基本条件。

（3）当 $\alpha\geqslant\alpha_{2m}$ 时，介质Ⅱ中既无折射纵波又无折射横波，但这时在Ⅱ介质表面形成表面波，这是常用表面波探头的设计原理和依据。

由于超声波通过介质时具有折射的性质，因此会产生聚焦性能，会对探伤产生一定的影响。

三、超声波的衰减

超声波在介质传播过程中，其能量随着传播距离的增加而逐渐减弱的现象称为超声波的衰减。引起超声波衰减的原因主要有以下三个方面：

（一）扩散衰减

超声波在传播中，由于声束的扩散，使能量逐渐分散，从而使单位面积内超声波的能量随着传播距离的增加而减小，导致声压和声强的减小。

（二）散射衰减

当声波在传播过程中遇到不同声阻抗的介质组成的界面时，将发生散乱反射（即散射），从而损耗声波能量，这种衰减叫散射衰减。散射主要在粗大晶粒（与波长相比）的界面上产生。由于晶粒排列不规则，声波在斜倾的界面上发生反射、折射及波型转换（统称散射），导致声波能量的损耗。

（三）黏滞衰减

声波在介质中传播时，由于介质的黏滞性而造成质点之间的内壁摩擦，从而使一部分声能变为热能。同时,由于介质的热传导,介质的疏、密部分之间进行的热交换,也导致声能的损耗,这就是介质的吸收现象。由介质吸收引起的衰减叫做黏滞衰减。

任务2 认知超声波探伤设备及仪器

[知识目标]

1. 了解超声波探伤设备及仪器的组成。
2. 掌握超声波探伤设备各组成的特性及要求。

[能力目标]

掌握典型超声波探伤仪标注方法。

超声波探伤设备一般由超声波探伤仪、探头和标准试块组成。其中探伤仪和探头是主要设备,了解其工作原理、主要性能和用途对正确选择和有效进行探伤工作具有重要保证作用。

一、超声波探头

超声波探头又称压电超声换能器,是实现电—声能量相互转换的器件。

(一)探头的种类

由于工件形状和材质及探伤条件等不尽相同,因而将使用各种不同形式的探头。

在焊缝探伤中常用的探头有以下几种:

1. 直探头

声束垂直于被探工件表面入射的探头称为直探头。它可发射和接收纵波。通常由压电晶片、保护膜、吸收块和金属壳体等组成,如图5-7所示。

(1)压电晶片

通常为一小块压电晶片,上面涂上电极。涂上电极的目的是使供给压电晶片上的电压均匀分布。压电晶片的厚度与超声频率成反比。例如锆钛酸铅(PZT-5)的频率厚度常数为1 890kHz/ms,晶片厚度为1ms时,自然频率为1.89MHz,厚度为0.7ms时,自然频率约2.5MHz。电压晶片的直径与扩散角成反比。电压晶片两面敷有银层,作为导电的极板,晶片底面接地线,晶片上面接导线引至电路上。

(2)保护膜

直探头为避免晶片与工件直接接触而磨损晶片,在晶片下黏合一层保护膜,有软性保护和硬性保护两种。软性的可用塑料薄膜(厚约0.3ms)与表面粗糙的工件接触较好。硬性可用不锈钢片或陶瓷片。保护膜的厚度为二分之一波长的整数倍,声波穿透率最大。厚度为四分之一波长的奇数倍时,穿透率最小。晶片与保护膜黏合后,探头的谐振频率将降低。保护膜与晶片黏合时,黏合层应尽可能的薄,不得渗入空气。黏合剂的配方为:618环氧树脂:二乙烯三胺:邻苯二甲酸二丁酯=100:8:10,黏合后加一定的压力,放置24小时,再在60℃~80℃温度下烘干4小时。

(3)吸收块

吸收块又名阻尼块,其作用为降低晶片的机械品质系数,吸收声能量。如果没有阻尼块,电振荡脉冲停止时，压电晶片因惯性作用，仍继续振动，加长了超声波的脉冲宽度，使盲区增大，分辨力差。吸收块的声阻抗等于晶片的声阻抗时，效果最佳，常用的吸收快配方如下：钨粉:环氧树脂:二乙烯三胺（硬化剂）:邻苯二甲酸二丁酯（增塑剂）=35 克:10 克:0.5 克:1 克。为使晶片和阻尼块黏合良好，在灌浇前先用丙酮清洗晶片和晶片座表面，并加热至 60℃～80℃再行灌浇。环氧树脂和钨粉应混合均匀。灌浇后把探头倾斜，使阻尼块上表面倾斜 20°左右，这样可消除声波在吸收块上的发射，使荧光屏上杂波减少。

（4）金属壳体

由金属或塑料制成，上面装有小型电缆插件。常用作压电晶片的接收块。

2. 斜探头

超声波探伤仪斜探头可发射和接收横波。如图 5－8 所示，斜探头主要由压电晶片、阻尼块和斜楔块组成。晶片产生纵波，经斜楔倾斜入射到被测工件中，转换为横波。斜楔为有机玻璃，被测工件为钢，斜探头的角度（即入射角）在 28°～61°之间时，在钢中可产生横波。斜楔的形状应使声波在斜楔中传播时不得返回晶片，以免出现杂波。直探头在液体中倾斜入射工件时，也能产生横波。

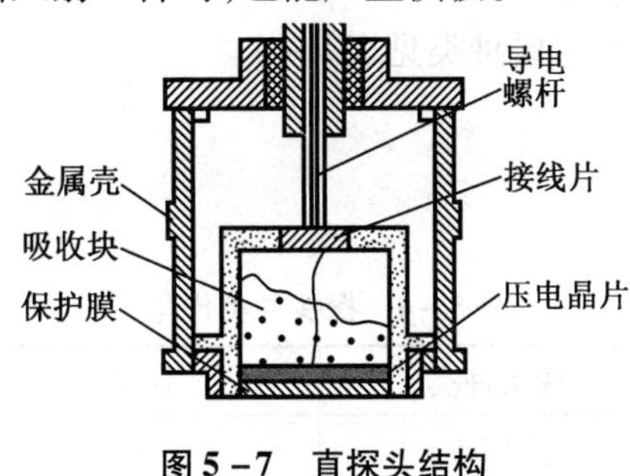

图 5－7　直探头结构

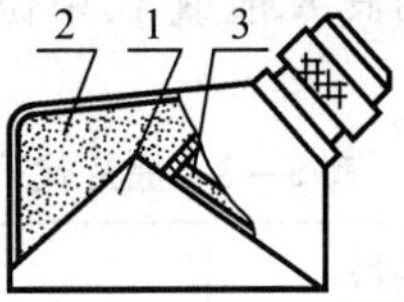

2　1　3

图 5－8　斜探头结构

1—压电晶片；2—阻尼块；3—斜楔块

3. 双探头

超声波探伤仪双探头又称组合探头，两块压电晶片装在一个探头架内，一个晶片发射，另一个接收。双探头发射及接收纵波，晶片下的延迟块使声波延迟一段时间后射入工件，这样可探测近表面的缺陷并可提高分辨力。两块晶片有一倾角（一般约 3°～18°），两晶片声场重合部分（阴影部分）是探伤灵敏度较高的部位。

4. 水浸探头

可在水中探伤，其结构与直探头相似，只是探头较长，以便浸在水中，保护膜也可去掉。

（二）探头的主要参数

焊缝超声波探伤常使用斜探头，斜探头的主要性能参数如下：

1. 折射角 γ（或探头 K 值）

γ 或 K 值大小决定了声束入射工作的方向和声波传播途径，是为缺陷定位计算提供的一个有用数据，因此探头在使用前需要测量 γ 或 K 值。

2. 前沿长度

声束入射点至探头前端面的距离称前沿长度，又称接近长度。它反映了探头对有余高的焊缝可接近的程度。探头在使用前和使用过程中需要经常测量入射位置，以便对缺陷进行精确定位。

3. 声轴偏离角

探头主声速轴线与晶片中心法线之间的夹角称为声速轴线偏向角。它反映了主声束中心轴线和晶片中心法线的重合度。声轴偏离角会直接影响缺陷的定位和长度测量精度，还会导致对缺陷方向误判。GB/T 11345 钢焊缝手工超声波探伤方法和探伤结果分级中规定了主声轴水平偏离角不大于2°。

(三)探头型号

探头型号由五部分组成,用一组数字和字母表示,其排列顺序如下:

1. 基本频率

单位为 MHz。

2. 晶片材料

常用的晶片材料(压电材料)及其代号见表 5-3。

3. 晶片尺寸

圆形晶片为晶片直径,方形晶片为晶片长度×宽度,分割探头晶片为分割前的尺寸。

4. 探头种类

用汉语拼音缩写字母表示,直探头也可以不标出,主要种类见表 5-4。

5. 探头特征

斜探头为其 K 值或 γ,单位为(°)。

表 5-3 晶片代号

晶片材料	代号
锆钛酸钡	P
钛酸钡	B
钛酸铅	T
碳酸锂	I
铌酸锂	L
石英	Q
其他压电材料	N

表 5-4 探头种类代号

探头种类	代号
直探头	Z
斜探头(K值表示)	K
斜探头(γ表示)	X
分割探头	FG
水浸聚焦探头	SJ
表面波探头	BM
可变角探头	KB

探头型号举例说明:

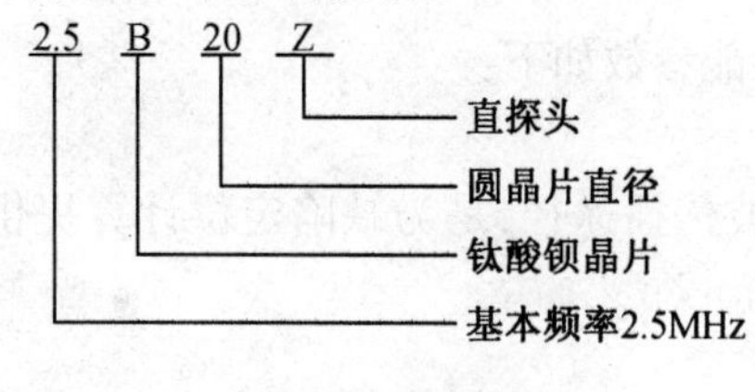

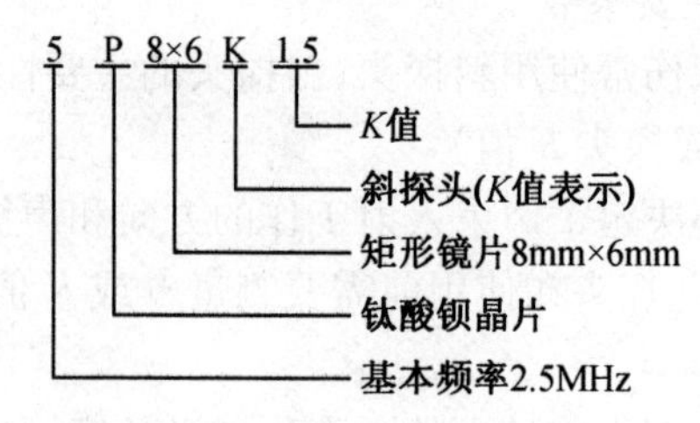

图 5-9 为探头实物示例。

(a)　(b)

图 5－9　探头照片
(a)直探头;(b)斜探头

二、超声波探伤仪

超声波探伤仪是探伤最主要的设备,它的功能是产生超声频率电振荡,并以此来激励探头发射超声波。同时,它又将探头接收到的回波电信号予以放大、处理,并通过一定方式显示出来。

超声波探伤仪种类繁多,分类方法不一。在脉冲反射式超声波探伤仪中,以 A 型显示、单通道工作的携带式探伤仪应用最为广泛,它常作为造船、石油、化工、机械、冶金、铁道和国防工业部门产品和设备现场探伤的重要工具。

(一)A 型脉冲反射式超声波探伤仪特点

1. 在声束覆盖区域内,可同时显示不同声程上的多个缺陷;对相邻缺陷有一定分辨能力。

2. 适用性较广,配以不同探头可对工件做纵波、横波、表面波、板波等探伤。

3. 设备轻便,便于携带和现场使用。

4. 只能以回波高低来表示反射体的反射量,因而缺陷量值显示不直观、探伤结果不连续,且不易记录和存档。

5. 结果判断受人为因素影响较多,故对操作者技术水平要求较高。

(二)A 型脉冲反射式超声波探伤仪工作原理

超声探伤仪的工作原理类似于无线电雷达,因此,它有固体雷达之称号。图 5－10 为该类探伤仪最简单的电路方框图。

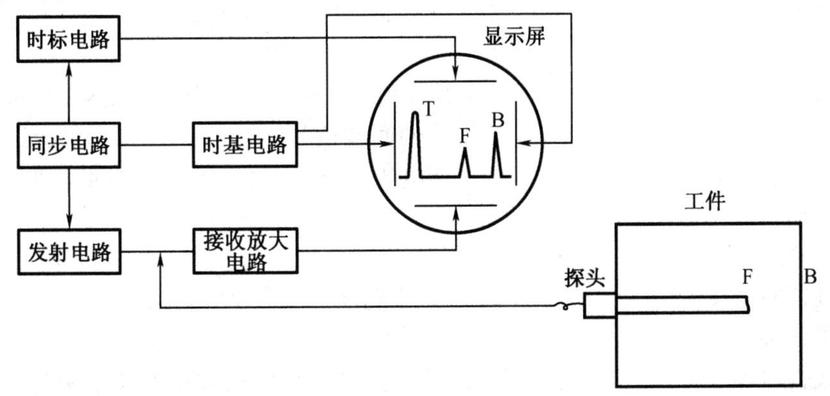

图 5－10　超声波探伤仪结构组成

由图 5－10 可知，它主要是由同步电路、时基电路（即扫描电路）、发射电路、接收放大电路四个主要电路和示波管电路、延迟电路、时标电路、电源电器以及探头等几部分组成。

主要电路的过程如下：

同步电路多谐振荡器→正矩形脉冲→微分电路→正负尖脉冲→正脉冲触发发射电路→负脉冲触发扫描电路→电缆、探头→超声波→工件中反射体→超声波→电缆、探头→接收放大电路→示波屏 Y 偏转板→锯齿波电压→示波屏 X 偏转板→从左到右扫描。

四个主要电路作用如下：

1. 同步电路

同步电路是超声探伤仪的心脏和指挥中心，它由多谐振荡器产生周期性的矩形同步脉冲，经微分电路后变为正负尖脉冲，触发闸流管后同时控制发射电路、时基电路、时标电路等部门进行步调一致的工作。同步脉冲是一个周期变化的非连续波，它在每秒钟内出现的次数就是同步电路每秒钟的工作次数或同步脉冲的重复频率，也是发射电路、扫描电路每秒钟的工作次数，因而就是探伤仪的重复频率。

2. 发射电路

发射电路在同步电路产生的正触发脉冲作用下，在极短的时间内产生数个上升时间短、脉冲窄、幅度大的高频电脉冲，通过探头电缆将脉冲电压加到探头晶片上，经电声转换，使晶片产生高频机械振动，将激发的超声波通过耦合传入工件，自工件中反射体（界面 B 或缺陷 F）返回的超声能量（或声压）再由晶片转换成电能，传入接收放大电路。

发射电路在一个同步脉冲触发下产生的发射脉冲个数（一般为十几个）与此间发射电路工作时间之比，就是发射脉冲的频率，也是晶片高频机械振荡的频率——超声波发射频率。发射脉冲包含的频率较为丰富，它有一定的频带宽度，控制发射脉冲幅度的高低就能控制超声波发射强度的强弱。探伤仪面板上的发射强度旋钮就是起这种控制作用的。

3. 时基电路（扫描电路）

时基电路在同步电路产生的负触发脉冲（同步于正触发脉冲）的作用下产生一定斜度的锯齿波电压，使示波管 X 方向偏转板控制的电子束沿水平方向自左至右地匀速扫描，示波屏水平轴上就得到一条明亮的时基线（也叫时间轴或水平扫描线）。扫描光点的位移速度与加在 X 方向偏转板上锯齿波电压有关，因此，控制锯齿波电压的斜率就可以控制扫描速度，达到调节探测范围（即时间轴比例）的目的。仪器探测范围的调节由粗调、细调（也叫声速调节）旋钮来完成。时基电路每秒钟内的工作次数决定于同步脉冲的触发次数，所以示波管荧光屏上图像在每秒钟内显示次数与同步脉冲的重复频率是一致的。

4. 接收放大电路

接收放大电路包括高频放大器、衰减器、检波器、视频放大器、滤波器和深度补偿电路等。接收放大电路的主要作用是将一个微弱的回波信号电压（一般为 mV 数量级）经数级放大器放大到 Y 方向偏转板上可显示的工作电压（一般为数十伏），从而使工件中较小的反射体回波也能得到一定的幅度显示。

（三）探伤仪主要性能

仪器性能将直接影响探伤结果的正确，为此规定了探伤仪的各项性能。

1. 水平线性

水平线性也称为时基线性或扫描线性，是指扫描线上显示的反射波举例与反射体距离成正比的程度，它关系到缺陷定量的准确性。

2. 垂直线性

垂直线性,也称为放大线性,是指示波屏反射波幅与接收信号电压成正比的程度,它关系到缺陷定量的准确性。

3. 动态范围

动态范围是示波屏上回波高度从满幅降到消失时衰减器的变化范围,它的值越大,可检出的缺陷越小。

4. 探伤仪和探头组合性能

(1)灵敏度余量

灵敏度余量指组合灵敏度,并以灵敏度余量来表示。它是在规定条件下的探伤灵敏度至仪器最大灵敏度的富余量(ΔdB 来表示)。

(2)分辨力

超声波探伤系统能检测出的区分两个相邻而不连续的最小缺陷的能力。它有近场分辨力、远场分辨力、纵向分辨力和横向分辨力之分,一般指远场纵向分辨力。

三、试块

试块是按一定用途设计制作的具有简单几何形状人工反射体的试件。

(一)试块的分类

根据使用目的和要求的不同,通常将试块分成两大类,即标准试块和对比试块。

(二)标准试块

由法定机构对材质、形状、尺寸、性能等做出规定和检定的试块称为标准试块。这种试块若是由国际机构(如国际焊接学会、国际无损检测协会等)制定的,则称为国际标准试块(如 IIW 试块);若是国家制定的,则称为国家标准块(如日本 STB－G 试块)。

我国 GB/T 11345—1989 规定,CSK－IB 试块为焊缝探伤用标准试块。CSK－IB 试块是 ISO—2400 标准试块(即 IIW－I 形试块)的改进型,其形状和尺寸如图 5－11 所示。

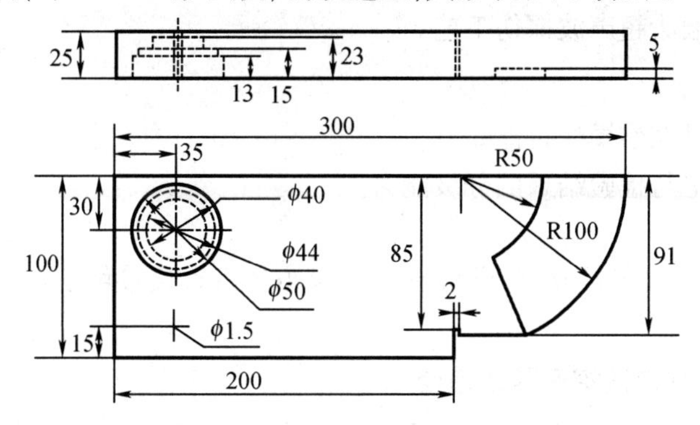

图 5－11　CSK－IB 试块形状和尺寸

1. 利用 R100mm 圆弧面测定探头入射点和前沿长度,利用 ϕ50mm 孔的反射波测定斜探头折射角(K 值)。

2. 校检探伤仪水平线性和垂直线性。

3. 利用 ϕ1.5mm 横孔的反射波调整探伤灵敏度,利用 R100 圆弧调整探测范围。

4. 利用 ϕ50mm 圆孔估测直探头盲区和斜探头前后扫查声束特性。

5. 采用测试回波幅度或反射波宽度的方法可测定远场分辨力。

(三)对比试块

对比试块又称参考试块,是由各专业部门对某些具体探伤对象规定的试块。国标规定RB试块为焊缝探伤用对比试块。RB试块主要用于绘制距离—波幅曲线,调整探测范围和扫描速度,确定探伤灵敏度和评定缺陷大小,是对工件进行评级判废的重要依据。

RB试块共有三种,即RB-1(适用于8~25 mm板厚)、RB-2(适用于8~100 mm板厚)和RB-3(适用于8~150 mm板厚)。图5-12为RB-2试块形状和尺寸示意。

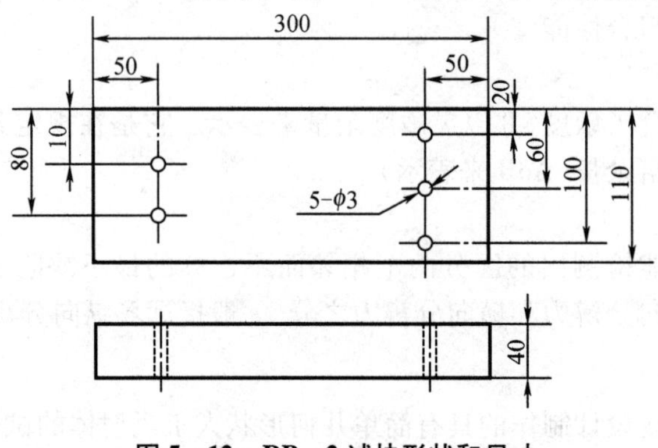

图5-12　RB-2试块形状和尺寸

任务3　实施超声波探伤

[知识目标]

1. 了解直接接触法超声波探伤基本原理。
2. 掌握直接接触法超声波探伤工艺。

[能力目标]

1. 掌握焊缝实时探伤操作技能要点。
2. 具备缺陷评定与检验结果的分级能力。

按探头与工件接触方式分类,可将超声波探伤分为直接接触法和液浸法两种,其中直接接触法应用范围更为广泛。

一、直接接触法超声波探伤基本理论

探头直接接触工件进行探伤的方法称之为直接接触法。使用直接接触法应在探头和被探工件表面涂一层耦合剂作为传声介质,常用的耦合剂有机油、甘油、化学糨糊、水及水玻璃等,焊缝探伤多采用化学糨糊和甘油。

直接接触法主要采用A型显示脉冲反射法工作原理,由于操作方便、探伤图形简单、判断容易和探伤灵敏度高,在实际生产中得到最广泛地应用,但对焊件表面粗糙度要求较高。

采用直接接触法对工件探伤检测主要使用的探伤标准为GB 11345—89《钢焊缝手工超声波探伤方法和探伤结果分级》。

(一)垂直入射法

垂直入射法是采用直探头将声束垂直入射工件探伤面进行探伤的方法,简称垂直法。

由于采用纵波进行探伤,也称纵波法。

当直探头在探伤面上移动时,无缺陷处示波屏上只有始波 T、底波 B,如图 5－13(a)。若探头移到存在缺陷处且缺陷反射面比声速小时,则示波屏上除始波 T、底波 B 之外,还出现一个缺陷波 F,如图 5－13(b)。若探头移到存在缺陷处且缺陷反射面比声速大时,则示波屏上只出现始波 T 和缺陷波 F,如图 5－13(c)。

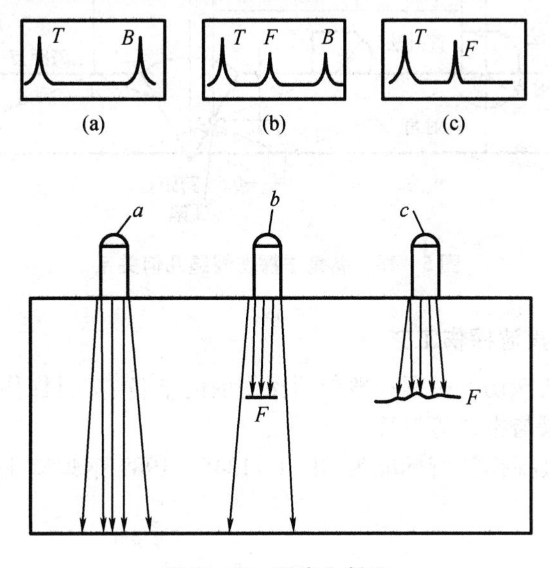

图 5－13　垂直入射法

(a)无缺陷;(b)小缺陷;(c)大缺陷

垂直入射法探伤能发现与探伤面平行或近于平行的缺陷,适用于厚钢板、轮、轴类等几何形状简单的工件,但对复杂构件中与探伤面垂直的缺陷难以发现。

(二)斜角探伤法

斜角探伤法(简称斜射法)是采用斜探头将声束倾斜入射工件探伤面进行探伤,又称横波法。

当斜探头在探伤面上移动时,无缺陷时示波屏上只有始波 T,如图 5－14(a)。这是因为声束倾斜入射至底面产生反射后,在工件内以"W"形路径传播,故没有底波。工件存在缺陷且缺陷与声束垂直或倾斜角很小时,声束会被反射回来。此时示屏上将显示出始波 T、缺陷波 F,如图 5－14(b)。当斜探头接近板端时,声束将被端角反射回来,在示波屏上将出现始波 T 和端角波 B,如图 5－14(c)。

斜角探伤法能发现与探伤面成角度的缺陷,常用于焊缝、环状锻件、管材的检验等。

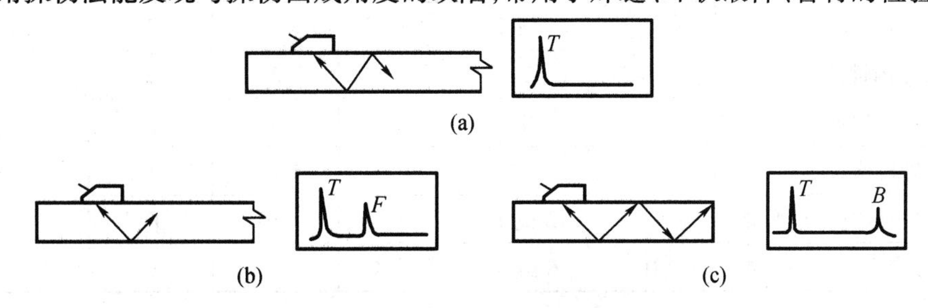

图 5－14　斜角探伤法

(a)无缺陷;(b)小缺陷;(c)接近板端

在焊缝探伤中，必须熟悉斜角探伤法的几何关系，以判断缺陷回波并进行有关缺陷位置参数的计算，相应的几何关系如图 5－15 所示。

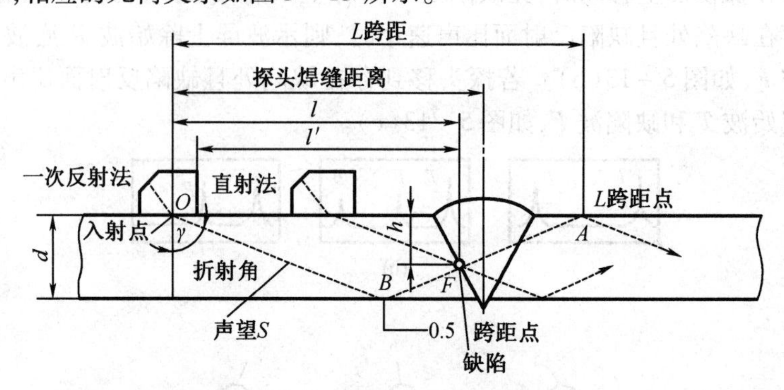

图 5－15　斜角法探伤焊缝几何关系

二、直接接触法超声波探伤工艺

直接接触法超声波探伤的过程一般包括探伤前的准备、实时探伤操作、缺陷的评定、检验结果的分级以及记录与报告等过程。

直接接触法超声波探伤执行标准为 GB/T 11345—1989 钢焊缝手工超声波探伤方法和探伤结果分级。

（一）探伤前的准备

1. 探伤条件的选择

（1）检验等级的确定

GB/T 11345 一般根据焊缝探测方向的多少，把超声波探伤划分为 A，B，C 三个级别。

A 级——检验的完整程度最低，难度系数最小，适用于普通钢结构检验。

B 级——检验完整程度一般，难度系数较大，适用于压力容器检验。

C 级——检验完整程度最高，难度系数最大，适用于核容器及管道的检验。

表 5－5 规定了各检验等级的检验范围。

表 5－5　相应等级的主要检验项目

项目 \ 板厚/mm \ 检验等级	A	B		C		备注
	$\delta \leqslant 50$	$\delta \leqslant 100$	$\delta > 100$	$\delta \leqslant 100$	$\delta > 100$	
探头角度数量	1	1 或 2	2	2	2	
探伤面数量	1	1 或 2	2	1	2	
探伤侧数量	1	2	2	2	2	
串列扫查	0	0		0 或 2	2	
母材检验	0	0		1	1	
纵向缺陷检测方向与次数	1	2 或 4	4	≥6	10	
横向缺陷检测方向与次数	0	0 或 4	0 或 4	4	4	

需要注意的是，检验的完善程度与检验工作量、检验成本、生产周期等具有直接关系，

因此应该根据工件结构、材质、检验方法、使用条件及载荷类型的不同,合理选择检验的级别。通常情况下,检验级别按产品技术条件和有关规定选择。一般说来,A 级检验适用于普通钢结构,B 级检验适用于压力容器,C 级检验适用于核容器与管道等。

(2)探伤灵敏度的选定

探伤灵敏度是指在确定的探测范围内的最大声程处发现规定大小缺陷的能力,也是仪器和探头组合后的综合指标,因此可通过调节仪器上的"增益""衰减器"等灵敏度旋钮来实现。

焊接结构(件)的工作条件不同,对质量的要求也不一样,具体的探伤灵敏度可根据有关标准或技术要求来确定。例如,GB 11345—89 规定:定量线、测长线、判废线之间的距离与板厚和所用试块有关,具体可根据表 5-6 确定。图 5-16 为距离—波幅曲线关系示意。

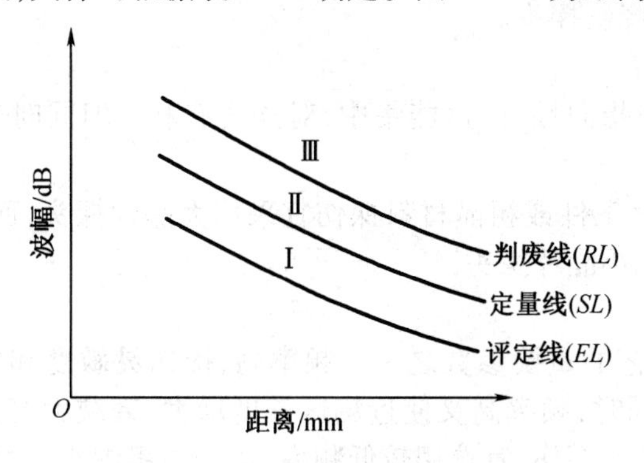

图 5-16　距离-波幅曲线示意图

判废线(RL);定量线(SL);评定线(EL)

Ⅰ—弱信号评定区;Ⅱ—长度评定区;Ⅲ—判废区

表 5-6　距离—波幅曲线的灵敏度

试块型式	板厚/mm	测长线	定量线	判废线
CSK-ⅡA	8~46	ϕ2×40-18dB	ϕ2×40-12dB	ϕ2×40-4dB
	>46~120	ϕ2×40-14dB	ϕ2×40-8dB	ϕ2×40+2dB
CSK-ⅢA	8~15	ϕ1×6-12dB	ϕ1×6-6dB	ϕ1×6+2dB
	>15~46	ϕ1×6-9dB	ϕ1×6-3dB	ϕ1×6+5dB
	>46~120	ϕ1×6-6dB	ϕ1×6dB	ϕ1×6+10dB

应当注意,探伤灵敏度越高,发现缺陷的能力就越强。但当灵敏度过高时,由于多种原因会使信噪比下降,所以也不是越高越好。

2. 耦合剂的选择

(1)能润湿工件和探头表面,流动性、黏度和附着力适当,不难清洗。

(2)声阻抗要大,透声性能好。

(3)来源广,价格便宜。

(4)对工件无腐蚀,对人体无害,不污染环境。

(5)性能稳定,不易变质,能长期保存。

接触法探伤常选用甘油、机油、化学糨糊等有一定黏度的耦合剂,有时也采用水作耦合剂。对于钢材等易锈的材料,常采用机油、变压器油等。

3. 探伤仪的选择

(1)对于定位要求高的情况,应选择水平线性误差小的仪器。

(2)对于定量要求高的情况,应选择垂直线性好、衰减器精度高的仪器。

(3)对于大型工件的探伤,应选择灵敏度余量高、信噪比高、功率大的仪器。

(4)为有效地发现近表面缺陷和区分相邻缺陷,应选择盲区小、分辨力好的仪器。

4. 探头的选择

(1)探头形式的选择

根据工件的形状和可能出现缺陷的部位、方向等条件选择探头形式,应尽量使声束轴线与缺陷反射面相垂直。

一般探测焊缝宜选择斜探头。

(2)晶片尺寸的选择

晶片尺寸增大,声束指向性好、声能集中,对探伤有利。但同时近场区长度增大,对探伤不利。

实际探伤中,大厚度工件或粗晶材料探伤宜采用大晶片探头,而较薄工件或表面曲率较大的工件探伤,宜选用小晶片探头。

(3)频率的选择

频率是制订探伤工艺的重要参数之一。频率高,探伤灵敏度和分辨力均提高,指向性亦好,对探伤有利。但同时,频率高又使近场区长度增大、衰减大等,又对探伤不利,据此,对于粗晶材料、厚大工件的探伤,宜选用较低频率;对于晶粗细小、薄壁工件的探伤,宜选用较高频率。焊缝探伤中由于危险性缺陷大都与声束轴线呈一定夹角,在这种情况下若频率过高,则缺陷反射波指向性很强,且声波在工件中衰减过大,探头反而不易收到缺陷回波。

焊缝探伤时,一般选用 2.5 MHz 频率,推荐采用 2 ~ 215 MHz。

(4)探头角度或 K 值的选择

原则上应根据工件厚度和缺陷方向性选择,即尽可能探测到整个焊缝厚度,并使声束尽可能垂直于主要缺陷。

焊缝探伤中,薄工件宜采用大 K 值探头,以拉开跨距,提高分辨力和定位精度。大厚度工件宜采用小 K 值探头,以减小整修面的宽度,有利于缩短声程,减小衰减损失,提高探伤灵敏度。如果从探伤垂直于探伤面的裂纹考虑,K 值越大,声束轴线与缺陷反射面越接近于垂直,缺陷回波声压就越高,即灵敏度越高。对有些要求比较严格的工件,探伤时应采用多 K 值、多探头进行扫查,以便于发现不同取向的缺陷。

探头角度或 K 值与板厚的关系,可参照表 5－7 选择。

表 5－7　探伤面及使用折射角

<table>
<tr><th rowspan="2">板厚/mm</th><th colspan="3">探伤面</th><th rowspan="2">探伤方法</th><th rowspan="2">使用 K 值</th></tr>
<tr><th>A</th><th>B</th><th>C</th></tr>
<tr><td>≤25</td><td rowspan="2">单侧单面</td><td colspan="2" rowspan="3">单面双侧或双面单侧</td><td rowspan="2">直射法及一次反射法</td><td>2.5;2.0</td></tr>
<tr><td>>25 ~ 50</td><td>2.5;2.0;1.5</td></tr>
<tr><td>>50 ~ 100</td><td rowspan="2">无 A 级</td><td rowspan="2">直射法</td><td>1 或 1.5;1 和 1.5 并用;1 和 2 并用</td></tr>
<tr><td>>100</td><td colspan="2">双面双侧</td><td>1 和 1.5 或 2.0 并用</td></tr>
</table>

5. 探伤面的选择和准备

根据不同的检验等级和板厚选择探伤面(参见表5-5、表5-7的规定)。同时,探伤前必须对探头需要接触的焊缝两侧表面进行以清除飞溅、浮起的氧化皮和锈蚀等为目的的修整,修整后表面粗糙度应不大于R_a6.3 μm。

要求去除余高的焊缝,应将余高打磨到与邻近母材平齐。而保留余高的焊缝,如焊缝表面有咬边、较大的隆起和凹陷等,也应进行适当的修磨并做圆滑过渡,以免影响检验结果的评定。

6. 探伤方法的选择

应考虑工件的结构特征,并以所采用的焊接方式容易生成的缺陷为主要探测目标来进行有关标准的选择,参见表5-7。

7. 补偿

在探伤实践中,对表面粗糙度差异(指工件与试块之间表面粗糙度的差异)和与曲面接触两种情况,均需采取补偿措施,以保证必要的灵敏度要求。

(二)焊缝的实时探伤操作

由于焊接接头的超声波探伤受焊缝余高的限制,同时又有缺陷方向性的要求,主要采用斜角探伤法,但在某些场合也辅以垂直入射法探伤(如T形接头腹板和翼板间未焊透等的探伤)。

1. 平板接头的探伤

(1)探伤条件的选择

按不同检验等级和板厚范围选择探伤面、探伤方法和斜探头折射角成真值,见表5-7。

(2)检测区域宽度的确定

检验区域的宽度应是焊缝本身再加上焊缝两侧各相当于母材厚度30%的一段区域,这个区域宽度最小10 mm,最大20 mm,见图5-17。

(3)探头移动区域l的确定

为保证声束能扫查到整个焊缝截面,探头必须在探伤面上做前后左右的移动扫查,移动区宽度l应为

$$\text{直射法:} l > 0.75P$$

$$\text{一次反射法:} l > 1.25P$$

式中,P为跨距。

(4)单探头扫查方式

①锯齿扫查

通常以锯齿形轨迹做往复移动扫查,同时探头还应在垂直于焊缝中心线位置上做±10°~15°左右转动(见图5-18),常用于焊缝粗探伤。

②基本扫查

基本扫查方式有四种(图5-19)。其中,转角扫查的特点是探头做定点转动,用于确定缺陷方向并可区分点、条状缺陷,同时,转角扫查的动态波形特征有助于对裂纹的判断;环绕扫查的特点是以缺陷为中心,变换探头位置主要估计、判断缺陷形状,尤其是对点状缺陷的判断;左右扫查的特点是平行于焊缝或缺陷方向做左右移动,用于估计、判断缺陷形状,特别是可区分点、条状缺陷,定量法常用来测定缺陷指示长度;前后扫查的特点是探头垂直于焊缝前后移动,常用于估计、判断缺陷形状和估计缺陷高度。

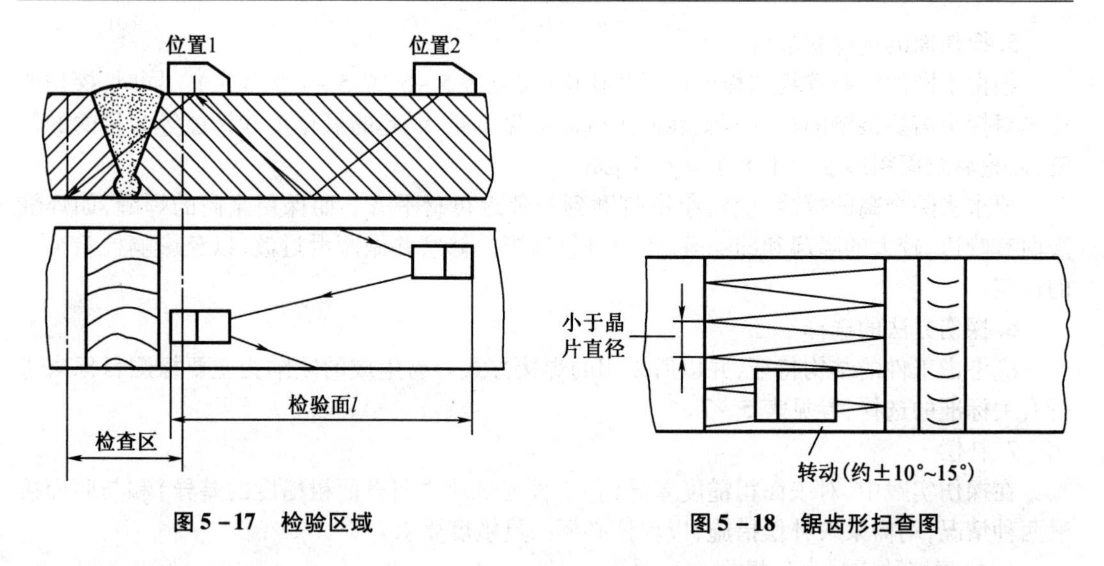

图 5－17　检验区域　　　　图 5－18　锯齿形扫查图

③平行扫查

其特点是在焊缝边缘或焊缝上(C 级检验,焊缝余高已磨平)做平行于焊缝的移动扫查(图 5－20),可探测焊缝及热影响区的横向缺陷(如横向裂纹)。

④斜平行扫查

斜平行扫查其特点是探头与焊缝方向成一定角度($\alpha=10°\sim45°$)的平行扫查(图 5－21),有助于发现焊缝及热影响区的横向裂纹和与焊缝方向成一定倾斜角度的缺陷。为保证夹角 α 及与焊缝相对位置 γ 的稳定不变,需要使用扫查工具。

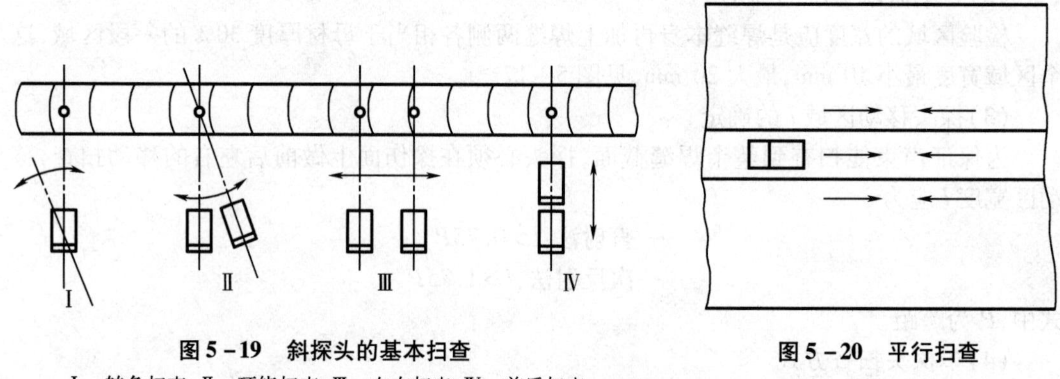

图 5－19　斜探头的基本扫查

Ⅰ—转角扫查;Ⅱ—环绕扫查;Ⅲ—左右扫查;Ⅳ—前后扫查

图 5－20　平行扫查

在电渣焊接头的探伤中,增加 $\alpha=45°$ 的斜平行扫查,可避免焊缝中“八”字形裂纹的漏检。

⑤双探头扫查方式

(a)串列扫查　其特点为两个斜探头垂直于焊缝前后布置(有时也采用几组探头串列布置的方式——组合式串列探头,可同时扫查整个超厚焊缝截面),进行横方形扫查或纵方形扫查(图 5－22)。主要用于探视厚焊缝中直于表面的竖直面状缺陷,特别是反射面较光滑的缺陷(如窄间隙焊中的未熔合)。

(b)交叉扫查　其特点为两个探头置于焊缝的同侧或两侧且成 60°～90°布置(图 5－23),用于探测焊缝中的横向或纵向面状缺陷。

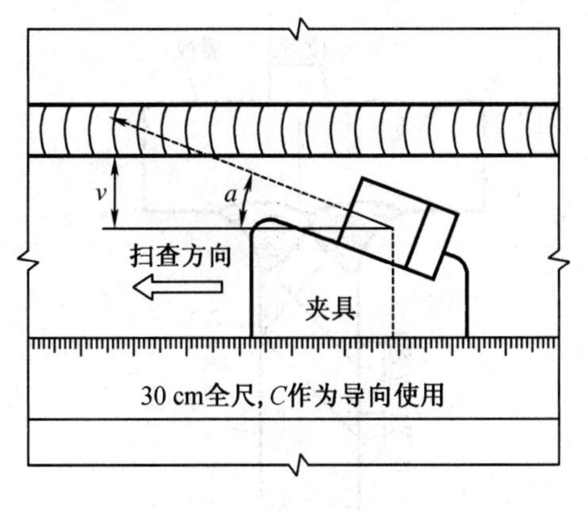

图5－21　串列扫查

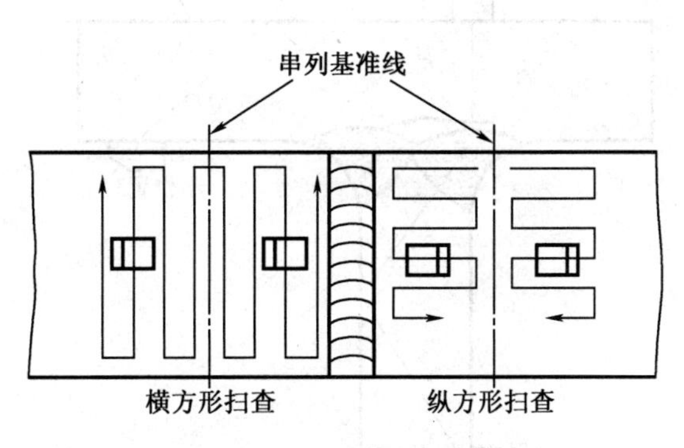

图5－22　串列扫查

(c)V形扫查　其特点为两个探头置于焊缝的两侧且垂直于焊缝对向布置(图5－24)，可探测与探伤面平行的面状缺陷，如多层焊中的层间未熔合。

2. 其他结构接头的探伤

(1)T形接头的探伤

①腹板厚度不同时，选用的探头角度见表5－8。斜探头在腹板一侧做直射法和一次反射法探伤(图5－25位置2)。

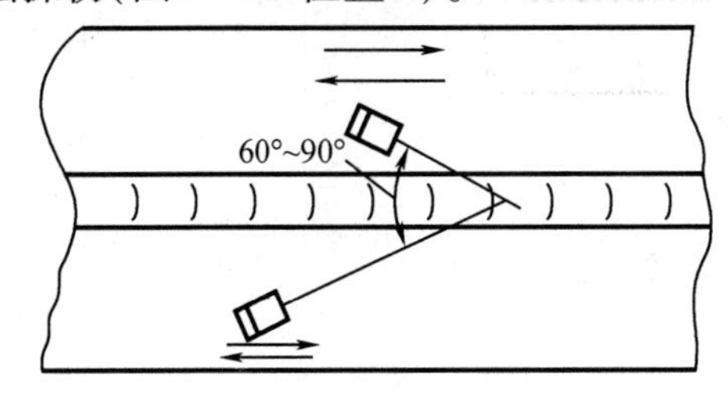

图5－23　交叉扫查

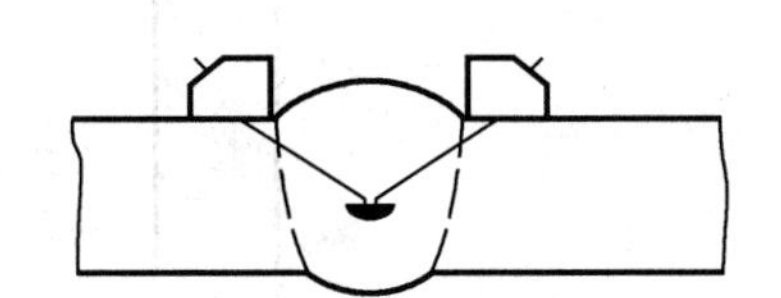

图5－24　V形扫查

表5－8　探头角度选用

腹板厚度/mm	折射角 γ/(°)
<25	70(K2.5)
25～50	60(K2.5，K2.0)
>50	45(K1，K1.5)

②采用直探头(图5－25位置1)或斜探头(图5－26位置3)在翼板外侧探伤，或采用折射角45°(K1)斜探头在翼板内侧(图5－25位置3)做一次反射法探伤，可探测腹板和翼板间未焊透和翼板侧焊缝下层状撕裂等缺陷。

③通常采用 $\gamma=45°$(K1)探头在腹板一侧做直射法和一次反射法探测焊缝及腹板侧热影响区的裂纹(图5－26位置1，2)。这是考虑T形角焊缝多采用对称船形埋弧自动焊、缺陷特征一般与焊缝表面垂直的缘故。

④直探头、斜探头的频率通常选用2.5 MHz。

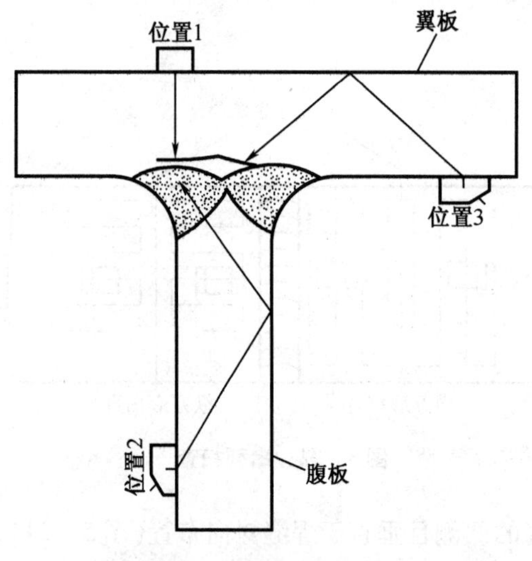

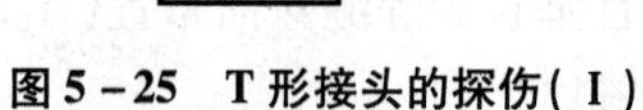
图 5－25　T 形接头的探伤（Ⅰ）

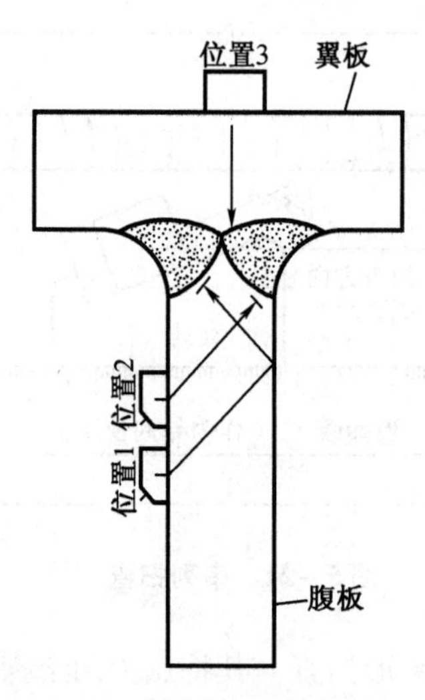

图 5－26　T 形接头的探伤（Ⅱ）

（2）角接接头的探伤

角接接头探伤面及折射角一般按图 5－27 和表 5－8 选择。

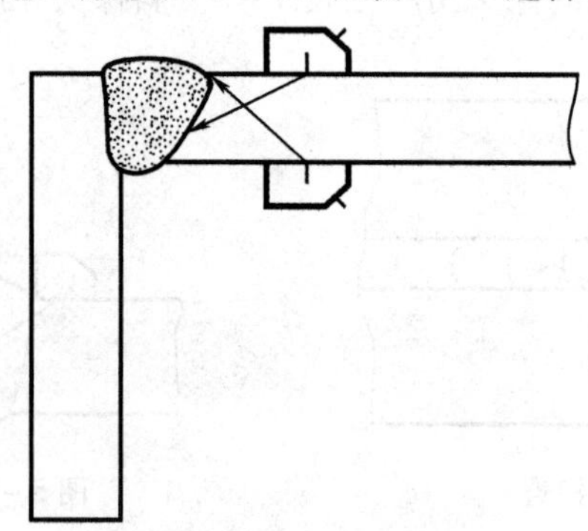

图 5－27　角接接头的探伤

（三）缺陷的评定

1. 缺陷位置的确定

测定缺陷在焊件或焊接接头中的位置称之为定位。可根据示波屏上缺陷波的水平刻度值与扫描速度来对缺陷进行定位。缺陷定位必须要解决的是缺陷在探伤面上的投影位置（X,Y 方向数值）。

①垂直入射法时缺陷定位

缺陷定位只需测定沿工件 Z 轴的坐标，即缺陷在工件中的深度即可。显然，缺陷的 X，Y 坐标由探头在探伤面上的 X 轴和 Y 轴的投影位置容易确定（图 5－28），这里主要需测定沿工件 Z 轴（深度方向）的坐标。

探伤仪按 $1:n$ 调节纵波扫描速度（利用已知尺寸的试块或工件上的两次不同底面反射波的前沿，分别对准示波屏上相应的水平刻度值来实现），则有：

$$Z_f = n\tau_f \qquad (5-3)$$

式中　Z_f——缺陷在工件中的深度，mm；

n——探伤仪调节比例系数；

τ_f——缺陷波前沿所对水平刻度值。

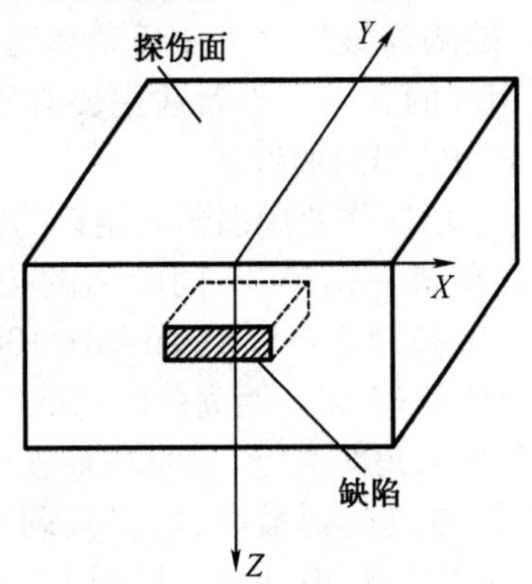

图 5-28　缺陷的坐标位置

②斜角探伤时的缺陷定位

探伤仪横波扫描速度可有声程、水平、深度三种调节方法。

(a)深度 1:n 调节法定位

仪器按深度 1:n 调节横波扫描速度时，则有

直射法探伤

$$l_f = Kn\tau_f \tag{5-4}$$

$$Z_f = n\tau_f \tag{5-5}$$

一次反射法

$$l_f = Kn\tau_f \tag{5-6}$$

$$Z_f = 2\delta - n\tau_f \tag{5-7}$$

式中　l_f——缺陷在工件中的水平距离，mm；

Z_f——缺陷在工件中的深度，mm；

n——探伤仪调节比例系数；

τ_f——缺陷波前沿所对水平刻度值；

K——探头 K 值。

(b)水平 1:n 调节法定位

仪器按水平 1:n 调节横波扫描速度时，则有：

直射法探伤

$$l_f = n\tau_f \tag{5-8}$$

$$Z_f = \frac{n\tau_f}{K} \tag{5-9}$$

一次反射法

$$l_f = n\tau_f \tag{5-10}$$

$$Z_f = 2\delta - \frac{n\tau_f}{K} \tag{5-11}$$

2. 缺陷大小的测定

测定工件或焊接接头中缺陷的大小和数量称为缺陷定量。缺陷的大小，则包括缺陷的面积和长度。常用的定量方法有两种：当量法和探头移动法（又称扫描法或测长法）。对于小声束截面积缺陷而言一般用前者，而大声束截面积缺陷一般用后者测定。

(1)当量法

当缺陷尺寸小于声束截面时一般采用当量法来测定缺陷的大小。将已知形状和尺寸的人工缺陷（平底孔或横孔）回波与探测到的缺陷回波相比较，如二者的声程、回波相等，则

这个已知的人工缺陷尺寸(平底孔或横孔直径)就是被探测到的缺陷的所谓缺陷当量。值得注意的是,“当量”概念仅表示缺陷与该尺寸人工反射体对声波的反射能量相等,并不涉及缺陷尺寸与人工反射体尺寸相等的含义。当量法主要有当量曲线法、当量计算法等,这里仅介绍国内外焊缝探伤中最常用的当量曲线法。

当量曲线法即 DGS 法,是为现场探伤使用而预先制订的距离—波幅曲线。国内外焊缝探伤标准目前大都规定采用具有同一孔径、不同距离的按孔试块制作距离—波幅曲线(DAC 曲线)。依据 GB 11345—89,按规定板厚 8 mm $<\delta\leqslant$100 mm 时采用横通孔,用 RB－2 对比试块和深度调节定位法。具体叙述 dB—距离曲线的制作步骤和应用如下:

①首先应进行探头入射点和折射角的测定,对时基轴进行调节。然后在试块上探测孔深为 $A_1=10$ mm 的 $\phi3$ 横通孔,使回波达到最高,再将其调到基准波高(一般为满刻度的40%),并记下此时的 dB 读数 V_1(假定为 40 dB)。根据 V_1,A_1 在等格坐标纸上作出点(1)(V_1,A_1)。

②在试块上探测孔深为 $A_2=20$ mm 的 $\phi3$ 横通孔,使其回波达到最高。由于声程增加了,回波将有所下降,即低于基准波高。这时制动仪器的衰减器(－dB),将回波调至基准高度,记下这时的 dB 读数 V_2。根据 V_2,A_2 在等格坐标纸上作出点(2)(V_2,A_2)。

③依次类推,探测孔深为 A＝30 mm,40 mm……的 $\phi3$ 横通孔,记下相应的 dB 读数 V_3,V_4,…。在坐标纸上依次作出点(3)(V_3,A_3)、点(3)(V_4,A_4)等。

④将上述各点连接起来,就得到 $\phi3$ 横通孔的 dB—距离曲线,如图 5－29 所示。实际上,它就是对所用探头,对 $\phi3$ 横通孔,用于焊缝探伤的实用 DAC(AVG)曲线。

⑤按照 GB 11345—89 规定的灵敏度要求(表 5－6),在坐标纸上再作出判废线 1、定量线 2 和评定线 3。

⑥探伤灵敏度调节

根据本标准规定,不得低于定量线。若探测焊缝板厚 $\delta=30$ mm,则查得二倍板厚($2\delta=60$ mm)时定量线的 dB 数为 12,把仪器调到 12 dB 即可进行探伤。若考虑到表面光洁度和材质补偿,则探伤灵敏度还应提向一个补偿 dB 值。例如表面、材质补偿量为 4 dB,则灵敏度再提高 4 dB,为了方便起见,在制作判废线、评定线和定量线时,就将这个补偿 dB 数考虑进去。即三条线同时向下平移 4 dB(图 5－29 中来予以考虑)。

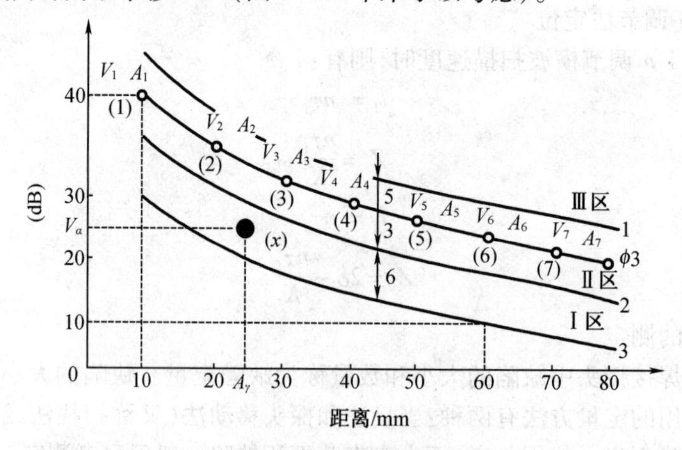

图 5－29　dB－距离曲线

1—判废线;2—定量线;3—评定线

⑦若探伤中在深度 $Ay=24$ mm 处有一缺陷回波,应将其先调到最高,再调到基准高度。

此时 dB 读数为 $Yx=25$ dB，这时过 $A=24$ mm 和纵坐标 $Vx=25$ dB 分别作相应坐标的垂线，交于图 5－31 中(X)点。据此，可以求得该缺陷的区域和当量。

同样利用 RB－2 对比试块，还可以制作面板曲线。

(2)探头移动法

对于尺寸或面积大于声束直径或断面的缺陷，一般用探头移动法来测定其指示长度或者范围。

GB 11345—89 规定，缺陷指示长度的测定推荐采用以下两种方法：

①当缺陷反射波只有一个高点时，用降低 6 dB 相对灵敏度法测长，原理见图 5－30。

②在测长扫查过程中，如发现缺陷反射波峰值起伏变化，有多个高点，则以缺陷两端反射波极大值之间探头的移动长度为缺陷指示长度，即为端点峰值法。原理见图 5－31。

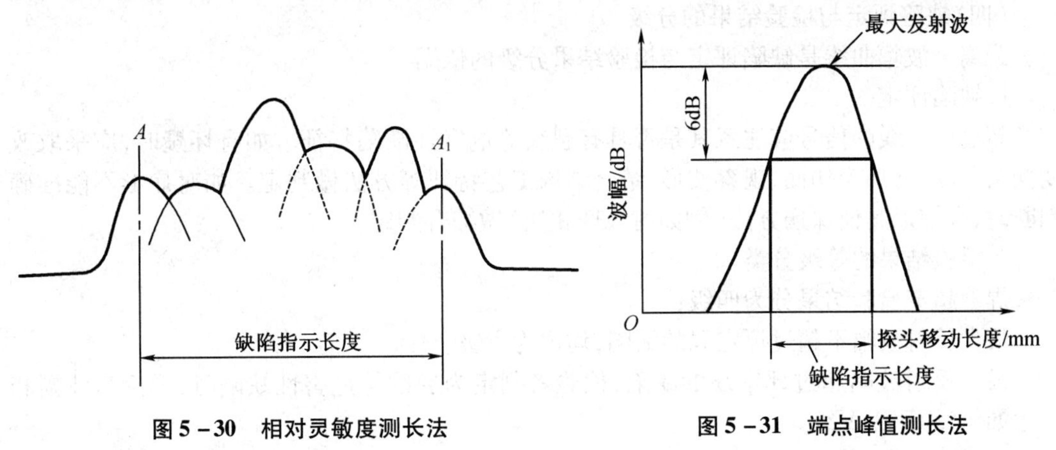

图 5－30　相对灵敏度测长法　　图 5－31　端点峰值测长法

3. 缺陷性质的估计、判断和假信号的识别

判定工件或焊接接头中缺陷的性质称之为缺陷定性。缺陷的性质与其产生的大小、部位和分布情况有关。因此，可根据缺陷波的大小、位置、探头运动时波幅的变化特点(即所谓静态波形特征和动态波形包络线特征)，并结合焊接工艺情况对缺陷性质进行综合判断。但这在很大程度上要依靠检验人员的实际经验和操作技能，因而较难掌握。这里仅是简单介绍焊缝中常见缺陷的波形特征。

(1)气孔

单个点状气孔回波高度低，波形为单峰，较稳定。从各个方向探测，反射波的高大致相同，但稍一移动探头就消失，密集气孔会出现一簇反射波，其波高随气孔大小而不同，当探头做定点转动时，会出现此起彼伏现象。

(2)夹渣

点状夹渣回波信号与点状气孔相似；条状夹渣回波信号多呈锯齿状，由于其反射率低，波幅不高且形状多是树枝状，主峰边上有小峰。探头平移时，波幅有变动，从各个方向探测时，反射波幅不相同。

(3)裂纹

该缺陷回波高度较大，波幅宽，会出现多峰。探头平移时，反射波连续出现，波幅有变动；探头转动时，波峰有上下错动现象。

(4)未焊透

由于反射率高(厚板焊缝中缺陷表面类似镜面反射)，波幅均较高。探头平移时，波形较稳定。在焊缝两侧探伤时，均能得到大致相同的反射波幅。

(5)未熔合

当声波垂直入射该缺陷表面时，回波高度大。探头平移时，波形稳定。两侧探伤时，反射波幅不同，有时只能从一侧探到。

在测长扫查过程中，如发现缺陷反射波峰值起伏变化，有多个高点，则以缺陷两端反射波极大值之间探头的移动长度为缺陷指示长度，此为端点峰值法。

在焊缝探伤中，示波屏上常会出现一些非缺陷引起的反射信号，称之为假信号。如仪器杂波、探头杂波、耦合反射、沟槽反射、焊角反射、咬边反射、焊缝错位和上下宽度不一等情况均可能引起假信号。产生的主要原因是焊缝成型结构和仪器灵敏度过高。识别的关键在于熟悉结构，需要实际经验和操作技能。

(四)缺陷评定与检验结果的分级

距离—波幅曲线是缺陷评定与检验结果分级的依据。

1. 缺陷评定

超过评定线的信号应注意其是否具有裂纹等危害性缺陷特征。如有怀疑时，应采取改变探头角度、增加探伤面、观察波形、结合结构工艺特征等方法做判定。如对症形不能准确判断时，应辅以其他探伤方法(例如射线照相法)做综合判定。

2. 检验结果的等级分类

焊缝超声检验结果分为四级：

最大反射波幅不超过评定线的缺陷，均评为Ⅰ级。

最大反射波幅超过评定线的缺陷，检验者判定为裂纹等危害性缺陷时，无论其波幅和尺寸如何，均评为Ⅳ级。

反射波幅位于Ⅰ区的非裂纹性缺陷，均评为Ⅰ级。

最大反射波幅位于Ⅱ区的缺陷，根据缺陷的指示长度按表5-9的规定予以评级。

反射波幅超过判废线进入Ⅲ区时，缺陷无论其指示长度如何，均评定为Ⅳ级。

表5-9 缺陷的等级分类

检验等级 / 板厚/mm / 评定等级	A	B	C
	8~50	8~300	8~300
Ⅰ	$2\delta/3$；最小12	$\delta/3$；最小12，最大30	$\delta/3$；最小10，最大20
Ⅱ	$3\delta/4$；最小12	$2\delta/3$；最小12，最大50	$\delta/2$；最小10，最大30
Ⅲ	$<\delta$；最小20	$3\delta/4$；最小16，最大75	$2\delta/3$；最小12，最大50
Ⅳ	超过Ⅲ级者		

(五)记录与报告

验收合格的焊缝应将探伤数据、工件及工艺概况归纳入探伤的原始记录中，并签发检验报告。检验报告是焊缝超声检验的存档文件，经质量管理人员审核后正本发送委托部门，其副本由探伤部门归档，并保存7~10年备查。

超声波探伤记录与报告的格式见表5-10和5-11。

表 5－10　超声波探伤检验记录

报告编号：　　　　　　　　　　　　　　　　　　　　　　报告日期：　　年　　月　　日

<table>
<tr><td colspan="2">工件名称</td><td></td><td>工件编号</td><td></td></tr>
<tr><td rowspan="5">工件状况</td><td>探伤部位</td><td></td><td>板厚/mm</td><td></td></tr>
<tr><td>检测项目</td><td>□板材　□管材　□锻件　□焊缝</td><td>材料牌号</td><td></td></tr>
<tr><td>表面状态</td><td></td><td>坡口形式</td><td></td></tr>
<tr><td>检测时机</td><td colspan="3">□焊后　□返修后　□机加工后　□轧制后　□热处理后</td></tr>
<tr><td>焊接方法</td><td colspan="3"></td></tr>
<tr><td rowspan="4">技术条件</td><td>仪器型号</td><td></td><td>检测方法</td><td>□纵波检测　□横波检测</td></tr>
<tr><td>探头型号</td><td></td><td>探头频率</td><td></td></tr>
<tr><td>试块型号</td><td></td><td>表面补偿</td><td>dB</td></tr>
<tr><td>耦合剂</td><td>□水　□机油　□甘油　□工业糨糊</td><td>检测面</td><td></td></tr>
<tr><td rowspan="2">技术要求</td><td>检测标准</td><td></td><td>扫查速度</td><td>≤150mm/s</td></tr>
<tr><td>合格级别</td><td></td><td>扫描调节</td><td></td></tr>
</table>

缺陷编号	始点位置 S1/mm	终点位置 S2/mm	缺陷指示长度 S2－S1/mm	缺陷波幅最大时				评定级别	备注
				最大波幅位置 S3/mm	缺陷深度 H/mm	缺陷波幅值 Amax/±dB	缺陷所在区域		

探伤部位示意图：

结论：

检验：　　　　　　　　　　　　　　　　审核：

表 5－11　超声波探伤报告

报告编号：　　　　　　　　　　　　　　　　　　　　　　　　　　　报告日期：　年　月　日

工件名称：	工件编号：	材质：	厚度：
焊接方法：		探伤面：	
探伤面状态：○修整　○轧制　○机加		检测范围：>20%	
验收标准：GB 11345—89		工艺卡编号：	
探伤时机：●焊后　○热处理后　○水压试验后			
仪器型号：		耦合剂：○机油　○甘油　○糨糊	
探伤方式：○垂直　○斜角			
扫描调节：○深度　○水平　○声程	比例：	试块型号：	
探伤部位示意图：			

<table>
<tr><td rowspan="6">探伤结果
及
返修情况</td><td>焊缝编号</td><td>检验长度</td><td>显示情况</td><td>一次返修
缺陷编号</td><td>二次返修
缺陷编号</td><td rowspan="6">说明：
NI：无应记录缺陷
RI：无应记录缺陷
UI：无应记录缺陷</td></tr>
<tr><td></td><td></td><td>○NI　○RI　○UI</td><td></td><td></td></tr>
<tr><td></td><td></td><td>○NI　○RI　○UI</td><td></td><td></td></tr>
<tr><td></td><td></td><td>○NI　○RI　○UI</td><td></td><td></td></tr>
<tr><td colspan="5">检验焊缝总长________一次返修总长________二次返修总长________，同一部位经________次返修后合格。
附：检验及复验探伤记录________页</td></tr>
</table>

备注：

结论：○合格　○不合格

检验：UI　级　　　　　　　　　　　　　审核：UI　级

距离波幅实测值

距离/mm	波幅/dB	距离/mm	波幅/dB

波幅 dB

距离—波幅曲线图　　距离/mm

【思考与练习】

1. 何谓超声波，它主要有哪些特性？
2. 超声波是如何产生的？

3. 超声波的波长、频率与声速的相互关系是怎样的?

4. 什么是波形转换,波形转换的发生与哪些因素有关?

5. 超声波探头有哪些性能指标,各是什么含义?

6. A 型脉冲反射式超声波探伤仪的工作原理是怎样的?

7. 直接接触法和液浸法各有什么特点?

8. 斜角探伤法主要用于哪些对象,使用探伤什么类型的缺陷?

9. 耦合剂的选择需要考虑哪些问题?

10. 什么是距离 - 波幅曲线? 简述 GB 111345—89 标准“距离 - 波幅”曲线的组成及作用。

项目六　磁 粉 探 伤

［开篇案例］

某国营厂生产的锻件材料为45#钢,该锻件原模锻工艺为将加热好的 ϕ35mm 棒料置于300吨双盘摩擦压力机的下模型腔上,进行二火一毛(即加热一次锻压一次,然后回炉加热后再锻压,最后在冲床上冲切毛边),这样的放料方法不利于变形时的金属流动,容易在锻件大圆外分模线两侧的圆周面上产生折叠,其出现率经磁粉探伤发现达到15.3%左右。

根据探伤结果和对原锻造工艺的分析,将原工艺改为先将 ϕ35mm 棒料经过一次热压扁,然后再放到模具型腔上进行模锻。由于工艺改进后坯料完全覆盖在型腔上,变形时金属流动均匀而不再产生折叠。

对改进工艺后锻造的锻件又用磁粉探伤检查了125件,均未发现折叠,从而肯定了改进后锻造工艺的正确性。

思考:何为超磁粉探伤? 磁粉探伤有什么特点?

磁力探伤是通过对铁磁材料进行磁化所产生的漏磁场,来发现其表面或近表面缺陷的无损检验法。磁粉探伤是一种应用广泛且成熟的无损检验方法,目前已有近百年的发展历史。具有设备和操作均较简单、检验速度快、便于在现场对大型设备和工件进行探伤、检验费用也较低等优点。缺点是仅适用于铁磁性材料;仅能显出缺陷的长度和形状,而难以确定其深度;对剩磁有影响的一些工件,经磁粉探伤后还需要退磁和清洗。

任务1　认知磁粉探伤

［知识目标］

1. 了解磁粉探伤的工作原理。
2. 掌握漏磁场的影响因素。

［能力目标］

掌握检测质量的影响因素。

一、磁粉探伤原理

铁磁性材料和工件被磁化后,由于不连续性的存在,使工件表面和近表面的磁力线发生局部畸变而产生漏磁场,吸附施加在工件表面的磁粉,形成在合适光照下目视可见的磁痕,从而显示出不连续性的位置、形状和大小,从而显示缺陷实现磁粉探伤。

当磁通量从一种介质进入另一种介质时,如果两种介质的磁导率不同,那么在界面上磁力线的方向一般会发生突变。若工件表面或近表面存在着缺陷,经磁化后,缺陷处空气的磁导率远远低于铁磁材料的磁导率,在界面上磁力线的方向将发生改变。这样,便有一部分磁通散布在缺陷周围(见图6-1)。

这种由于介质磁导率的变化而使磁通泄漏到缺陷附近的空气中所形成的磁场,称为漏磁场。

二、影响漏磁场的因素

了解影响漏磁场的各种因素,对分析影响检出灵敏度的各种原因具有重要意义。

(一)外加磁场强度的影响

缺陷的漏磁场大小与工件磁化程度有关。

一般说来,外加磁场强度一定要大于产生最大磁导率 μ_m 对应的磁场强度 $H\mu_m$,使磁导率减小,磁阻增大,漏磁场增大。

当铁磁性材料的磁感应强度达到饱和值的80%左右时,漏磁场便会迅速增大,如图6-2所示。

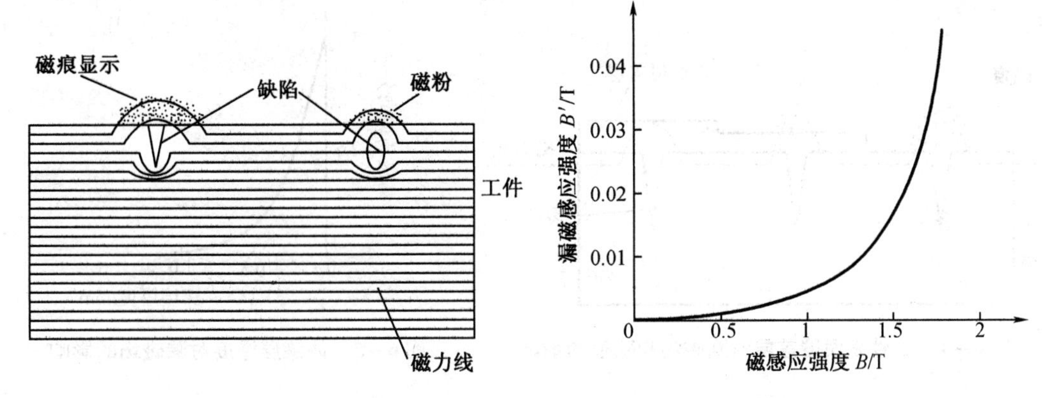

图6-1　磁粉探伤原理　　图6-2　漏磁场与磁感应强度的关系

(二)缺陷埋藏深度的影响

同样的缺陷,位于工件表面时,产生的漏磁场大;若位于工件的近表面,产生的漏磁场显著减小;若位于工件表面很深处,则几乎没有漏磁场泄漏出工件表面。

(三)缺陷方向的影响

如图6-3所示,缺陷垂直于磁场方向,漏磁场最大,也最有利于缺陷的检出;若与磁场方向平行则几乎不产生漏磁场;当缺陷与工件表面由垂直逐渐倾斜成某一角度,而最终变为平行,即倾角等于0时,漏磁场也由最大下降至零,下降曲线类似于正弦曲线由最大值降至零值的部分。

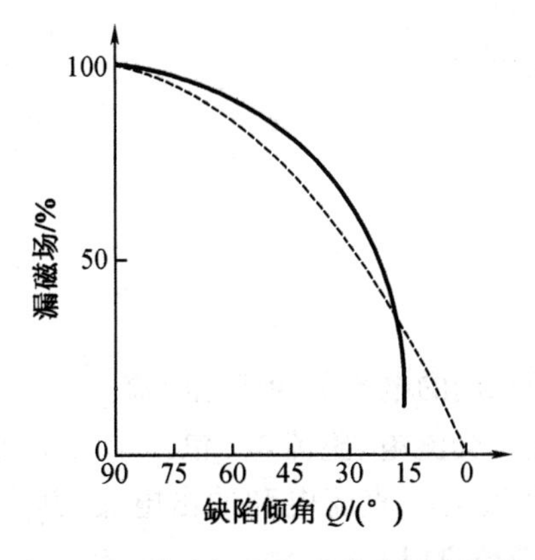

图6-3　缺陷倾角与磁感应强度的关系

（四）缺陷深宽比的影响

缺陷的深宽比是影响漏磁场的一个重要因素，缺陷的深宽比愈大，漏磁场愈大，缺陷愈容易发现。

（五）工件表面覆盖层的影响

工件表面的覆盖层会影响磁痕显示，图 6－4 显示了工件表面覆盖层对漏磁场和磁痕显示的影响。

图中有三个深宽比一样的横向裂纹，纵向磁化后产生同样大小的漏磁场，裂纹 a 上没有覆盖层，磁痕显示浓密清晰；裂纹 b 上覆盖较薄的一层，有磁痕显示；裂纹 c 上覆盖较厚的一层（如漆层），漏磁场不能泄漏到覆盖层之上，所以不吸附磁粉，没有磁痕显示，磁粉探伤就会漏检。油漆层厚度对漏磁场的影响如图 6－5 所示。

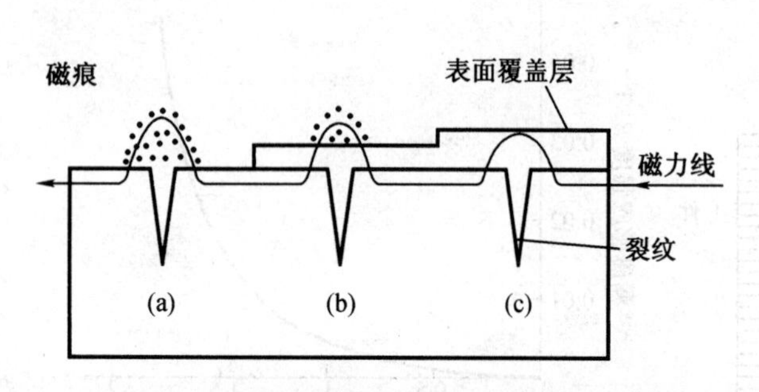

图 6－4　工件表面覆盖层对漏磁场和磁痕的影响

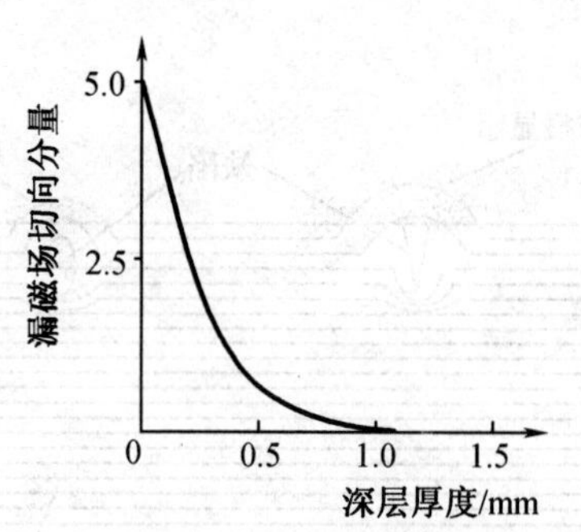

图 6－5　油漆层厚度对漏磁场的影响

（六）工件材料及状态的影响

钢材的磁化曲线是随合金成分、含碳量、加工状态及热处理状态而变化的。因此，材料的磁特性不同，缺陷处形成的漏磁场也不同。

任务 2　磁 化 焊 缝

［知识目标］

1. 了解磁化电流的类型及特点。
2. 掌握磁化方法的特点及应用。

［能力目标］

掌握磁化规范。

一、磁化电流

为了在工件上产生磁场而采用的电流称为磁化电流。

磁粉探伤采用的磁化电流有交流电、整流电（包括单相半波整流电、单相全波整流电、三相半波整流电和三相全波整流电）、直流电和冲击电流，其中最常用的磁化电流是交流电、单相半波直流电和三相全波整流电。

(一)交流电流

大小和方向随着时间按正弦规律变化的电流称为正弦交流电,简称交流电。采用交流作为磁粉探伤的电流,具有以下特点:

1. 优点

(1)对表面缺陷检测灵敏度高。

(2)容易退磁。

(3)能够实现感应电流磁化。

(4)能够实现多向磁化。

(5)变截面工件磁场分布较均匀。

(6)有利于磁粉迁移。

(7)用于评价直流电发现的磁痕显示。

(8)适用于在役工件的检验。

(9)适用于 $\phi\leqslant12$ mm 弹簧钢丝的检验。

(10)交流电磁化时,两次磁化的工序间不需要退磁。

2. 局限性

(1)剩磁法检验时,受交流电断电相位的影响;

(2)探测缺陷的深度小。对于钢件 $\phi1$ mm 的人工孔,一般探测深度不超过 2 mm。

(二)整流产生的直流电

整流产生的直流电的形式有单相半波整流电、单相全波整流电、三相半波整流电和三相全波整流电,磁粉探伤中最常用的是单相半波和三相全波整流电。

1. 单相半波整流电

单相半波整流电具有以下优点:

(1)兼有直流的渗透性和交流的脉动性。

(2)剩磁稳定。

(3)有利于近表面缺陷的检测。

(4)能提供较高的灵敏度和对比度。

(5)设备结构简单、轻便,有利于现场检验。

单相半波整流电局限性在于:

(1)退磁较困难。

(2)检测缺陷深度不如直流电大。

(3)要求较大的输入功率。

2. 三相全波整流电

三相全波整流电是磁粉探伤中最常用的磁化电流之一,其优点在于:

(1)具有很大的渗透性和很小的脉动性。

(2)剩磁稳定。

(3)适用于近表面缺陷的检测。

(4)需要设备的输入功率小。

三相全波整流电的局限性:

(1)退磁困难。

(2)退磁场大。

(3)变截面工件磁化不均匀。

(4)不适用于干法检验。

(5)在周向和纵向磁化工序间需要退磁。

(三)直流电源产生的直流电

直流电源产生的直流电使用最早,只适合在野外没有交流电源的情况下使用,具备以下特点:

(1)具有很大的渗透性和很小的脉动性。

(2)剩磁稳定,适用于近表面缺陷的检测。

(3)需要设备的输入功率小。

(4)退磁困难。

(5)退磁场大。

(6)不适用于干法检验。

(7)在周向和纵向磁化工序间需要退磁。

二、磁化方法

磁粉探伤必须在被检工件内或在其周围建立一个磁场,磁场建立的过程就是工件的磁化过程。

根据建立磁场的方向不同,包括以下磁化方法:

按采用磁化电流的不同,分为直流磁化法和交流磁化法。

按通电方式的不同,可分为直接通电磁化法和间接通电磁化法。

按工件磁化方向的不同,分为周向磁化法、纵向磁化法、复合磁化法和旋转磁场磁化法。

选择何种磁化方法和工件的尺寸大小、工件的外形结构以及工件的表面状态等有关,应当根据工件过去断裂的情况和各部位的应力分布,分析可能产生缺陷的部位和方向,选择合适的磁化方法。

(一)板状工件焊缝

1. 纵向缺陷

对于焊缝的纵向缺陷,可以采用触头法和磁轭法。

(1)触头法

触头法是一种局部磁化法。如图 6-6 所示,触头法使用一对圆形的铜棒作为两个电极,铜棒的一端通过电缆和电源相连,另一端与工件接触。通电后,电流通过两个触头施加在工件表面,形成以触头为中心的周向磁场。触点法的优点是电极间距可以随意调节,根据探伤部位情况及灵敏度要求来确定触头间距的大小。触头法常用于检验压力容器等焊缝的纵向缺陷。

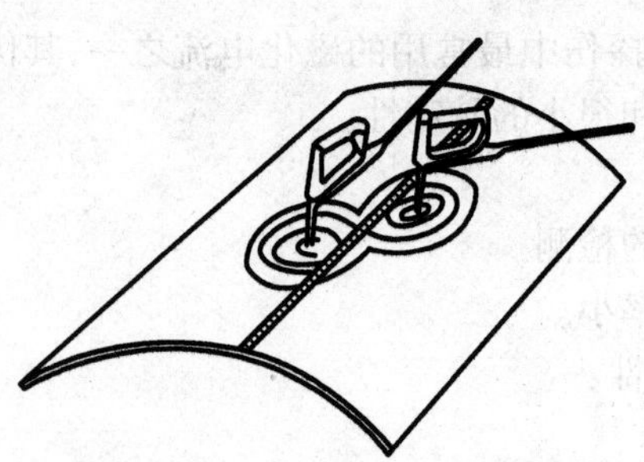

图 6-6 触头法磁化原理

触头法操作时的注意事项：

①触头与工件表面垂直，防止磁场干扰。

②两触头间距不要超过 200 mm，也不要小于 75 mm。间距太小两只触头所产生的磁场会相互干扰，影响对缺陷的观察和检验。间距太大则要求较大的励磁电流，容易烧伤工件表面。

③触头与工件的接触点应在焊缝两侧各取一个，这样容易在工件表面保持良好的接触，也可以克服缺陷轻微的方向性。

④在触头与工件之间应垫铅衬或铜丝编织网，保证良好的电接触，防止工件表面烧伤。

⑤磁锥在接触或离开工件表面时，先切断磁化电流，防止产生电火花。

(2)磁轭法

磁轭法是用固定式电磁轭两磁极夹住工件进行整体磁化，或用便携式电磁轭两磁极接触工件表面进行局部磁化，用于发现与两磁极连线垂直的不连续性。在磁轭法中，工件不闭合磁路的一部分，在磁极间对工件感应磁化，所以磁轭法也称为极间法，属于闭路磁化。如图 6－7 所示，当线圈通电后，处在磁轭两极之间的工件局部区域产生磁场，检测焊缝中的纵向缺陷。此法适用安全电压，不容易触电，并且不会产生局部过热现象。同时设备简单，磁化方向可自由变化，适合检验板状结构上的表面缺陷。

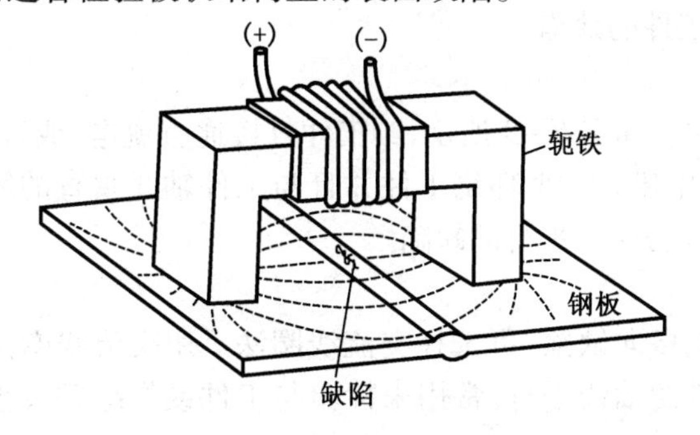

图 6－7 磁轭法磁化原理

2. 横向缺陷

对于焊缝的横向缺陷，采用旋转磁化法来检测较合适。所谓旋转磁化法是利用相位不同的交流电对工件进行周向和纵向磁化，那么在工件中就可以产生交流周向磁场和交流纵向磁场。这两个磁场在工件中，产生叠加的复合磁场，称为旋转磁场。如图 6－8(a)所示，将绕有激磁线圈的∏型磁铁交叉放置，各通以不同相位的交流电，产生圆形或椭圆形磁场(即在合成磁场的方向做圆形旋转运动)。旋转磁化能发现沿任意方向分布的缺陷。旋转复合磁场如图 6－8(b)所示。

3. 表面缺陷

对于焊缝表面缺陷的探伤，适合采用交流电磁化法。交流电磁化时，采用低电压大电流交流电源。由于充磁电流采用频率可变的交流电，所以供电比较方便，而且磁化电流的调整也比较容易。另外，发现表面缺陷的灵敏度比直流电磁化法高，退磁也比较容易。

4. 近表面缺陷

对于焊缝近表面缺陷的检验，适合采用直流电磁化法。直流电磁化时，采用低电压大电流，使工件产生方向恒定的电磁场。由于这种磁化方式所获得的磁力线能穿透工件表面一定深度，故能发现近表面的缺陷，但退磁困难。

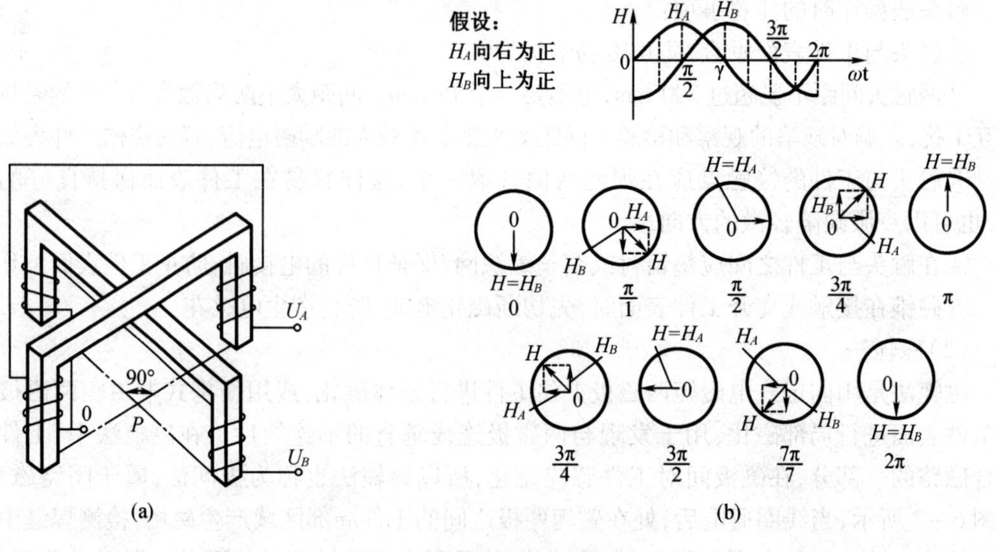

图 6－8　旋转磁化法原理

（二）长棒或长管工件的缺陷

1. 纵向缺陷

可采用周向磁化法。如图 6－9 所示，给工件直接通直流电，或者使电流流过贯穿工件中心孔的导体，在工件中建立一个环绕工件并且与工件轴线垂直的闭合磁场，该法主要发现与工件轴线（或与电流方向）平行的缺陷。

2. 横向缺陷

对于长棒或长管的横向缺陷，可选择交流线圈法。用交流线圈法对工件进行磁化后，所产生的磁力线与工件的轴线平行，常用来检验与工件或焊缝轴线垂直的缺陷，磁化方法如图 6－10 所示。

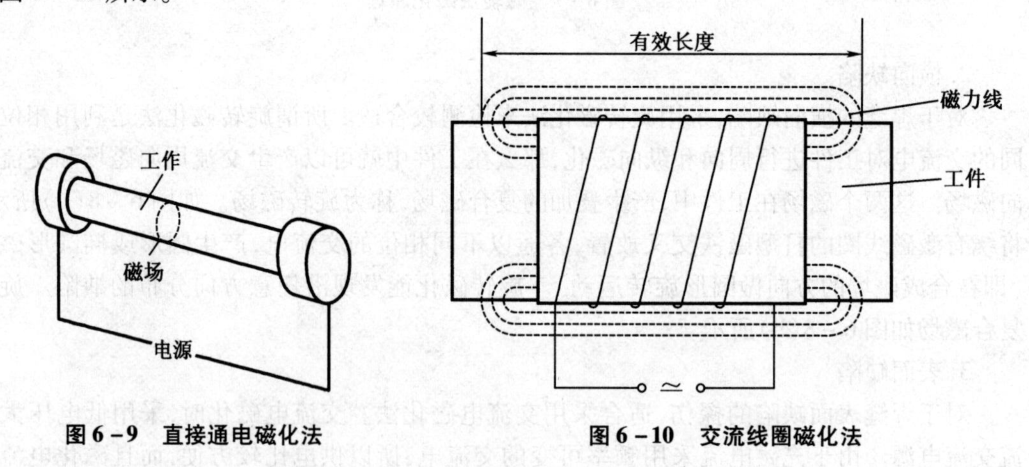

图 6－9　直接通电磁化法　　图 6－10　交流线圈磁化法

线圈法的磁力线沿工件轴线分布，可检验工件横向缺陷，在操作时应注意以下几点：

（1）工件磁化时应将工件放进靠近其内壁的地点。

（2）对较长的（大于两倍线圈长度）工件应进行分段磁化。

（3）不宜将短小的工件用大尺寸的线圈进行磁化。

用直流电磁化的线圈与用交流电磁化的是不同的，直流线圈的匝数很多（几千匝），而通过的电流很小(几安培),如果用直流线圈通以交流电,由于它的电感太大而不能产生合式的磁化磁场;用交流电磁化的线圈只有几匝(一般只有3~6匝),但却能通过很大的电流。所以在采用线圈磁化技术时,用安匝数来调节和控制的磁场强度,而不用电流大小来表示。

3. 多方向缺陷

可采用复合磁化法,即纵向和周向磁化同时作用在工件上,使工件得到由两个互相垂直的磁力线作用而产生的合成磁场,以检查各种不同角度的缺陷,如图6－11所示。这是一种采用直流电使磁轭产生纵向磁场,用交流电直接向工件通电产生周向磁场的方法。

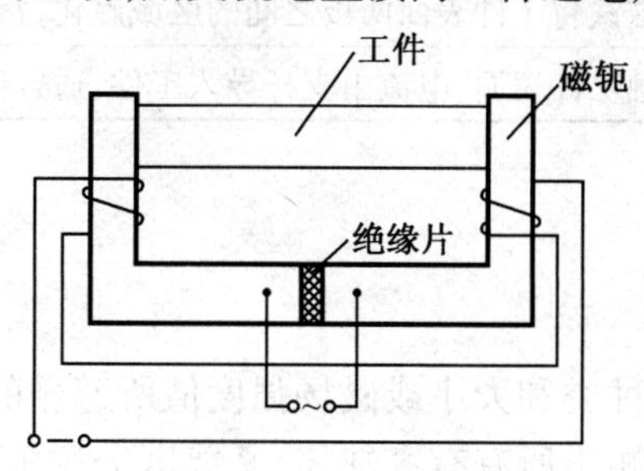

图6－11　复合磁化法

(三)环形工件的缺陷

1. 纵向缺陷

对于环形工件的纵向缺陷,可采用中心导体法检验,如图6－12所示。它是采用非铁磁性的导体材料(如铜棒),穿过环形工件,电流从芯棒上通过,并在其周围产生周向磁场,用来检验工件的纵向缺陷。它具有效率高、速度快、不损伤工件等优点。

2. 横向缺陷

对于体积较大的环形工件的横向缺陷,可采用线圈磁化法,如图6－13所示。

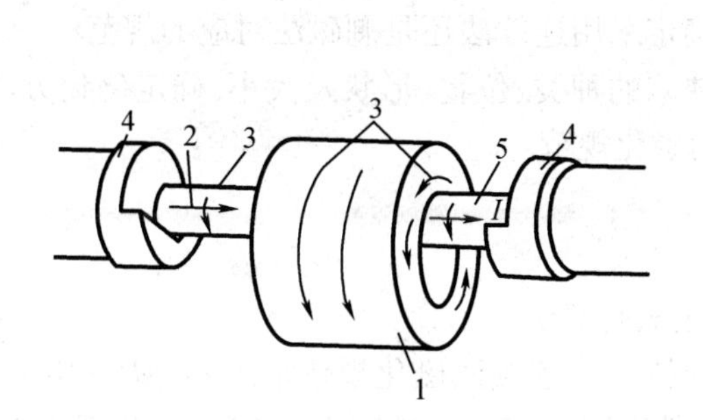

图6－12　环形工件的中心导体法

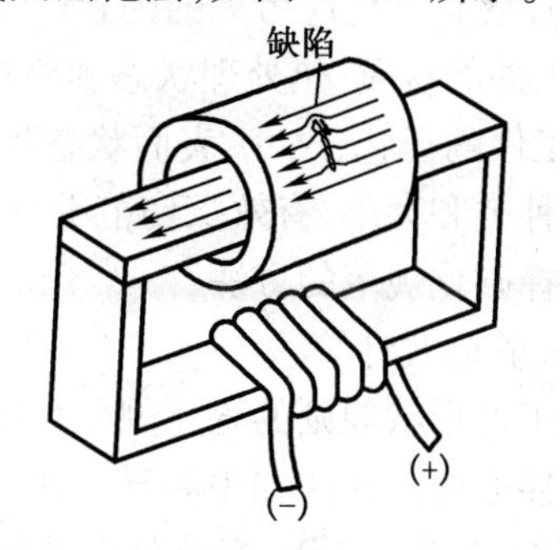

图6－13　环形工件的线圈磁化法

(四)常用磁化方法

常用磁化方法及特点如表6－1所示。

表6－1　常用磁化方法及特点

磁化方法	
直接通电法	将工件放置两极之间,电流从工件通过形成周向磁场,适合于中、小型工件,主要检验与轴线平行的缺陷

表 6-1(续)

磁化方法	
中心导体法	将导体穿过空心零件,电流通过导体形成周向磁场,适合管状、环状工件,检验轴向缺陷
线圈法	工件上绕线圈并给线圈通电,形成纵向磁场,适合检验棒材、管材和轴类零件,主要检验与轴线垂直的缺陷
磁轭法	电磁轭或永久磁铁将工件表面两极之间的区域磁化,常用于检验对接焊缝和角焊缝
触头法	用支杆触头接触工件表面,电流由支杆导入工件,适合于焊缝或大型部件的局部检验

三、磁化规范

(一)磁化规范的选择

对工件选择磁化电流的种类和大小或磁场强度值所遵循的规则,称为磁化规范。

磁粉探伤应使用既能检测出所有有害缺陷,又能区分磁痕级别的最小磁场强度进行检验,磁场强度过大会影响磁痕的分析结果。磁化参数的选择与用户所采用的磁化规范(包括标准磁化规范、放宽磁化规范和严格磁化规范)有很大的关系。

标准磁化规范指能清晰显示工件上的所有缺陷。如:深度超过 0.05mm 的裂纹,较小的发纹和非金属夹杂物。一般在要求较高的工件探伤时使用。

严格磁化规范是指可以显示出工件上深度在 0.05mm 以内的微细裂纹、皮下发纹和其他表面或近表面的缺陷。适用于要求较高的场合的探伤。严格磁化规范的磁化参数选择不当时,可能会出现伪像。

放宽磁化规范指能清楚显示工件的各种裂纹和较大的缺陷,适用于普通工件的探伤。

1. 选择磁化规范应考虑的因素

(1)工件的材质、热处理状态和磁特性,确定采用连续法还是剩磁法对应的规范;

(2)工件的形状、尺寸、表面状态和检出缺陷的种类、位置、形状及大小,确定磁化方法、磁化电流种类和大小、有效探伤范围及相应的磁化规范。

2. 选择磁化规范的方法

(1)经验公式计算法

对于工件形状规则的磁化规范可用经验公式计算。

如直接通电磁化法和中心导体法(也称穿棒法),连续法磁化规范常用 $I=8D\sim10D$,剩磁法采用 $I=25D\sim45D$。触头法磁化时,当工件厚度 $T\geqslant20$ mm,$I=(4\sim5)L$,这些都属于经验公式。

(2)用仪器测量工件表面的磁场强度

在实际应用中,由于工件形状复杂,很难用经验公式计算每个工件各个部位的磁场强度,可以采用仪器测量工件表面的磁场强度,例如高斯计就比经验法更为准确。

无论采用何种磁化方法磁化,用连续法检验,共建表面的切向磁场强度至少为 8 kA/m。

(3)测绘钢材磁特性曲线

上述制订的磁化规范的方法,只考虑了工件的尺寸和形状,而未将材料的磁特性包含进去,这是因为大多数工程用钢,在相应的磁场强度下,其相对磁导率均可在 240 以上,用上述规范磁化均可得到所要求的探伤灵敏度。再者,钢材的品种很多,要测绘各种钢材在不同热处理状态下的磁特性曲线暂时还做不到。因此，对于那些与普通结构钢磁特性差别较大的钢材，需要在测绘它的磁特性曲线后制订磁化规范，方可获得理想的探伤灵敏度。

如图6-14所示，将磁特性曲线分为五个区域，Ⅰ区为初始磁化区，Ⅱ区为激烈磁化区，Ⅲ区为近饱和区，Ⅳ区为基本饱和区，Ⅴ区为饱和区。对于标准化规范，磁特性曲线剩磁法要磁化到基本饱和，连续法所有的磁场强度要大于出现最大相对磁导率的磁场强度 $H_{\mu m}$。对于严格规范，剩磁法要磁化到饱和，连续法要磁化到近饱和。一般说来，无论标准规范或严格规范，周向磁化连续法所用到的磁场强度约为剩磁的1/3。国外也有标准要求将材料磁化到饱和磁场强度的80%。

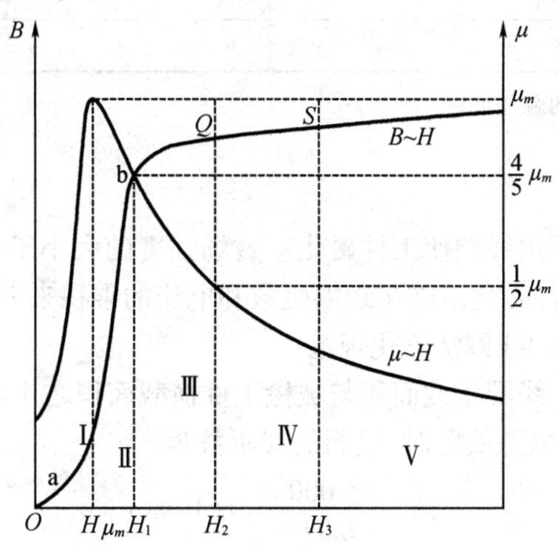

图6-14　按磁特性曲线制订磁化规范

（4）用标准试片确定

对于复杂的工件，当难以用计算法求得磁化规范时，也可以采用标准试片贴在工件不同位置，根据标准试片上的磁痕显示情况来确定大致的磁化范围。

（二）周向磁化规范

1. 直接通电法和中心导体法

直接通电磁化法和中心导体法的磁化规范如表6-2所示。

表6-2　直接通电磁化法和中心导体法磁化规范

检验方法	磁化电流计算公式	
	AC	FWDC（三相全波）
连续法	$I=(8\sim15)D$	$I=(12\sim32)D$
剩磁法	$I=(25\sim45)D$	$I=(25\sim45)D$

注：I——磁化电流，A；

圆柱形工件 D——工件直径，mm，对于非圆柱形工件，当量直径 D=周长/π，mm。

中心导体法可用于检测工件内、外表面与电流平行的纵向缺陷和端面的径向缺陷。外表面检测时应尽量使用直流电或整流电。

2. 触头法磁化规范

采用触头法磁化时，触头间距一般应控制在75～200 mm之间，有效磁化区宽度为触头间距L的一半($L/2$)，触头与工件之间应保持良好接触，两次磁化间应有不小于10%的磁化重叠区。连续法检验的磁化规范参见表6-3。

表6-3　连续法检验的磁化规范

板厚/mm	磁化电流计算公式
$T<19$	$I=(3.5\sim4.5)L$
$T\geqslant19$	$I=(4\sim5)L$

注：I——磁化电流A；L——两触头间距。

(三)纵向磁化规范

1. 线圈法

纵向磁场磁化一般采用线圈使工件磁化。磁场强度的大小不仅取决于磁化电流，还取决于线圈匝数。所以，工件磁化范围用线圈匝数和电流的乘积来表示，即安匝。

(1)用连续法检验时的线圈法磁化规范

①低填充因数线圈　线圈横截面积与被检工件横截面积之比≥10。

(a)当工件贴紧线圈内壁放置时，线圈的安匝数为：

$$IN=\frac{45\ 000}{L/D}\quad(\pm10\%)\tag{6-1}$$

(b)当工件正中放置于线圈中心时，线圈的安匝数为：

$$IN=\frac{1\ 690R}{6L/D-5}\quad(\pm10\%)\tag{6-2}$$

②高填充因数线圈　线圈横截面积与被检工件横截面积之比<2倍时，线圈的安匝数为：

$$IN=\frac{35\ 000}{L/D+2}\quad(\pm10\%)\tag{6-3}$$

以上各式中：

I——施加在线圈上的磁化电流，A；

N——线圈匝数；

R——线圈半径，mm；

L——工件长度，mm；

D——工件直径或横截面上最大尺寸，mm。

③中填充因数线圈　线圈横截面积与被检工件横截面积之比≥2并<10倍时，线圈的安匝数为：

$$IN=(IN)_{\mathrm{h}}\frac{10-Y}{8}+(IN)_{\mathrm{l}}\frac{Y-2}{8}\tag{6-4}$$

式中　$(IN)_{\mathrm{l}}$——低填充时的安匝数；

$(IN)_{\mathrm{h}}$——高填充时的安匝数。

填充因数Y——线圈横截面积与被检工件横截面积之比。

对于中空的非圆筒形工件，D_{eff}的计算为：

$$D_{eff}=2\sqrt{\frac{(A_t-A_h)}{\pi}} \quad (6-5)$$

对于圆筒形工件，D_{eff}的计算为：

$$D_{eff}=\sqrt{D_o^2-D_i^2} \quad (6-6)$$

式中 D_o——圆筒外直径，mm；

D_i——圆筒内直径，mm。

(2)用剩磁法检验时的线圈法磁化规范

进行剩磁法检验时，考虑 L/D 的影响，空载线圈中心的磁场强度应不小于表 6-4 中所列的数值。

表 6-4 空载线圈中心的磁场强度值

L/D	磁场强度:KA/m
>2~5	28
>5~10	20
>10	12

2. 磁轭法

使用磁轭法注意以下几点：

(1)磁轭法磁化时，两磁极间距一般应控制在 75~200mm 之间，检测的有效区域为两极连线两侧各 50mm 的范围内，磁化区域每次应有不小于 15mm 重叠。

(2)磁轭法磁化时，检测灵敏度可根据标准试片上的磁痕显示和电磁轭的提升力来确定。当使用磁轭最大间距时，交流电磁轭至少应有 45N 的提升力。

(3)直流电磁轭至少应有 177N 的提升力，交叉磁轭至少应有 118N 的提升力(磁极与试件表面间隙为 0.5mm)。采用磁轭法磁化工件时，其磁化电流应根据标准试片实测结果来选择；如果采用固定式磁轭磁化工件时，应根据标准试片实测结果来校验灵敏度是否满足要求。

任务3 认知磁粉探伤设备与器材

[知识目标]

1. 掌握磁粉探伤机的类型及特点。
2. 掌握磁粉的类型及特点。
3. 掌握标准试片、标准试块的类型和尺寸。
4. 掌握其他磁粉探伤设备与器材的种类、特点。

[能力目标]

磁粉探伤设备与器材的使用规范。

一、磁粉探伤设备分类及应用

按设备重量和可否移动将磁力探伤设备分为固定式、移动式和便携式三种。按设备的组合方式分为一体型和分立型两种。一体型磁粉探伤机，是将磁化电源、螺管线圈、工件夹持装置、磁悬液喷洒装置、照明装置和退磁装置等部分，按功能制成单独分立的装置，在探伤时组合成系统使用的探伤机。固定式探伤机属于一体型的，使用操作方便。移动式和便携式探伤仪属于分立型的，便于移动和在现场组合使用。

（一）固定式磁粉探伤机

固定式磁粉探伤机的体积和重量大，额定周向磁化电流一般从 1 000A 到 10 000A，能进行通电法、中心导体法、感应电流法、线圈法、磁轨法整体磁化或复合磁化等，带有照明装置，退磁装置和磁悬液搅拌、喷洒装置，有夹持工件的磁化夹头和放置工件的工作台及格栅，适用于对中小工件的探伤，还常常备有触头和电缆，以便对搬上工作台有困难的大型工件进行探伤。

对于中小型工件，一般采用固定时交流探伤仪，例如 CEW－15000，CEW－20000（如图 6－15 所示）。

(a)　　(b)

图 6－15　固定式磁粉探伤机

(a) CEW－15000；(b) CEW－20000

（二）移动式磁粉探伤机

移动式磁粉探伤机额定周向磁化电流一般为 500～8 000A。主体是磁化电源，可提供交流和单向半波整流电的磁化电流，附件有触头、夹钳、开合和闭合式磁化线圈及软电缆等，能进行触头法、夹钳通电法和线圈法磁化。这类设备一般装有滚轮可推动，或吊装在车上拉到检验现场对大型工件探伤。

（三）便携式磁粉探伤机

便携式磁粉探伤机具有体积小、质量轻和携带方便的特点，额定周向磁化电流一般为 500～2 000A，适用于现场、高空和野外探伤，一般用于检验锅炉压力容器和压力管道焊接，以及对飞机、火车、轮船的原位探伤或对大型工件的局部探伤。常用的仪器有带触头的小型磁粉探伤机、电磁轨、交叉磁轨或永久磁铁等。仪器手柄上装有微型电流开关。控制通、断电和制动衰减退磁。便携式探伤机如图 6－16 所示。

图6－16　便携式磁粉探伤机

二、磁粉探伤机的组成及作用

以固定式磁粉探伤机为例，磁粉探伤机一般包括磁化电源、磁化线圈、工件夹持装置、指示装置、喷洒装置、照明装置、退磁装置等，剩磁法时交流探伤机应配备断电相位控制器。

（一）磁化电源

磁化电源是探伤机的核心，其作用是提供磁化电流（包括交流电和直流电），使工件磁化。其主要结构是通过调压器将不同的电压输送给主变压器，主变压器是一个能提供低电压大电流输出的降压变压器。输出的交流电或整流电可直接通过工件，通过穿入工件内孔的中心导体或者通入线圈，对工件进行磁化。

（二）磁化线圈

磁化线圈，即进行纵向磁化的螺管线圈。

（三）工件夹持装置

工件夹持装置包括磁化夹头和触头。为了适应不同规格的工件，夹头的间距是可调的，调节可用电动、手动或者气动等形式。电动调节是利用行程电机夹头和传动机构使夹头在导轨上来回移动，由弹簧配合夹紧工件，限位开关会使可动磁化夹头停止移动。手动调节是利用齿轮与导轨上的齿条啮合传动，使磁化夹头沿导轨移动，或用手推动磁化夹头在导轨上移动，夹紧工件后自锁。气动夹持是利用压缩空气通入气缸内，推动活塞带动夹紧工件。

（四）指示装置

指示装置主要包括电流表、电压表。电流表至少半年校验一次。当设备进行重要电气修理、周期大修或损坏时，都应进行校验。

（五）磁粉和磁悬液喷洒装置

固定式探伤机的喷洒装置主要由磁悬液槽、电动泵、软管和喷嘴组成。磁悬液槽用于储存磁悬液，并通过电动泵叶片将槽内磁悬液搅拌均匀，依靠泵的压力使磁悬液通过软管喷洒到工件上。

在磁悬液槽的上方装有栅格，用以摆放工件、排流和回收磁悬液。为防止铁屑杂物进入磁悬液槽内，在回流口上装有过滤网。移动式和便携式探伤机可用带喷洒的塑料瓶喷洒磁悬液，使用时用手将磁悬液摇动均匀后，喷洒到工件上。

（六）照明装置

探伤必须依赖探伤人员检出和解释磁痕显示，所以目视检验时的照明极为重要。照明不良，不仅会影响检测灵敏度，还会使检测人员的眼睛疲劳。

使用非荧光磁粉检测时,在波长范围为400～760nm的可见光下观察磁痕。使用荧光磁粉检测时,应采用紫外线照射。

三、磁粉探伤器材

(一)磁粉

磁粉是显示缺陷的重要手段,磁粉质量的优劣和选择是否得当,将直接影响磁粉探伤的结果。因此,必须对磁粉进行全面了解和正确使用。

1. 磁粉的种类

磁粉种类很多,按磁痕观察分为荧光磁粉和非荧光磁粉,按施加方式可分为湿法磁粉和干法磁粉。

(1)荧光磁粉

荧光磁粉以磁性氧化铁粉、工业纯铁粉或羰基铁粉为核心,在铁粉外面用树脂黏附一层荧光染料而制成。荧光磁粉发出510～550nm黄绿荧光,是人眼最敏感的光。因而其对比度很高,从而可见度也高。纯白和纯黑在明亮环境中对比系数为25:1,而黑暗中荧光的对比系数可达1 000:1。

荧光磁粉一般只适于湿法。

(2)非荧光磁粉

非荧光磁粉是指白光下能直接观察到磁痕的磁粉。通常是以四氧化三铁黑磁粉、三氧化二铁红磁粉、工业纯铁粉为原料,黏附其他颜料构成的有色磁粉(如白磁粉等)、JCM系列空心磁粉(铁铬铝的复合氧化物,用于高温)制成。前两种既适于湿法也适于干法,后两种只用于干法。

2. 磁粉的特性

磁粉的特性主要包含磁特性、粒度、形状、流动性、密度和识别度。

(1)磁特性

磁粉被磁场吸引的能力称为磁粉的磁性,它直接影响缺陷处磁痕的形成能力,磁粉应具有高磁导率(易被吸附)、低矫顽力(易分散流动)、低剩磁(易分散流动)的特性。

(2)粒度

磁粉的粒度就是磁粉颗粒的大小。粒度细小的磁粉悬浮性好,容易被小缺陷产生的漏场磁化和吸附,形成的磁痕显示线条清晰,定位准确,所以检验工件表面微小缺陷时,宜选用粒度细小的磁粉;检验大缺陷时,宜选用粒度较大一点的磁粉。

(3)形状

形状保证好的磁吸附性能和流动性能。理想的磁粉应由一定比例的条形、球形和其他形状的磁粉混合。

(4)流动性

探伤时,磁粉的流动性要好。直流电不利于磁粉的流动,故直流电不适于干法检验;湿法时,磁粉的流动靠载液带动,故交直流电均可。

(5)密度

密度对磁吸附性、悬浮性、流动性有影响。湿磁粉(黑、红)密度约4.5g/cm^3,干磁粉约为8g/cm^3,荧光磁粉密度与其组成成分有关。

(6)识别度

识别度指磁粉的光学性能,包括颜色、荧光亮度、工件表面颜色的对比度。

（二）磁悬液

将磁粉混合在液体介质中形成磁粉的悬浮液称为磁悬液。用来悬浮磁粉的液体称为载液。在磁悬液中，磁粉和载液是按照一定比例混合而成的。根据采用的磁粉和载液的不同，可将磁悬液分为油基磁悬液、水基磁悬液和荧光磁悬液。表 6－5 列出了钢质压力容器焊缝磁粉探伤用的磁悬浮液种类、特点和技术要求。

磁悬液可由供应商配置，也可自行配置，磁悬液的配制过程如下：

表 6－5　磁悬液种类、特点及技术要求

<table>
<tr><th colspan="2">种类</th><th>特点</th><th>对载液的要求</th><th>湿磁粉浓度
（100mL 沉淀体积）</th><th>质量控制试验</th></tr>
<tr><td colspan="2">油基磁悬液</td><td>悬浮性好，对工件无锈蚀作用</td><td>1. 在 38℃时，最大黏度超过 $5\times10^{-6}m^2/S$
2. 最低闪点位 60℃
3. 不起化学反应
4. 无臭味</td><td rowspan="2">1.2～2.4mL（若沉淀物显示出松散的聚集状态，应重新取样或报废）</td><td>用性能测试板定期检验其性能和灵敏度</td></tr>
<tr><td colspan="2">水基磁悬液</td><td>具有良好的润湿性，流动性好，使用安全，成本低，但悬浮液较差。</td><td>1. 良好的润湿性
2. 良好的可分散性
3. 无泡沫
4. 无腐蚀
5. 在 38℃时，最大黏度超过 $5\times10^{-6}m^2/S$
6. 不起化学反应
7. 呈碱性、但 pH 值不超过 10.5
8. 无臭味</td><td>1. 同上油基磁悬液
2. 对新使用的磁悬液（或定期对使用过的磁悬液）做润湿性能试验</td></tr>
<tr><td rowspan="2">荧光磁悬液</td><td>荧光油基磁悬液</td><td></td><td>要求油的固有荧光低，其余同油基磁悬液对载液的要求</td><td rowspan="2">0.1～0.5mL（若沉淀物显示出松散的聚集状态，应重新取样或报废）</td><td>1. 定期对旧磁悬液与新准备的磁悬液做荧光亮度对比试验
2. 用性能测试板定期检验其性能和灵敏度</td></tr>
<tr><td>荧光水基磁悬液</td><td></td><td>要求无荧光，其余同水基磁悬液对载液的要求</td><td>1. 对新使用的磁悬液（或定期对使用过的磁悬液）做润湿性能试验
2. 荧光亮度对比试验和性能、灵敏度试验，同荧光油磁悬液</td></tr>
</table>

1. 水悬液的配制方法

第一步:将少量的水加入称好的分散剂(水)中,搅拌均匀。

第二步:将称好的荧光磁粉倒入与少量水混合的分散剂里,使磁粉全部润湿搅拌成均匀的糊状。

第三步:在徐徐搅拌中加入其余的水量,并充分搅拌混合。

2. 油悬液的配制方法

第一步:将称好的无味煤油取出少许与磁粉混合,让磁粉全部湿润,搅拌成均匀的糊状。

第二步:边搅拌边加入剩余的无味煤油并充分混合。

(三)反差增强剂

反差增强剂的目的是为了提高缺陷磁痕与工件表面颜色的对比度。其构成一般为一层白色薄膜(25 ~45μm)。配方主要有丙酮、稀释剂、火棉胶、氧化锌粉。施加的过程分为浸涂、刷涂、喷涂。使用环境一般为背景不好或为了检查细小缺陷、应力腐蚀裂纹等。

(四)标准试片

1. 作用

标准试片(简称试片)是磁粉探伤必备的器材之一,其作用主要有:

(1)检验设备、磁粉、磁悬液的综合性能(系统灵敏度)。

(2)检测磁场方向、有效磁化范围、大致的磁场强度。

(3)考察所用的探伤工艺和操作方法是否妥当。

(4)确定磁化规范。

2. 类型

常用磁粉探伤试片有 A_1,C,D,M_1 型四种。所有试片的型号名称中的分数分子代表人工缺陷槽的深度,分母表示试片的厚度,单位为 μm。试片由 DT4 电磁软铁(低碳纯铁)板制成。试片类型、名称和图形如表 6 -6 所示。

表 6 -6 试片类型、名称和图形

类型	规格:缺陷槽深/试片厚度,μm	图形和尺寸,mm
A_1 型	A_1 -7/50	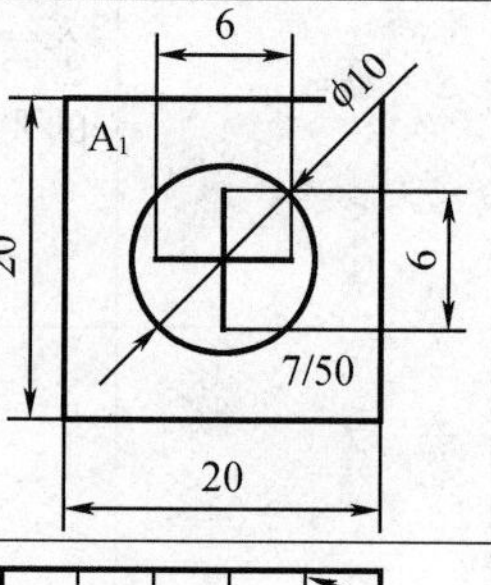 6 φ10 A_1 20 6 7/50 20
	A_1 -15/50	
	A_1 -30/50	
	A_1 -15/100	
	A_1 -30/100	
	A_1 -60/100	
C 型	C -8/50	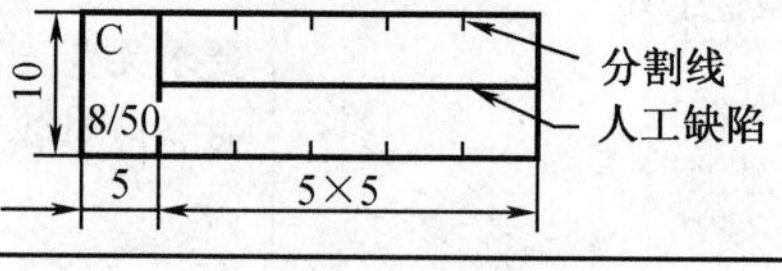 C 10 8/50 5 5×5 分割线 人工缺陷
	C -15/50	

表 6－6(续)

<table>
<tr><th>类型</th><th>规格:缺陷槽深/试片厚度,μm</th><th>图形和尺寸,mm</th></tr>
<tr><td rowspan="2">D 型</td><td>D－7/50</td><td rowspan="2">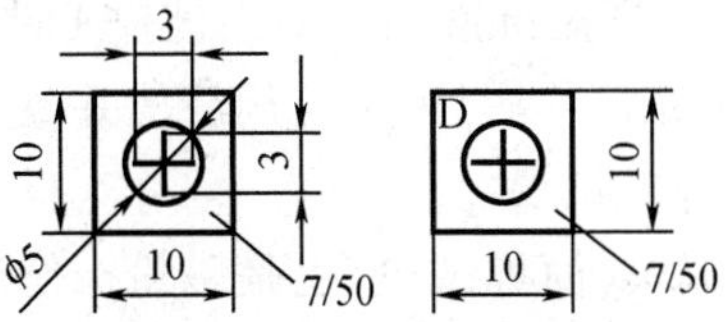
</td></tr>
<tr><td>D－15/50</td></tr>
<tr><td rowspan="3">M_1 型</td><td>ϕ12mm / 7/50</td><td rowspan="3">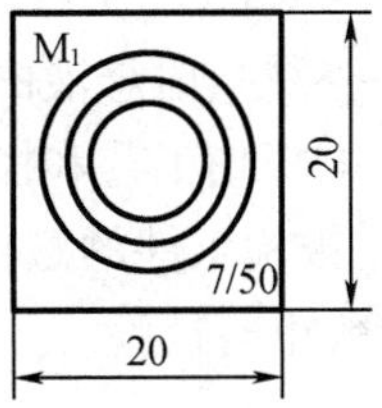
</td></tr>
<tr><td>ϕ9mm / 15/50</td></tr>
<tr><td>ϕ6mm / 30/50</td></tr>
</table>

注:C 型标准试片可剪成 5 个小试片分别使用。

(1)A_1 型试片

由退火电磁软铁制造,磁导率较高,用较小磁场就可磁化,又分为 A_1－5/50,A_1－15/50,A_1－30/50,A_1－15/100,A_1－30/100,A_1－60/100 六种规格,其大小为 20×20mm,其中 A_1－30/100 规格为常用。

(2)C 型试片

所用材料与 A_1 相同,由退火电磁软铁制造,又分为 C－8/50,C－15/50 两种规格。其大小为 10×25(5 毫米/块 × 5 块)mm。C 试片是当 A_1 试片使用不方便时采用的。某种程度上是代替 A_1 试片。如焊缝坡口检测。其中 C－15/50 规格为常用。

(3)D 型试片

可认为是小型的 A_1 试片,又分为 D－7/50,D－15/50 两种规格。其大小为 10×10mm。也是当 A_1 试片使用不方便时为了更准确地推断被检工件表面的磁化状态使用的。

(4)M1 型试片

属于多功能试片,由三个刻槽深度不同而间隔相等的同心圆人工刻槽组成。观察磁痕显示差异直观,能更准确地推断被检工件表面的磁化状态,它分为 M_1－7/50,M_1－15/50,M_1－30/50 三种规格。其大小为 20×20mm。

3. 试片使用的注意事项

(1)试片只适用于连续法检验,不适用于剩磁法检验。

(2)根据工件探伤面的大小和形状,选取合适的试片类型。

(3)使用试片前,应用溶剂清洗防锈油。工件表面应打磨平,并除去油污。

(4)试片表面锈蚀或有褶纹时,不得继续使用。

(5)将试片有槽的一面与工件受检面接触,用透明胶纸靠近试片边缘(间隙应小于 0.1mm),但透明胶纸不得盖住有槽的部位。

(6)根据工件探伤所需的有效磁场强度,选取不同灵敏度的试片。需要有效磁场强度较小时,选用分数值较大的低灵敏度试片,需要有效磁场强度较大时,选用分数值较小的高灵敏度试片。

(7)也可选用多个试片,同时分别贴在工件上不同的部位,可看出工件磁化后,被检表面不同部位的磁化状态或灵敏度的差异。

(8)M_1 型多功能试片是将三个槽深各异而间隔相等的人工刻槽,以同心圆的方式做在同一试片上,其三种槽深分别与 A1 型试片的三种型号的槽深相同,一片多用,观察磁痕显示差异直观,能更准确地推断出被检工件表面的磁化状态。

(9)用完试片后,可用溶剂清洗并擦干。干燥后涂上防锈油,放回原装片袋保存。

(五)标准试块

标准试块(简称试块)也是磁粉探伤当中必备的器材之一。

1.作用

(1)检验设备、磁粉、磁悬液的综合性能(系统灵敏度)。

(2)考察所用的探伤工艺和操作方法是否妥当。

试块不能确定被检工件的磁化规范、检测磁场方向、有效磁化范围、磁场强度大小及分布,只能对上述参数粗略校验。

2.分类

常用试块可分为直流标准试块(也称为 B 型试块)、交流标准试块(也称为 E 型试块)、磁场指示器和自然缺陷标准样件四种。

(1)直流标准试块(B 型试块)

由铬工具钢钨锰制成,硬度 90 - 95HRB,端面钻有 12 个人工通孔。其直径 0.07 英寸(1 英尺 =0.304 8 米,即 1.778 毫米)。每孔距外圆表面距离依次递加 0.07 英寸(1 英尺 = 0.304 8 米,即 1.778 毫米)。磁化时,检查应达到灵敏度要求的最少孔数。该试块用于中心导体法、直流磁化、连续法检查。其形状和尺寸如图 6 - 17 所示。

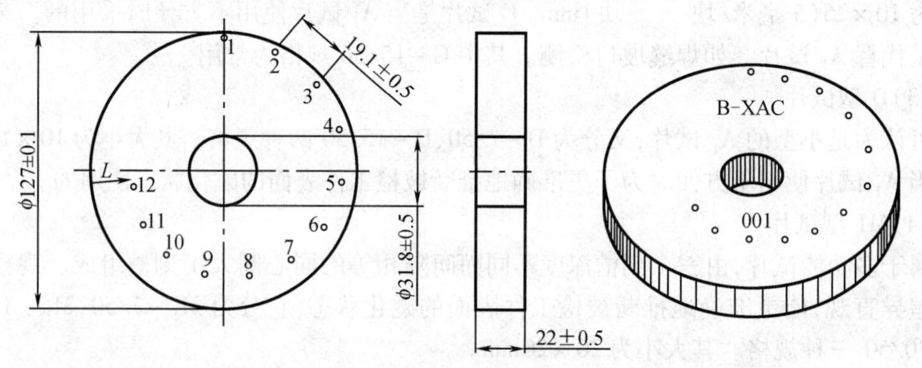

图 6 - 17　直流标准试块形状和尺寸

(2)交流标准试块(E 型试块)

该试块是组合件,它由钢环、胶木衬套和铜棒组成。钢环由低碳钢(一般退火 10#钢锻件)制成。钢环上钻有 3 个 $\phi1$ 的通孔,孔中心距铜棒中心距离分别为 23.5 mm,23 mm,22.5 mm。使用时,将铜棒夹在交流探伤机的电极夹头间,磁化时观察钢环外表面的磁痕显示。其形状和尺寸如图 6 - 18 所示。

(3)磁场指示器

磁场指示器,又称八角试块,是由 8 块 3.2 mm 低碳钢三角形薄片与 0.25 mm 的铜片焊在一起构成的。它的用途与 A1 型试片类似,但它是一种粗略的校验工具,粗略校验被检工件表面的磁场方向、有效磁化区以及磁化方法是否正确。连续法使用。使用时,将铜面朝上,碳钢面贴近被检工件面。其形状如图 6 - 19 所示。

(4) 自然缺陷标准样件

一般是在以往的磁粉探伤中发现的，材料、状态和外形具有代表性。自然缺陷标准样件的使用应经Ⅲ 级人员同意。持有Ⅲ级资格证的人员主要指技术负责人或责任工程师。

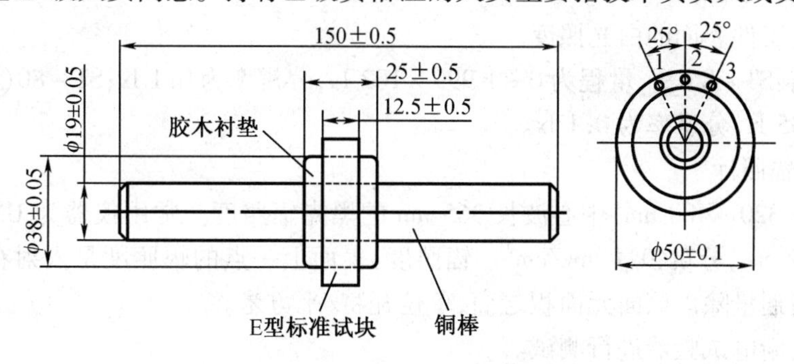

图 6－18　交流标准试块形状和尺寸

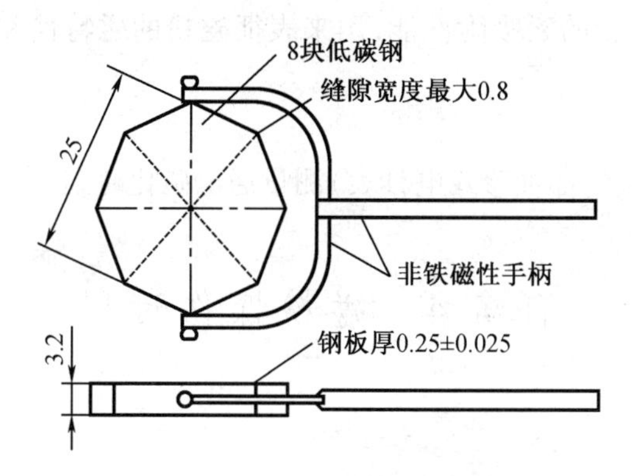

图 6－19　磁场指示器形状

(六) 测量仪器

磁粉探伤中涉及磁场强度、剩磁大小、白光强度、黑光复照度和通电时间等的测量，因此会有一些相应的测量仪器，如豪特斯计(高斯基)、袖珍式磁强计、照度计、黑光辐射计、通电时间测量器和快速断电试验器等。

1. 特斯拉计(高斯计)

利用霍尔效应制造的霍尔元件做成的测量磁场强度的仪器。

1T＝10 000Gs。测量时要转动探头，使指示值最大，读数才正确。常用仪器有 GD－3 (高斯计)和 CT－3 毫特斯计。

2. 袖珍式场强计(磁场强度计)

利用力矩原理做成的简易测磁计。主要用于测退磁后的剩磁大小。常用仪器有 XCJ－A(精度 0.1 mT)，XCJ－B (精度 0.1 mT 即 Gs)和 XCJ－C (精度 0.05 mT)。注意，在非均匀磁场中，场强计的格数只反映了磁场的强弱程度，不代表具体的值。

3. 磁化电流表

磁粉设备上，表征磁场强度的电流值，至少半年校验一次。

4. 弱磁场测量仪

弱磁场测量仪的基本原理基于磁通门探头，它具有两种探头，均匀磁场探头和梯度探头。这是一种高精度仪器，测量精度可达 8×10^{-4} A/m(10^{-5}Oe)，对于磁粉检测来说，仅用于要求工件退磁后的剩磁极小的场合。国产有 RC－1 型弱磁场测量仪。

5. 照度计

(1)白光照度计

测量被检工件表面的白光照度。

常用仪器:ST－85 型,量程为 0～1 999×102 lx,分辨率为 0.1 lx;ST－80(C)型,量程为 0～1.999×105 lx,分辨率为 0.1 lx。

(2)黑光辐照计

测量波长 320～400 nm,中心波长 365 nm 的黑光辐照度。常用仪器为 UV－A,量程是 0～199.9 mw/cm^2,分辨:0.1 mw/cm^2。辐照度:表面上一点的辐照度是入射在包含该点的面元上的辐射通量除以该面元面积之商,单位瓦特/平方米。

6. 用快速断电试验器进行测试。

7. 磁粉吸附仪

用于检定和测试磁粉的磁吸附性能,用来表征磁粉的磁特性和磁导率大小,常用的有 CXY 磁粉吸附仪 。

8. 通电时间测量器

可用通电时间控制器(如袖珍式电秒表)测量通电磁化时间。

任务 4　磁粉探伤过程

[知识目标]

1. 掌握磁粉探伤工艺过程及主要步骤。

2. 掌握磁粉探伤记录报告的格式。

[能力目标]

1. 掌握磁粉探伤工艺。

2. 掌握磁粉探伤质量验收标准。

一、磁粉探伤工艺过程

所谓磁粉探伤工艺是指从磁粉探伤的预处理、磁化工件、施加磁粉、磁痕分析(包括磁痕评定和工件验收)、退磁和到检验完毕进行后处理的全过程。主要工艺过程包括预处理、磁化工件、施加磁粉、磁痕分析、退磁以及后处理六个步骤。

只有正确执行磁粉探伤工艺要求,才能保证磁粉探伤的灵敏度。磁粉探伤的灵敏度是指检测最小缺陷的能力。影响磁粉探伤灵敏度的主要因素有磁场大小和方向,磁化方法,磁粉性能,磁悬液浓度,设备性能,工件形状和表面粗糙度,缺陷的性质,形状和埋藏深度,工艺操作,探伤人员素质和照明条件等。

(一)工序安排与预处理

1. 工序安排原则

(1)磁粉检测一般应在各道加工工序完成以后进行,特别是在容易发生缺陷的加工工序(如变形、焊接、磨削、矫正和加载试验等)后进行,必要时也可安排在工序间进行检测。

(2)由于电镀层、涂漆层、表面发蓝、喷丸等表面处理工艺会给检测缺陷显示带来困难，一般应在这些工序之前进行磁粉检测。如果镀层可能产生缺陷，则应在电镀工艺前后都进行检测，以便明确缺陷产生的时机与环境。

(3)对于产生延迟裂纹倾向的材料，磁粉检测应安排在焊接完成24小时后进行。

(4)对于装配件，如在检测后无法完全去掉磁粉而影响检测的质量时，应在装配前进行磁粉检测。

(5)紧固件和锻件在最终热处理后进行。

2. 预处理

(1)清除

清除表面油污、铁锈、毛刺、氧化皮、金属屑、砂粒等。表面应干燥清洁。

(2)打磨

打磨表面与电极接触的非导电覆盖层。

(3)分解

分解装配件。原因：①结构复杂，磁化、退磁困难；②交界处易产生非相关显示；③流入运动部件结合面的磁悬液难以清洗，造成磨损；④分解后易于探伤操作；⑤分解后可观察到所有探伤面。

(4)封堵

有盲孔和内腔的工件，封堵表面孔洞，防止磁悬液流入。

(5)涂敷

反差小的工件表面，涂敷反差增强剂。

(二)工件磁化

选择适当的磁化方法和磁化规范，利用磁粉探伤设备对工件进行磁化，产生漏磁场。

(三)施加磁粉

施加磁粉的方法分为连续法和剩磁法、干粉法和湿粉法。

1. 连续法

连续法是指在外加磁场磁化的同时施加磁粉或磁悬液的方法。

(1)适用范围

所有铁磁性材料和工件，工件形状复杂不易得到所需剩磁，表面覆盖层较厚，软磁性材料和工件，设备功率达不到。

(2)优点

适用于所有铁磁性材料，具有最高的检测灵敏度，可用于多向磁化，交流磁化不受断电相位影响，能发现近表面缺陷，可采用干法和湿法。

(3)局限性

效率低，易产生非相关显示，目视可达性差。

(4)操作程序及操作要点

连续法磁粉探伤的操作程序主要为：预处理→浇磁悬液→通电→检验→停止浇磁悬液→停止通电→退磁→后处理。

其主要操作要点为：

采用湿法时，要先用磁悬液润湿工件表面后再浇磁悬液。

采用干法时，对工件通电磁化后撒磁粉，并在通电的同时吹去多余的磁粉，待磁痕形成和检验完毕后再停止通电。

通电时间 3 ~5 s,停止浇磁悬液至少 1 s 后才可停止通电。

至少反复通电磁化两次。

2. 剩磁法

剩磁法是停止磁化后再施加磁悬液的方法。

(1)适用范围

经热处理的高碳钢和合金结构钢,矫顽力在 1 kA/m 以上,剩磁在 0.8 T 以上的工件;因几何形状限制无法进行连续法检验的部位,如螺纹根部和筒体内表面等。

(2)优点

检测效率高;有足够的灵敏度;缺陷显示重复性好,可靠性高;目视可达性好;易实现自动化;可评价缺陷属表面或近表面的;可避免螺纹根部、凹槽和尖角处磁粉过度堆积。

(3)局限性

只适合于高剩磁高矫顽力(硬磁)材料,不能用于多向磁化,交流磁化受断电相位的影响,对近表面缺陷灵敏度低,不适用于干法检验。

(4)操作程序

剩磁法磁粉探伤的操作程序主要为:预处理→磁化→施加磁悬液→检验→退磁→后处理。

(5)操作要点

通电时间 1/4 ~1 s。

浇磁悬液 2 ~3 遍,保证各部位充分润湿。

浸入均匀搅拌的磁悬液中 10 ~20 s,取出检验。

经磁化的工件检验前不得与任何铁磁性材料接触,以免产生磁性。

3. 湿法

湿法是将磁粉悬浮在载液中进行磁粉探伤的方法。

(1)应用范围

适用于灵敏度要求高的工件;适用于大批量零件检验;适用于检测表面微小缺陷,如疲劳裂纹、磨削裂纹、焊接裂纹、发纹等。

(2)优点

对工件表面微小缺陷灵敏度高;与固定式设备配合,操作方便,效率高,磁悬液可回收。

(3)局限性

对大裂纹和近表面缺陷灵敏度比干法低。

(4)操作要点

连续法宜用浇法;液流要微弱,防止冲刷磁痕显示。

剩磁法浇法、浸法皆宜。浸法要控制时间,防止产生过度背景。

用水磁悬液时,要做水断试验。

要根据工件要求,选择不同的磁悬液浓度。

仰视检验和水中检验宜用磁膏。

4. 干法

干法是以空气为载体用干磁粉进行样粉检验的方法。

(1)应用范围

适用于检测表面粗糙的大型锻件、铸件、毛坯、结构件和大型焊接件焊缝及灵敏度要求不高的工件,适用于检测大缺陷和近表面缺陷,可与便携式设备配合使用。

(2)优点

对大裂纹灵敏度高;干法 + 单相半波整流电,对近表面缺陷灵敏度高;适用于现场检验。

(3)局限性

对小缺陷灵敏度不如湿法,磁粉不能回收,不适用于剩磁法检验。

(4)操作要点

工件表面要干净、干燥;磁粉也要干燥。

工件磁化后再施加磁粉,观察分析磁痕后再撤去磁场。

磁粉要以气流或云雾状形式缓慢施加到工件表面,形成薄而均匀的覆盖层,防止磁粉堆积。

用压缩空气吹去多余的磁粉时,风压、风量和风口距离要控制适当,且按顺序从一个方向吹向另一个方向,不要吹掉磁痕显示。

(四)磁痕分析

对磁痕进行观察和分析,非荧光磁粉在照亮的光线下观察,荧光磁粉在紫外线灯照射下观察。

通过对磁痕的观察和分析,确定磁痕的缺陷性质,从而排除非缺陷磁痕造成的伪显示和非相关显示,确认相关显示,作为工件质量的判定依据。

1. 缺陷的磁痕

(1)裂纹

裂纹的磁痕轮廓较分明,对于脆性开裂多表现为粗而平直,对于塑性开裂多呈现为一条曲折的线条,或者在主裂纹上产生一定的分叉。它可连续分布,也可以断续分布,中间宽而两端较尖细。

(2)发纹

发纹的磁痕呈直线或曲线状短线条。

(3)条状夹杂物

条状夹渣物的分布没有一定规律,其磁痕不分明,具有一定的宽度,磁粉堆积比较低而平坦。

(4)气孔和点状夹渣物

气孔和点状夹渣物的分布没有一定的规律,可以单独存在,也可密集成链状或群状存在。磁痕的形状和缺陷的形状有关,具有磁粉聚集比较低而平坦的特征。

2. 非缺陷的磁痕

工件由于局部磁化,截面尺寸突变,磁化电流过大以及工件表面机械划伤等会造成磁粉的局部聚集而造成伪显示和非相关显示,造成误判。可利用经验结合探伤时的具体情况区别。

(五)退磁

工件经磁粉探伤后所留下来的剩磁会影响到安装在其周围的仪表、罗盘等装置的精度,或者吸引铁屑增加磨损。所以必须进行退磁处理。

退磁原理如图 6 - 20 所示,将工件放于交变磁场中,产生磁滞回线,当交变磁场的幅值逐渐递减时,磁滞回线的轨迹也越来越小,当磁场强度降为零时,工件中的剩磁也接近于零。

常用的退磁方法有交流退磁法和直流退磁法。

1. 交流退磁法

(1)通过法(线圈法)

对于小型工件,如图 6-21 所示,退磁时,将工件放在拖板上置于线圈前 30 cm 处,线圈通电时将工件从线圈中缓慢拖出,拖出线圈 1 m 外断电。对于大型工件,采取工件不动线圈动的方法,即把通交流电的线圈套在工件上,缓慢移动线圈至离工件至少 1 m 断电。

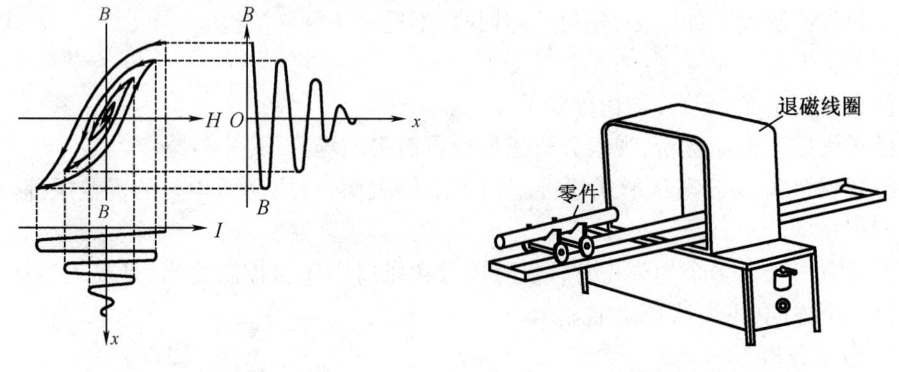

图 6-20　退磁原理图　　图 6-21　交流线圈对工件退磁

(2)衰减法

由于交流电的方向不断改变,故可用自动衰减退磁器或调压器逐渐降低电流至零进行退磁。例如线圈工件都不动,衰减电流到零。或者两磁化夹头夹持工件,衰减电流到零。交流电退磁电流波形如图 6-22(a)所示。

对于大型锅炉压力容器的焊缝,也可采用交流电磁轭退磁。将电磁两极跨在焊缝两侧,接通电源,让电磁轭沿焊缝缓慢移动,当远离焊缝 0.5 m 以外再断电,进行退磁。

对于大面积扁平工件的退磁,可采用扁平线圈退磁器,如图 6-23 所示。退磁器内装有 U 形交流电磁铁,铁心两极上串绕退磁线圈,外壳由非磁性材料制成。用软电缆盘成螺旋线,通以低电压大电流,便构成退磁器。使用时给扁平线圈通电后向电熨斗一样,在工件表面来回熨,熨完后使扁平线圈远离工件 0.5 m 以外后再断电,进行退磁。

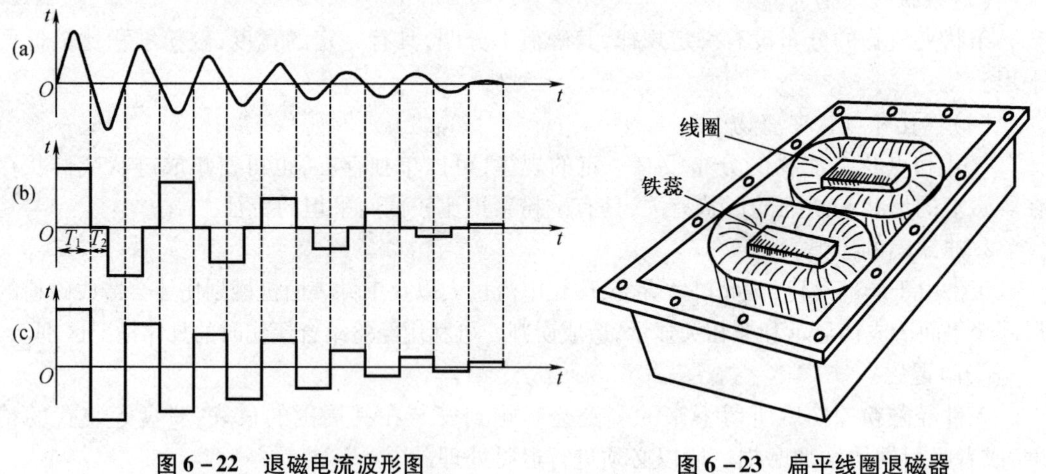

图 6-22　退磁电流波形图

(a)交流电;(b)直流电;(c)超低频电流

图 6-23　扁平线圈退磁器

2. 直流电退磁

直流电退磁法包括直流换向衰减退磁和超低频电流自动退磁。

(1)直流换向衰减退磁

通过机械方法不断改变直流电的方向,同时使通过工件的电流递减到零。要保证无电流时换向,每次衰减幅度要小,衰减次数要多(30 次以上)。

(2)超低频电流自动退磁

由于0.5 ~1 MHz 的电流可透入工件内部较深处,可用衰减法也可在线圈中用通电法退磁。

3. 各退磁方法的特点与选择

加热法可使工件彻底退磁,但不经济实用;交流磁化工件交流退磁最有效;直流换向退磁和超低频电流自动退磁对任何方法磁化的工件都有效,但成本高,效率低。

(六)磁痕观察与记录

1. 磁痕观察

磁痕观察和评定在磁痕形成后立即进行。

使用非荧光磁粉在日光或白光下观察,工件表面白光照度不低于 1 000 lx;使用荧光磁粉在环境光小于 20 lx 的暗区紫外光下进行,在 380 mm 处,紫外线照度不低于 1 000 $\mu w/cm^2$。

检验人员进入暗室后至少要有 5 分钟进行暗适应; 连续工作时,工间要适当休息,防止眼睛疲劳。

2. 磁痕记录

工件上的磁痕有时需要保存下来,作为永久性记录,主要包含以下内容:

(1)照相

黑色磁粉最好先喷一层反差增强剂;荧光磁粉在紫外线下照相,镜头要加装 520 nm 滤光片。

(2)贴印

用透明胶纸粘贴复印。

(3)橡胶铸型复印

作永久记录。

(4)摹绘

绘出缺陷位置、形状、尺寸和数量。

(5)可剥性涂层

使用清漆等贴印。

3. 磁粉探伤报告格式见表 6 -7。

表 6 -7 磁粉探伤报告格式

检验单位		委托单位	
工件名称		工件编号	
材料		热处理状态	
磁化设备		磁化方法	
检验方法		磁粉名称	

表 6－7(续)

检验单位		委托单位	
试片名称、型号		验收标准	
检验结果			
工件和缺陷示意图			
检验日期	检测者	审核	室主任

(七)后处理

清除工件表面的磁粉,取除封堵。要注意工件的防锈,对于不合格的工件应隔离。

二、磁粉探伤验收标准

磁粉探伤的目的是既要发现缺陷又要根据质量验收标准评价工件质量。参照《JB/T4730.4—2005》对磁粉检测质量进行分级。

(一)不允许存在的缺陷

1. 不允许存在任何裂纹和白点。

2. 紧固件和轴类零件不允许任何横向缺陷显示。

(二)材料和焊接接头的磁粉检测质量分级

材料和焊接接头的磁粉检测质量分级见表 6－8。

表 6－8　材料和焊接接头质量等级

等级	线性缺陷磁痕	圆形缺陷磁痕(评定框尺寸 35×100 mm)
Ⅰ	不允许	$d \leqslant 1.5$ 且在评定区内不多于 1 个
Ⅱ	不允许	$d \leqslant 3.0$ 且在评定区内不多于 2 个
Ⅲ	$l \leqslant 3.0$	$d \leqslant 4.5$ 且在评定区内不多于 4 个
Ⅳ	大于Ⅲ级	

注:l 表示线性缺陷磁痕长度,mm;d 表示圆形缺陷磁痕长径,mm。

(三)受压加工部件的磁粉检测质量分级

受压加工部件的磁粉检测质量分级见表 6－9。

表 6－9　受压部件质量等级

等级	线性缺陷磁痕	圆形缺陷磁痕 (评定框尺寸为 2 500 mm^2,其中一条矩形边长最大为 150 mm)
Ⅰ	不允许	$d \leqslant 2.0$ 且在评定区内不多于 1 个
Ⅱ	$l \leqslant 4.0$	$d \leqslant 4.0$ 且在评定区内不多于 2 个
Ⅲ	$l \leqslant 6.0$	$d \leqslant 6.0$ 且在评定区内不多于 4 个
Ⅳ	大于Ⅲ级	

注: l 表示线性缺陷磁痕长度,mm;d 表示圆形缺陷磁痕长径,mm。

（四）综合评级

在圆形缺陷评定区内同时存在多种缺陷时，应进行综合评级。对各类缺陷分别评定级别，取质量级别最低的级别作为综合评级的级别；当各类缺陷的级别相同时，则降低一级作为综合评级的级别。

三、焊接件磁粉探伤实例

（一）坡口探伤

利用触头法沿坡口纵长方向磁化，检测与电流方向平行的分层和裂纹。触头上应垫铅垫或铜网，以防打火烧伤坡口表面。

（二）碳弧气刨面探伤

如图 6－24 所示，探伤时将交叉磁轭跨沟槽沿沟槽方向连续行走，用喷洒法或刷涂法施加磁悬液，原则是交叉磁轭通过后不得使磁悬液残留在沟槽内。

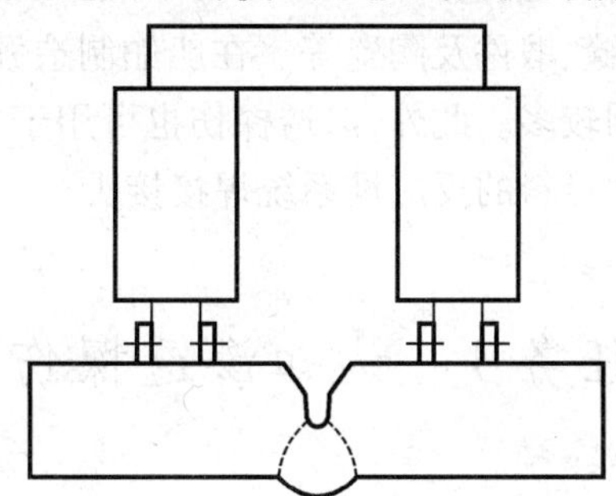

图 6－24　交叉磁轭检验电弧气刨面

（三）球形储罐焊缝探伤

1. 探伤部位

内外表面所有焊缝和热影响区及机械损伤部位。

2. 表面清理

清除焊缝和热影响区及机械损伤部位的涂料、锈蚀。

3. 探伤操作

（1）对接焊缝：交叉磁轭跨在焊缝上连续行走。纵焊缝自上而下，环焊缝左右均可。

（2）接管角焊缝用绕电缆法或触头法检测。

（3）母材损伤部位可用交叉磁轭检测。

（4）柱腿与球皮连接角焊缝可用绕电缆法或触头法检测。

【思考与练习】

1. 漏磁场是怎样形成的？
2. 磁粉探伤有哪些优缺点？
3. 影响漏磁场的因素有哪些，如何影响？
4. 采用交流磁化线圈磁化工件时有哪些注意事项？
5. 选择磁化规范时考虑哪些因素？
6. 磁粉探伤机如何分类，都具有哪些特点？
7. 说一说磁粉特性。
8. 进行磁粉探伤时，工件的预处理应做哪些工作？
9. 为什么要退磁？交流退磁和直流退磁都有什么特点？

项目七　渗透探伤

渗透探伤是利用带有荧光染料(荧光法)或红色染料(着色法)的渗透剂的渗透作用,显示缺陷痕迹的无损检验方法 。

渗透探伤主要用以探测非多孔性固体材料制作工件表面开口的不连续,如裂纹、重皮、折叠、气孔和未熔合。渗透探伤特别适用于非磁性材料或磁粉探伤无法实施的生产选择,如铝、镁、玻璃或不锈钢等材料的检测。

渗透探伤可检测铸件、焊缝、锻件及陶瓷等。在船舶制造领域,螺旋桨、蒸汽罐接头、泵壳与涡轮等铸件渗透探伤应用较多。此外,渗透探伤也可用于中薄板、箔、异型截面产品的表面完好性检验以及非铁磁性材料的反应堆系统焊接接头。

任务1　认知渗透探伤

[知识目标]

1. 了解渗透探伤的理化基础。
2. 掌握渗透探伤的工作原理。

[能力目标]

掌握渗透探伤的工作流程。

一、渗透探伤的理化基础

(一)毛细作用

1. 圆柱形细管内液体的毛细现象

圆柱形细管内液体的毛细作用原理,如图 7-1 所示。

润湿液体中的毛细管由于润湿的作用,靠近管壁的液面会上升而形成凹面。另一方面,由于表面张力的缘故,使弯曲的液面产生了附加压力($F_{上}$),从而使液体表面向上收缩成平面。随后,管中靠近管壁的液体又在润湿作用下上升,重新形成凹面,而弯曲的液面在附加压力 $F_{上}$ 的作用下,收缩成平面。如此往复,使毛细管内的液面逐渐上升,直至弯曲液面附加压力与毛细管内升高的液柱重量相等为止。

2. 两平行板间的毛细现象

润湿液体在间隔距离很小的两平行板间,也会产生毛细现象,如图 7-2 所示,其液面为圆柱状的凹形弯月面。在实际探伤中,渗透液对零件表面缺陷的渗透作用,本质上就是液体的毛细作用。对表面开口的点状缺陷的渗透,相当于渗透液在圆柱形管内的毛细作用。对表面条状缺陷的渗透,相当于渗透液在间距很小的两平板间的毛细作用。

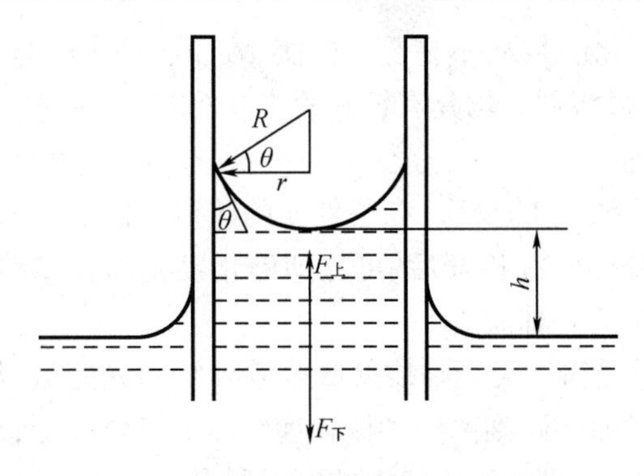

图7－1　圆柱形毛细管中受力示意

3. 液体的渗透深度

图7－3为渗透液在凹槽内渗透时的受力情况。随着液体的渗透，被液体封闭在槽内的气体将越来越少，压强越来越大，直到渗透液达到某一深度处于平衡状态时，液体就停止继续往下渗透。

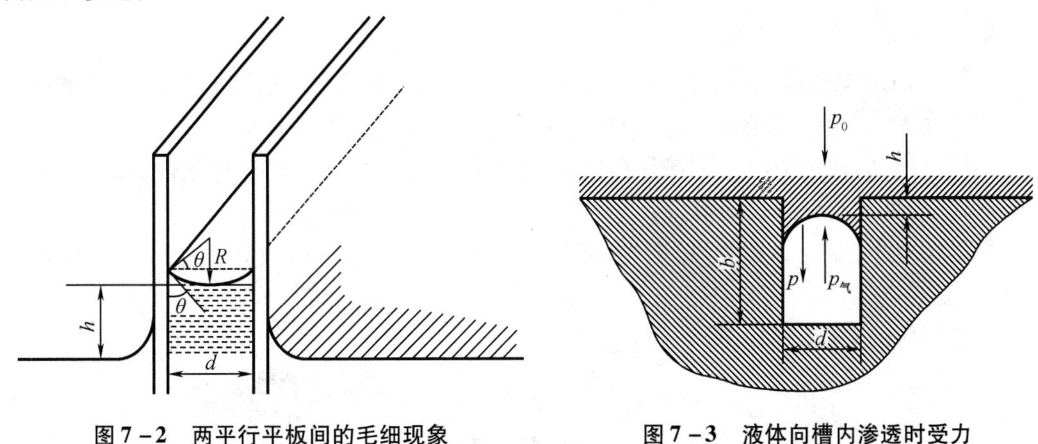

图7－2　两平行平板间的毛细现象　　　　图7－3　液体向槽内渗透时受力

（二）乳化作用

1. 乳化现象

油和水互不相混，即使用力振荡也只能暂时混合，静止后又会分层，这是由于油和水的接触界面上存在着界面张力，导致互相排斥和尽量缩小其接触面积的作用。

如果在油和水的混合液中加入少量的表面活性剂，油就会变成许多微小的颗粒分布于水中，静止后难以分层。由于表面活性剂的作用，使本来不能混合在一起的两种液体，能均匀地混合在一起的现象称为乳化现象，具有乳化作用的表面活性剂称为乳化剂。

2. 乳化机理及表面活性剂的亲水性

表面活性剂的分子，一般是由非极性的亲油疏水的碳氢链部分与有极性的亲水疏油的基团构成。另外，两部分分别处于两端，形成不对称结构。因此，表面活性剂分子是一种两亲分子，能吸附在油水界面上，并降低油水界面的界面张力，使原来互不相混的油和水形成稳定的乳状液，完成乳化过程。

渗透探伤时，常用的表面活性剂为非离子型表面活性剂（在水溶液中不电离），其亲水基主要由具有一定数量的含氧基团（一般为醚基和羟基）构成。由于非离子型表面活性剂在水溶液中不电离,所以稳定性高,不易受无机盐、酸、碱的影响,与其他类型表面活性剂相容性好,并且在水以及有机溶剂中均具有较好的溶解性能。

(三)荧光现象及机理

许多原来在白光下不发光的物质,在紫外光的照射下能够发光,这种现象称为光致发光。光致发光的物质在外界光源移开后,可立即停止发光的物质称为荧光物质,荧光渗透液中的荧光染料就是其中的一种。

当紫外光照射到荧光液时,荧光物质便吸收紫外线的光能量,使离原子核较近位于低能级轨道上的电子受激发而跳跃到离原子核较远的高能级轨道上,原子处于激发状态。处于激发状态的原子极不稳定,高能级轨道上的电子可自发跳跃到原来失去电子的低能级轨道上。

当电子由高能级跳到低能级时便发出光子。不同荧光物质产生的荧光波长不同,因此光的颜色也有差异。荧光颜色最好为黄绿色,因为这种颜色在暗处的衬度较高,人眼的感觉很敏锐。渗透探伤使用的荧光液中的荧光染料,吸收紫外线能量后发出的光子波长为510~550 nm,其颜色为黄绿色。

二、渗透探伤的工作原理

渗透探伤是在被检工件表面涂覆某些渗透力较强的渗透液,在毛细作用下,渗透液被渗入到工件表面开口的缺陷(不连续)内。去除工件表面多余的渗透液后,再在工件表面上涂上一层显像剂,缺陷中渗入和滞留的渗透液在毛细作用下重新被吸到工件的表面,从而形成清晰、易见及放大的缺陷痕迹。

根据在黑光(荧光渗透液)或白光(着色渗透液)下观察到的缺陷显示痕迹,对缺陷进行评定。

渗透探伤的工作流程见图7-4。

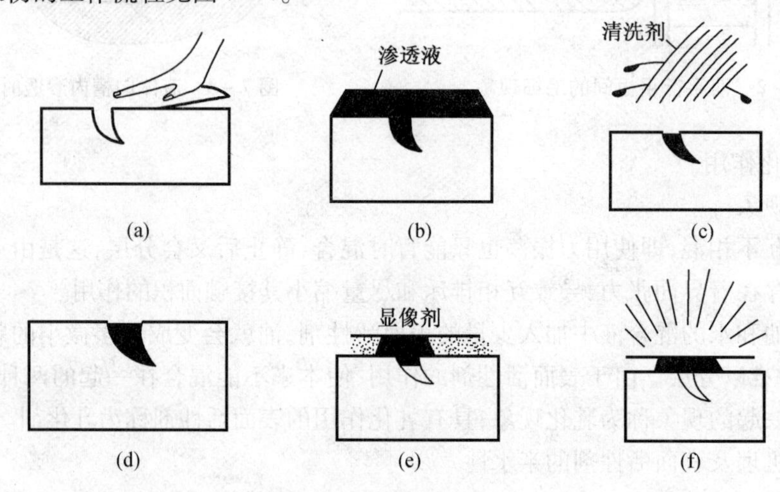

图7-4 渗透探伤示意

(a)预清洗;(b)渗透;(c)中间清洗;(d)干燥;(e)显像;(f)观察

渗透探伤不受材料的组织结构和化学成分的限制,不受缺陷形状和尺寸的影响,检测成本低,操作简单方便。但工件表面粗糙时易造成假象,降低检测效果。

渗透探伤种类较多,分类方法各异。

1. 根据染料种类，可将渗透探伤分为荧光渗透检测、着色渗透检测及两用（荧光/着色）检测。

2. 根据清洗方式（去除多余渗透剂的方法），可将渗透探伤分为水洗型、后乳化型及溶剂去除型检测。

任务2　认知渗透探伤设备、检测材料及参考试块

[知识目标]

1. 了解渗透探伤设备的组成。
2. 掌握渗透探伤固定设备的要求。
3. 了解渗透检测材料的种类。
4. 了解渗透检测参考试块的种类、规格及作用。

[能力目标]

1. 掌握渗透探伤固定设备的要求。
2. 掌握渗透材料的检验要求。

一、渗透探伤设备

GB/T 18851.4—2005 渗透检测设备中规定，渗透检测设备的特性与被检工件的尺寸和每次的被检数量有关，包括用于现场渗透检测设备及固定设备。

（一）渗透探伤现场检测设备

根据不同操作条件，可选用便携式喷射设备、布（无绒毛）、刷子、人员防护设备、白光源及 UV（A）源等。

1. 便携式喷射设备（美国磁通便携式压力喷射器）

图 7－5 为其实物照片，适用于作业现场施加渗透剂、显像剂和清洗剂，可进行雾状喷射和细流针喷射切换，通过压缩空气或 CO_2 筒增压，最大压强为 200 psi（1 psi＝6.895 kPa）。

图 7－5　便携式压力喷射器

2. UV（A）源

图 7－6，7－7 为 UV 光源实物照片。

图 7－6　便携式 UV 光源

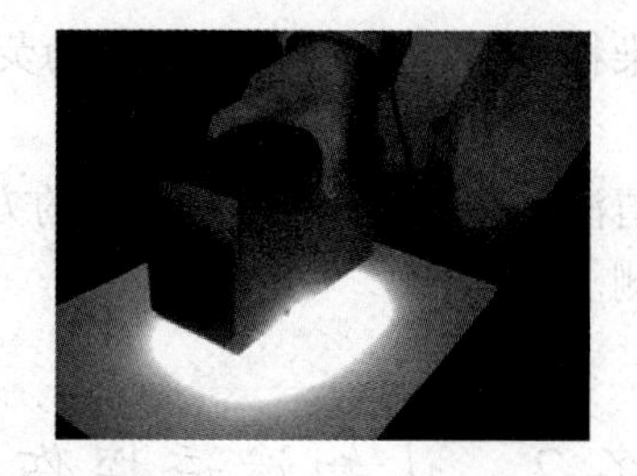

图 7－7　UV 面光源

（二）渗透探伤固定设备

1. 构成

渗透探伤固定设备由准备和预清洗区、渗透剂施加区、渗透剂滴沥区、多余渗透剂去除区（浸洗槽喷洗区乳化区）、干燥区、显像剂施加区及检测区等组成。

根据被检工件大小、数量和现场条件，可将上述各单元固定在统一体上，也可根据需要变更配置重新组合。

2. 渗透探伤固定设备要求（GB/T 18851.4—2005）

用于制造固定式渗透检测设备的各种材料（例如液槽、进排液管道和搬送装置等），均应采用在整个操作过程中能承受被检工件冲击的材料。此外，这些材料不应导致渗透系统的工作性能发生任何变化。

渗透检测设备应安置在没有外来污染源（如来自上方蒸气管泄漏而污染工作溶液）的位置。此外，渗透材料液槽宜配有适宜的槽盖，设备不用时宜将槽盖盖好。

设备中若配备有废液处理或水循环系统，其设计应确保所排放的水符合地方污水排放要求。此外，用于冲洗的循环水的质量应适合被检工件。

与喷射施加渗透剂相配套的回收系统，其设计应充分满足地方有关安全生产和气体排放法规等卫生和安全要求。

用于渗透检测的各种化学品，均应储存在密封的容器里，且应满足有关的卫生和安全要求。

二、渗透检测材料

渗透检测材料是根据被检材料或工件及其表面条件，以及根据所实施检测的条件等情况进行配制或选择的。

（一）渗透检测材料的种类

1. 渗透剂

渗透剂分为荧光渗透剂、着色渗透剂、两用（荧光/着色）渗透剂、特殊用途渗透剂。

2. 去除剂

去除剂可分为水、乳化剂（亲油性乳化剂、亲水性乳化剂）及液体状溶剂。

3. 显像剂

显像剂有干粉、悬浮或溶解于水中（水悬浮 、水溶性）、悬浮于非水挥发性溶剂中（不可燃的、可燃的）几种。

渗透检测材料分类见表 7－1。

表 7－1 检测产品 GB/T 18851.2—2008 渗透材料的检验

渗透剂		去除剂		显像剂	
型号	种类	方法	种类	方式	种类
Ⅰ	荧光渗透剂	A	水	a	干粉
Ⅱ	着色渗透剂	B	亲油型乳化剂	b	水溶剂
Ⅲ	两用(荧光着色渗透剂)		1.油基型乳化剂	c	水悬浮
			2.流动水冲洗	d	溶剂型(非水,适用于
		C	溶剂(液体)	e	型)
			1级 已卤化		溶剂型(非水,适用于Ⅱ型和
			2级 未卤化	f	Ⅲ型)
			3级 特殊应用		特殊应用
		D	亲水型乳化剂		
			1.可选预冲洗		
			2.乳化剂(水稀释)		
			3.最终冲洗(水)		
		E	水和溶剂		

(二)渗透材料的检验(GB/T 18851.2—2008)

渗透材料所需的化学制品,可能是有害的、易燃的(或挥发性的),因此均应注意预防,并应遵守国家、地方颁布的所有有关安全卫生、环保等法律法规的规定。

渗透材料应按 GB/T 18851.2—2008 规定进行相应检验。

三、渗透探伤参考试块

GB/T 18851.3—2008 渗透检测参考试块中,规定了两种类型的参考试块,且其使用条件应与被检工件相同。

(一)1 型参考试块

1 型参考试块,用于确定荧光和着色渗透产品族的灵敏度等级。

1 型参考试块为一组四块,每块的镍－铬镀层厚度分别为 10 μm,20 μm,30 μm,50 μm,参考试块为矩形,典型尺寸为 35 mm×100 mm×2 mm,如图 7－8 所示。其中镀层厚度为 10 μm,20 μm,30 μm 的试块用于确定荧光渗透系统的灵敏度,30 μm 和 50 μm 的试块用于确定着色渗透系统的灵敏度。

每块试块通过纵向拉伸形成横向裂纹,每条裂纹的宽深比应是 1:20,参见图 7－8。

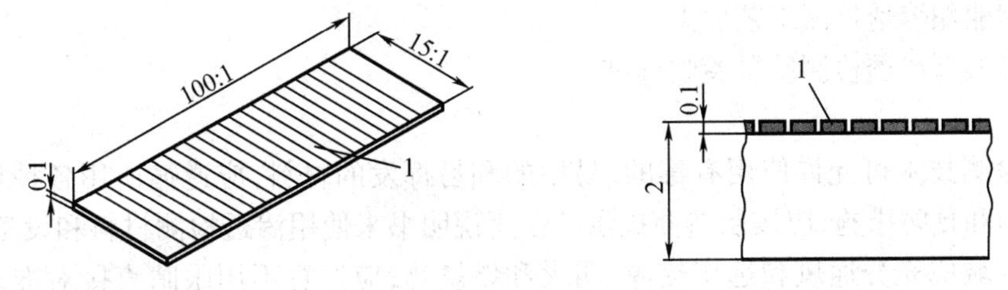

图 7－8 1 型参考试块

1—横向裂纹;2—镍－铬镀层厚度(μm)

(二)2 型参考试块

2 型参考试块,用于评定荧光和着色渗透产品族的性能。

2 型参考试块为单独一组,参考试块为矩形,尺寸为 155 mm × 50 mm × 2.5 mm。其一半为电镀镍后再镀一薄层铬,另一半制成特定粗糙度的区域,镀层一边上分布 5 个星形的不连续,见图 7 - 9。

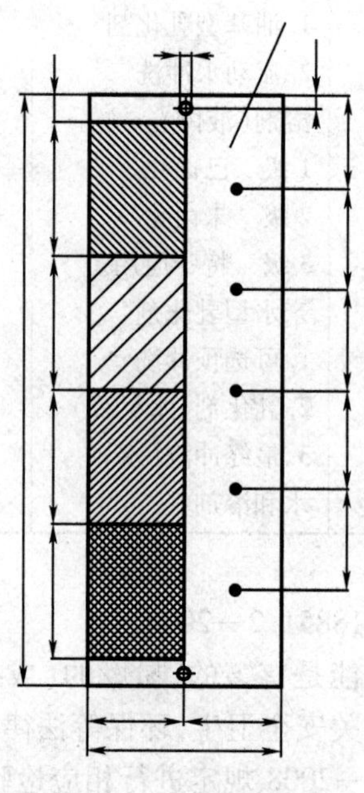

图 7 - 9　2 型参考试块

任务 3　实施渗透探伤

[知识目标]

1. 了解渗透检测基本操作顺序。
2. 掌握渗透探伤工艺规范。

[能力目标]

1. 掌握船舶渗透检测工艺要点。
2. 掌握典型渗透检测质量验收标准。

渗透检测技术可允许使用有毒的、易燃的和易挥发的材料,应遵循所用各种材料相关的适用范围和预防措施,应按制造商提供的使用说明书来使用渗透检测材料和设备。

工作区域应充分通风和远离热源、明火和燃烧物,应注意不用眼睛直接对准未被过滤的来自紫外辐射源的辐射,始终保证在安全的条件下工作。

一、渗透检测基本操作顺序(GB/T 18851.1—2005 渗透检测总则)

1. 对材料或工件的表面进行预清洗和清除油污以作检测准备。

2. 将渗透剂施加在处理完毕的工件表面,并停留一段时间,使渗透剂渗入该表面上开口的不连续。

3. 去除多余的渗透剂,但其方法必须确保渗透剂能滞留在不连续内。

4. 将显像剂施加在该表面,以吸出不连续内的渗透剂,从而得到一个放大的不连续的显示。

5. 在适当的观察条件下进行目视检测和评价。

6. 对检测过的表面进行清洗,如有必要,附加防腐蚀处理。

注意事项:检测时的温度若与该渗透检测材料的规定不同,可能会导致错误的结果。

二、渗透探伤工艺

(一)检测条件

1. 材料的相容性

对于被检材料,各种渗透检测材料应是相容的,另外特别要注意长期腐蚀问题。

为了检验相容性,可能需要实施一项特别的检验,检验的性质视被检材料而定。

对于渗透检测材料,在有燃料、润滑油、水压液体等污染物的地方可能会产生有害影响,因此应特别注意检测后的清洗操作,具体要求如下:

检测后,若有碍后续工序或使用要求,必须去除渗透剂和显像剂。如果残留的检测材料与使用中的其他因素互相影响可能产生腐蚀作用,故检测后的清洗特别重要。

对于水基型液体显像剂,推荐的做法是在检测后立即进行清洗。

在预清洗、清除油污和干燥等操作中,应确保不影响检测结果。

2. 预清洗和表面准备

(1)基本要求

所有的清洗材料及其工序,与渗透检测材料以及被检材料等应相容。

为了去除防护性的涂层,如油漆层,宜采用化学方法进行处理,以避免装饰物进入到表面的不连续中。应清洗表面及其上面的不连续,使其没有污染物。表面的整洁和粗糙情况宜符合相关规定要求。

(2)表面污染物清除(GB/T 18851.1—2005)

化学方法更适合于去除污染物,可以很容易地去除任何位置的污染物。物理方法主要去除表面和一般的污染物,不能去除在表面不连续里面的污染物。物理清洗方法,如喷丸,会使金属表面产生塑性变形,可能会完全或部分地封堵住不连续,以至于阻碍或限制渗透剂的渗入。

若有可能,在使用了物理方法之后,推荐再用浸蚀法去除污染物。作为建议,预清洗剂的使用可以提高检测灵敏度 ,尤其是对曾经受压过的不连续更应如此。

为使渗透剂的性能不产生有害影响,残留的浸蚀液经化学中和以及进行后续去除是必要的。

3. 清除油污

施加渗透剂前,应对被检表面进行油污清除,并且所用的除油剂不存在不相容现象。清除油污后,应做短时检验,以确认温度与规定一致,然后再施加渗透液。

4. 干燥

被检表面经清洗后,必须给予彻底干燥,以免水或溶剂滞留而阻碍渗透剂的渗入。为减少干燥时间,可缓慢在其局部区域加热,或用暖空气吹干。

通常被检表面和渗透检测材料的温度,不宜超过所使用的材料说明书中所标明的范围。其他温度条件时,若得到制造商的认可,则可在该条件下使用其材料。

(二)检测步骤

1. 施加渗透剂

(1)施加的温度

被检表面和渗透检测材料的温度,不宜超过所使用的材料说明书中所标明的范围。其他温度条件时,若得到制造商的认可,则可在该条件下使用其材料。

(2)施加的方法

渗透剂应彻底且均匀润湿被检表面,渗透剂可以用刷、喷雾或用静电喷射、浇注、浸没等方法进行施加。

(3)渗透时间

渗透时间与渗透剂的性能、检测时温度、被检材料和具体的缺陷等有关。渗透时间长不会降低灵敏度,通常较长的渗透时间可以使不连续有较清晰的显示。

在渗透时间内,渗透剂不应干燥。如果需要,应使用渗透剂反复润湿被检表面。渗透剂在表面停留并完全润湿的时间,不应低于该渗透剂制造商所推荐的渗透时间。

2. 施加乳化剂

对于某些有特别要求的渗透剂类型,在过了渗透时间之后,应在被检表面上施加相应的乳化剂,施加方法可用浸没、浇注或喷射等。

乳化时间与当时的条件、表面结构以及不连续的类型等有关。因此,应遵循制造商的指导。通常乳化时间应充足,以便被检表面有效进行水洗。但乳化时间过长,可能会乳化掉不连续中的渗透剂。

3. 多余渗透剂的去除

经过适当的渗透时间(也包括乳化时间)之后,应去除表面层的渗透剂和乳化剂。去除不充分会留下一个背景,从而影响不连续的显示,容易产生错误识别。但不能清洗过分,避免去除掉较大的表面不连续中的渗透剂。

对于荧光渗透检测,应在紫外辐射下控制清洗。对于着色渗透检测,应持续进行清洗,直至渗透剂颜色的痕迹在被检表面消去为止。

(1)溶剂去除型渗透剂

使用清洁、干燥、吸湿的无绒毛布或纸巾擦去大部分渗透剂,再用相应的溶剂略微沾湿无绒毛的布或纸巾,擦去滞留在表面的渗透剂薄层,直至多余渗透剂的滞留痕迹都被去除掉为止。

(2)水洗型和后乳化型渗透剂

水洗型和后乳化型渗透剂,应用水冲洗、擦洗或喷洒来去除。去除时宜使用温水,但其温度不应超过渗透剂制造商推荐的范围。对于荧光渗透剂,冲洗应在紫外辐射下进行,以确保充分清洗所有表面。

对于着色渗透剂,冲洗应直至渗透剂的滞留痕迹都被去除掉为止。

如果某一部分不能完全被水洗掉,是因为渗透剂的乳化不足,则该部分宜重做,即干燥、重新清洗、再施加渗透剂和乳化剂。

4. 干燥

在去除多余渗透剂之后和施加显像剂之前,应选择下列之一方法对表面进行干燥。

(1)清洁、干燥、无绒毛的布或纸巾。

(2)清洁、干燥、经过滤的压缩空气。

(3)强制循环暖空气。

(4)循环热空气烘箱。

注意事项:

被检表面和空气的温度不宜超过所用的材料说明书中标明的范围。其他温度条件时,若得到制造商的认可,则可在该条件下使用其材料。

若使用干粉或非水湿式显像剂,干燥应采用特定的方法进行。

为防止不连续中的渗透剂被蒸发掉,应避免干燥时间过长或温度和气压过高。

若同一类型的溶剂去除型和水洗型渗透剂与溶剂型和水基型湿式显像剂连同使用,则不需要干燥。

5. 施加显像剂

(1)干粉显像剂

被检表面经干燥后,应立即将与渗透剂相容的显像剂均匀地施加到被检表面上。应采用可使被检表面呈现外观为粉末且均匀薄层的方法进行施加,例如用静电喷射。

(2)液体显像剂

经干燥后,在不超过制造商推荐的间隔期内,与渗透剂相容的显像剂应均匀地施加到被检表面上。

按制造商的推荐,显像剂的施加可用喷雾、静电喷射、飘拂技术或浸没等方法。使用前,应剧烈摇动液体显像剂,以确保载液中的固体粉末均匀分散。应避免液体显像剂形成淤积和厚层,避免掩盖显示。

应确定在干燥后可得到均匀的白色表面覆盖层的显像条件和显像剂量。

注意事项:

显像剂干后,在被检表面上留下一层粉末。显像剂液体是悬浮液,通常有良好的渗透性能,故在显像剂被稳定在被检表面上之前,可能偶尔会去除不连续(尤其是开口较大的不连续)中的渗透剂。导致渗透剂在被检表面上蔓延,引起模糊显示。

6. 显像时间

施加显像剂后(如果是液体的,应允许进行干燥),被检工件应等待足够的时间(显像时间),以便出现显示,该时间与所使用的检测介质、被检材料和缺陷显示的种类等有关。通常对于细微的不连续,大约是50%渗透时间至整个渗透时间。标准的最大显像时间通常是两倍的渗透时间。过长的显像时间可能会引起较大的、深的不连续中渗透剂的回渗,由此会产生宽而模糊的显示。

(三)观察条件

1. 荧光渗透剂

使用荧光渗透剂时,检测室或现场应较暗布置,可以用暗淡的琥珀色灯照明。被检表面的检测,应在320 nm至400 nm波长之间的紫外辐射下进行。检测之前,应确认紫外线灯能得到极其明亮的荧光,至少应有5 min时间使眼睛适应变化的光线环境。检测时被检表面上的紫外辐射强度,不应低于相关要求。

2. 着色渗透剂

使用着色渗透剂时,检测现场宜使用照度不低于500 lx(相当于用80 w荧光灯管照射在距离大约 1 m 处之所得)的日光或灯光进行照明,以便评定被检表面所呈现出来的显示。

3. 辅助观察

检测具有高反射率表面的工件时,如有必要时可利用放大和反差眼镜。眼镜应用钠玻璃透镜制成,使荧光渗透剂产生增强反差,并遮挡对人不利的紫外线或蓝色光线。

(四)检测

满足显像时间后,被检表面应在适当的条件下观察。

如背景不利于显示的解释,被检表面应全部重新检测。有显示的位置应做标记,对有关的不连续应按约定的验收等级进行评定。

不连续所显示出的点或线,随显像时间而不断增大。显示的特征(如迅速地显像以及形成的最终形状和尺寸)提供了揭示不连续性质的信息。有问题或可疑的显示区域应重新检测,以确认不连续是否真的存在。

1. 重新检测

如果需要重新检测,应重复整个步骤,即使用相同的材料及相同的清洗过程。

如果重新检测是在第一次检测后较长时间进行,应特别注意特定的清洗。避免先前检测时留在不连续中的残余渗透剂,阻碍新的渗透剂进入。

2. 后续检测

如果在后续检测中使用的是不同的渗透剂,检测步骤应包括确保完全去除防腐剂和渗透剂的不连续的清洗过程。

需要注意的是,残余的着色渗透剂会与荧光渗透剂起化学反应,导致荧光全部或部分熄灭。

(五)检测后的清洗

检测后,若有碍后续工序或使用要求,必须去除渗透剂和显像剂。如果残留的检测材料与使用中的其他因素互相影响,可能产生腐蚀作用,必须重视检测后的清洗。对于水基型液体显像剂,可在检测后立即进行清洗,以保证容易除掉显像剂。

显像剂和渗透剂去除之后,被检工件应进行干燥,如有必要,再附加防腐处理。

(六)检测的灵敏度

渗透检测过程的灵敏度较高,例如能显示只有 10^{-6} m 宽的微小裂纹。周密的检测技术工艺,更容易检测出更细或更小的不连续。

灵敏度根据特定材料中特定类型的不连续的性质而定,例如细裂纹或开口裂纹,深裂纹或浅裂纹。特定的渗透剂和技术工艺,必然可得到特定的灵敏度。在实际操作中,常使用人工制造的参考试块或对比试块,即含有符合要求的人工缺陷和自然缺陷(通常是裂纹状)的试样。

(七)结果报告

1. 数据表述

若需要出具渗透检测报告,则应包括如下信息:

检测项目所引用的标准,检测的日期,检测负责人的资格和签名,技术工艺、环境温度和所用的渗透检测材料及制造商的名称,所有相关显示的形状和位置(附带草图)以及采取的措施。

2. 工艺卡

实施渗透检测的每项具体操作(连同其他所有相关数据)应表述在工艺卡上。渗透检测工艺卡宜为A4纸大小，工艺卡具体的编排宜得到有关各方的认可。工艺卡上的附加说明栏中所要表述的内容，通常包括有关渗透剂、去除剂、显像剂的数据。

表7－2为渗透检测工艺卡示例，依照GB/T 18851.1—2005执行。

表7－2　渗透检测工艺卡

渗透检测工艺卡	第　页 共　页	工艺卡编号	
工件： 制造商： 交付地点：		工件号：	
有关文件①：	制订：	日期：	
	批准：	日期：	
渗透剂	去除剂		显像剂
操作	步骤	要求	说明
1	预清洗		
2	清除油污		溶剂
3	冷却		
4	施加渗透剂		渗透时间
5	水洗		
6	施加去除剂		接触时间
7	水洗		
8	干燥		
9	施加显像剂		显像时间
10	检测		放大率要求
11	清洗		
12	防护		
特别预防措施			
附加说明			

注：①国际标准、国家标准或行业标准

(八)渗透检测工艺概要

依照CB/T 3958—2004船舶钢焊缝磁粉检测、渗透检测工艺和质量分级进行。

1. 表面预清理

被检工件焊缝表面及其两侧 25 mm 区域内应无锈蚀、氧化皮、焊渣、飞溅物、油脂、涂层、油膜、污垢等有可能干扰渗透检测的物质。

表面预处理可分别采用碱洗、酸洗、蒸气清洗、溶剂清洗、机械清洗和超声波清洗等方法。不允许用喷砂、喷丸和硬砂轮打磨等可能堵塞缺陷的清理方法。

2. 渗透操作

渗透剂和被检焊缝的表面温度应保持在 10 ℃ ~52 ℃(在检测过程中,允许做局部的加热或冷却,但温度应保持在 10 ℃ ~52 ℃)。当无法满足上述要求时,应按实际情况做对比试验,来鉴定工艺方法的可用性。

在规定温度下,渗透时间应参照产品使用说明书中规定的时间且不应少于 5 min。在渗透时间内应保持被检区域表面全部被渗透剂覆盖,并保持湿润状态。

3. 去除多余渗透剂

达到规定的渗透时间后,应清除残留在被检表面上的渗透剂。在去除过程中,既要防止清除不足而造成对缺陷指示的识别困难,又要防止清除过度,以免渗入缺陷中的渗透剂也被除去。使用荧光渗透剂时,应在紫外线照射下观察清除程度。

水洗型渗透剂应用喷水方法清除,水压不应超过 345 kPa,水温应为 10 ℃ ~38 ℃。在某些特殊情况下,如果没有合适的水洗装置,也可采用干净不起毛的吸湿材料蘸水擦拭焊缝表面上多余的渗透剂。

去除后,乳化型渗透剂的乳化剂用亲油性的或亲水性的,亲油性乳化剂可通过涂刷或浸渍的方法施加在焊缝表面。

亲水性乳化剂施加前,已渗透好的焊缝表面应进行预清洗,可采用喷水方法清洗焊缝,水温应控制在 10 ℃ ~38 ℃,水压应在 170 ~275 kPa 范围内,清洗时间不应超过 60 s,清洗后可用压缩空气(一般压力为 175 kPa)把残留的积水去除。

亲水性乳化剂可通过喷洒或浸渍的方法施加在焊缝表面。乳化剂的温度应保持在 10 ℃ ~38 ℃。

焊缝表面已乳化的渗透剂可采用喷水以及浸泡等方法清洗掉。喷水清洗的水温应控制在 10 ℃ ~38 ℃,水压应遵守产品说明书的规定,同一部位最大喷水时间不应大于 120 s。浸泡清洗时应把需清洗的部位完全浸没在水中,用空气或机械方法搅动水。水温应保持在 10 ℃ ~38 ℃,最大浸泡时间不应超过 120 s。

溶剂去除型渗透剂的去除,应采用干净不起毛的布或纸沿着某一个方向擦拭。先用干燥的布或纸擦拭,直到大部分渗透剂都已去除后,再用蘸有少量溶剂去除剂的布或纸轻轻擦除残留的渗透剂。

4. 干燥

干燥的方法有用干净布擦干、压缩空气吹干、热风吹干和自然干燥,干燥时间通常为 5 ~10 min。

施加快干式显像剂之前或施加湿式显像剂之后,检测面需经干燥处理。一般可用热风干燥或自然干燥。干燥时,被检面的温度不应高于 52 ℃。

当采用清洗剂清洗时,不应加热干燥。

5. 显像

使用干显像剂时,应先经干燥处理,再用适当方法将显像剂施加到焊缝表面,并保持一段时间。

使用含水液体显像剂时,可采用喷涂、流布或浸渍等方法。被检焊缝表面经过清洗后,可在干燥前直接将湿显像剂施加在被检焊缝表面,然后迅速排除多余显像剂,再进行干燥处理。

使用溶剂显像剂时,焊缝表面经干燥处理后,再将显像剂喷洒到被检焊缝表面,然后进行自然干燥或用压缩空气吹干。

着色渗透剂只能用湿显像剂。荧光渗透剂则干、湿显像剂都可以应用。

显像剂在使用前应充分搅拌均匀,显像剂施加应薄而均匀,不可在同一区域反复多次施加。

喷洒湿显像剂时,喷嘴离被检表面距离为 300 ~ 400 mm,喷洒方向与被检表面夹角为 30° ~ 40°,或根据产品使用说明书的规定进行操作。

不应在被检表面上倾倒溶剂显像剂,以免冲洗掉缺陷内的渗透剂。

显像时间取决于显像剂的种类、缺陷大小以及被检工件温度,应按产品使用说明书规定,一般应不少于 7 min,特殊情况可通过试验确定。

6. 观察

观察显示的指示应在显像剂施加后 7 ~ 30 min 内进行。在荧光渗透检测时,检测人员应在观察前用 5 min 以上时间在暗处使眼睛适应。若检测人员戴眼镜或在观察中使用放大镜,这些用具都应是非光敏的。

荧光渗透检测的指示观察应在白光亮度不大于 20 lx 的暗处使用黑光灯进行。

着色渗透检测的指示观察应在白光强度大于 1 000 lx 的条件下进行。

7. 重检

若发现下列情况应重新将试件彻底清洗干净进行重检:

(1)检测结束过程中发现探伤剂失效时。

(2)在操作方法上有误时。

(3)难以确定指示是缺陷还是非缺陷的因素引起时。

8. 后清除

检测结束后,如果残留的探伤剂会干扰以后的加工过程或使用,以及会在使用过程中与其他成分结合而产生腐蚀,则应进行后清除。可采用简单水洗、机械清洗、蒸气除油、溶剂浸渍或超声波清洗等方法进行后清除。后清除应在检测完成后尽可能快地进行。

三、检测结果评定

根据 CB/T 3958—2004 船舶钢焊缝磁粉检测、渗透检测工艺和质量分级规定,对渗透检测做出了以下规定:

(一)检测人员要求

从事渗透检测的人员,应持有中国船级社认可的相应的船舶无损检测技术资格证书。

编制工艺文件(如工艺卡和/或工艺规程)的人员,应持有相应的Ⅱ级以上船舶无损检测技术资格证书。

审核渗透检测工艺文件的人员,应持有相应的Ⅱ级船舶无损检测技术资格证书。

检测人员的视力应每年检查一次,矫正视力不应低于 1.0,无色盲和色弱。

（二）缺陷指示的分类

1. 缺陷指示

线状缺陷指示——指示的长度与指示的宽度之比大于3的缺陷指示。

圆形缺陷指示——指示的长度与指示的宽度之比不大于3的缺陷指示。

2. 在同一直线上，间距不大于2 mm的两个或两个以上缺陷指示，按一个缺陷指示计算，其长度为其中各个缺陷指示的长度及其间距之和。

（三）质量分级

不允许存在下列缺陷：

任何裂纹、任何未熔合、任何长度大于3 mm的线状缺陷指示及任何单个缺陷长度或宽度大于或等于4mm的圆形缺陷指示。

缺陷指示等级的评定按表7－3进行，评定区尺寸为35mm×100 mm，评定区选在缺陷指示最密集的部位。

表7－3　缺陷指示的等级评定　　单位（mm）

评定区尺寸	等级	缺陷指示累计长度
35×100	Ⅰ	<0.5
	Ⅱ	0.5>2.0
	Ⅲ	>2～4
	Ⅳ	>4～8
	Ⅴ	>8

（四）反应釜渗透检测

某公司制作一台反应釜，材质为1Ci18Ni9Ti，规格如图7－10所示。根据规范要求，需要对J1，J2，B1进行100%渗透检测。

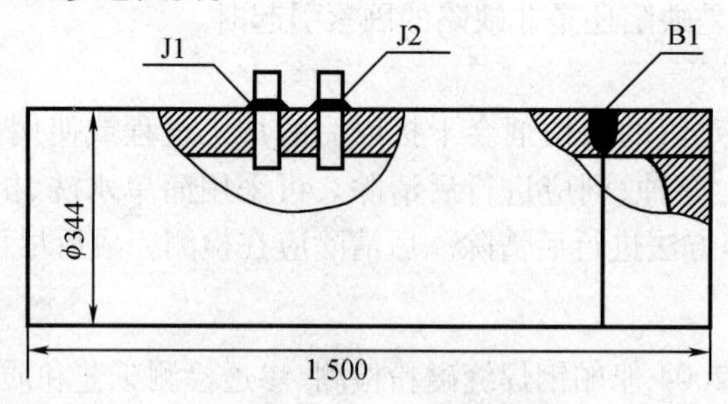

图7－10　反应釜生产图示

检测的操作要点如表7－4所示。

表7－4　操作要点

序号	工序名称	操作要求及注意事项
1	表面处理和预清洗	用磨光机去除焊渣、飞溅。用溶剂进行清洗，去除污物和水分，消除范围应从检测部位四周向外扩展25mm

表 7-4(续)

序号	工序名称	操作要求及注意事项			
2	干燥	/			
3	渗透	喷涂施加渗透剂,应保证被检部位完全被渗透剂覆盖,并在整个渗透时间内保持润湿状态			
4	去除	先用干燥、洁净不脱毛的布依次擦拭,至大部分多余渗透剂被去除后,再用蘸有清洗剂的干净不脱毛布或纸进行擦拭,不得用清洗剂直接在被检面上冲洗。			
5	干燥	自然干燥			
6	显像	在使用前应充分搅拌均匀,喷涂显像剂时,喷嘴离被检面距离为 300 ~ 400mm,喷涂方向与被检面夹角为 30° ~ 40°,显像剂施加应薄而均匀,不可在同一地点反复多次施加。			
7	检验	一般应在显像剂施加 7 ~ 60min 后,在白光下进行,被检面处白光照度大于或等于 1 000lx			
8	后处理	用水或溶剂清洗,去除检测表面的残留物			
9	等级评定及验收	根据缺陷显示痕迹尺寸和性质,按相应规范进行等级评定			
编制		审核		批准	

【思考与练习】

1. 试述毛细作用、乳化作用的机理。
2. 分析荧光现象及机理。
3. 什么是渗透探伤？试述其工作原理。
4. 渗透探伤包括哪些方法？
5. 现场渗透检测设备及固定渗透检测设备各由什么组成,有何要求？
6. 渗透检测包括哪些材料,如何表示？
7. 渗透探伤参考试块有何要求？试述其作用。
8. 渗透检测技术有何安全要求？
9. 简述渗透探伤工艺流程。
10. 分别说明船舶及钢结构渗透检测的质量标准。

项目八　其他焊接检验

焊接生产中某些产品涉及合金钢材料，如化工领域、锅炉部件等，如果管理不善可能会错用材料。

《锅炉安全技术监察规程》TSG G0001—2012 中规定，锅炉受压元件及其焊接接头质量，包括外观检验、通球试验、化学成分分析、无损检测、力学性能检验、水压试验等。合金钢管、管件对接接头焊缝和母材应进行化学成分光谱分析验证。

GB 50235—2010 工业金属管道工程施工规范中，要求热处理的焊缝和管道组成件热处理后应进行硬度检验；进行管道焊缝金属化学成分分析，焊缝铁素体含量测定，焊接接头金相、产品试件力学性能等检验时，应符合设计文件和国家现行有关标准的规定。

中国船级社《材料与焊接规范 2012》规定，如验船师认为有必要，可进行下列检查和试验：焊缝金属的化学成分、试件母材的化学成分、放大倍数为 100 和不低于 300 倍的焊接接头金相组织、不锈钢晶间腐蚀试验。

任务 1　认知光谱分析

[知识目标]

1. 了解光谱分析的作用。
2. 掌握光谱分析的基本理论。

[能力目标]

掌握直读光谱典型仪器操作和使用要点。

历史上曾通过光谱分析发现了许多新元素，如铷、铯、氦等。现代生产中，光谱分析已广泛应用于冶金、铸造、机械、金属加工、汽车制造、航空航天、兵器及化工等领域。利用光谱分析，可实现生产过程的质量控制及实验室成品检验。光谱分析可对 Fe，Al，Cu，Ni，Co，Mg，Ti，Zn 及 Pb 等多种金属及其合金样品进行成分分析，也可对片状、块状及棒状的固体样品中的非金属元素（C，P，S，B 等）进行化学成分检查。

一、光谱分析理论

光是一种电磁波，由电磁波按波长或频率有序排列构成的光带（图谱）称为光谱，基于测量物质的光谱而建立的分析方法称为光谱分析法，其本质是利用材料光谱以鉴别或确定其化学组成和相对含量。

（一）光谱分析基本原理

1. 定性分析

光谱学方法可获取物质组成方面的信息，是一种化学分析中重要的定性与定量的方法。光谱分析一般可依据物质与光的相互作用产生的光谱的特征来定性,不同光谱特征有很大差异。原子光谱属于线光谱,每种原子都有其独特的光谱,犹如人们的“指纹”一样各不相同。它们按一定规律形成若干光谱线系,原子光谱线系的性质与原子结构是紧密相连的,是研究原子结构的重要依据。每一种元素都有它特有的标志谱线,把某种物质所生成的明线光谱和已知元素的标志谱线进行比较就可以知道这些物质是由哪些元素组成的。

2. 定量分析

光谱不仅能定性分析物质的化学成分,而且能确定元素含量的多少,即定量分析。

光谱分析定量原理一般是依据光的强度与待测分析物质含量的确定函数关系。由于某种特定光谱光是由某特定物质产生的,一般该物质含量越大,相应的光谱光的强度也越大。

目前大多数光谱仪器中,通常是控制仪器在一定的条件下,建立特定光谱光的强度与待测分析物质浓度的线性关系,即建立仪器校准工作曲线,随后测定未知样品对应的光谱光的强度,根据工作曲线计算出样品中待测分析物质浓度。

不同仪器光谱光的强度与待测分析物质浓度的线性关系不同。如原子发射光谱,各种元素某一特征谱线(特定波长下的谱线)的强度和在光源中进行激发时所形成的蒸气云中该元素的原子浓度间存在固定关系,这是光谱定量分析的基础。被分析元素在样品中的浓度越大,则辐射谱线的强度也越大,由谱线强度大小即可判断元素浓度高低。

3. 相关术语

(1)激发电位(激发能)

原子中某一外层电子由基态激发到高能态所需要的能量,称该高能态的激发电位,以电子伏特(eV)表示。

(2)电离电位(电离能)

把原子中外层电子电离所需要的能量,称为电离电位,以 eV 表示。

(3)共振线

原子中外层电子从基态被激发到激发态后,由该激发态跃迁回基态所发射出来的辐射线,称为共振线。而由最低激发态(第一激发态)跃迁回基态所发射的辐射线,称为第一共振线,通常把第一共振线称为共振线。共振线具有最小的激发电位,因此最容易被激发,一般是该元素最强的谱线。

(4)原子线

由原子外层电子被激发到高能态后跃迁回基态或较低能态所发射的谱线称为原子线,在谱线表中用罗马字“Ⅰ”表示。

(5)离子线

原子在激发源中得到足够能量时,会发生电离。原子电离失去一个电子称为一次电离,一次电离的离子再失去一个电子称为二次电离,依此类推。离子也可能被激发,其外层电子跃迁也发射光谱,这种谱线称为离子线。一次电离的离子发出的谱线,称为一级离子线,用罗马字“Ⅱ”表示。二次电离的离子发出的谱线,称为二级离子线,用罗马字“Ⅲ”表示。

(二)光谱分析特点

1. 操作简便,分析速度较快

很多光谱分析无需对样品进行处理即可直接分析,如 XRF 可直接分析固体、液体样品。原子发射光谱可同时对多种元素分析、省去复杂的分离操作等。

2. 不需纯标准样品即可实现定性分析

原子发射光谱、红外光谱等只需利用已知光谱图,即可进行定性分析。

3. 选择性好

可测定化学性质相近的元素和化合物。随着光谱分析仪器分辨率提高,光谱干扰将进一步减少,使得光谱分析成为分析这些化合物的更强大的工具。

4. 灵敏度高

可利用光谱法进行痕量分析。目前,大多数分析方法对常见元素和化合物的相对灵敏度可达到百万分之一,绝对灵敏度可达 10^{-8}g。

5. 局限性

光谱定量分析建立在相对比较的基础上,必须有一套标准样品作为基准来定量,而且定量结果容易受基体的影响,即要求标准样品的组成和结构状态应与被分析的样品基本一致,这给实际应用带来一定的困难。

(三)光谱分析的分类

根据光谱分析原理,可将其分为发射光谱分析与吸收光谱分析,根据电磁辐射的本质又可分为原子光谱分析和分子光谱分析。

1. 原子发射光谱

(1)原子发射光谱的形成

物质的原子由原子核及核外不断运动的电子构成。当原子受到能量(如热能、电能或光能等)作用时,原子中外层的电子从基态跃迁到更高的能级上,处于原子激发态。

激发态原子极不稳定,其从较高能级跃迁到基态或其他较低能级的过程中,将释放出多余的能量,能量会以热或光的形式辐射出来,形成发射光谱。

不同元素原子结构不同,所以特定元素会发出特定频率的光,每一种元素都有其特征谱线。即使同一种元素的原子,其激发态原子能量不同,也会产生不同的特征谱线。这些谱线按一定的顺序排列,并保持一定的强度比例。

(2)原子发射光谱的工作过程

①蒸发、原子化和激发　由光源提供能量使样品蒸发,形成气态原子,并使气态原子激发而产生光辐射,该过程需要借助激发光源来实现。

②光谱图形成　把原子所产生的辐射进行色散分光,按波长顺序记录在感光板上,就可呈现出有规则的光谱线条,需要借助摄谱仪器的分光和检测装置来实现。

③定性鉴定或定量分析　根据特征光谱鉴别元素的存在,利用谱线的强度测定元素的含量。

(3)原子发射光谱的分析方法

①定性分析　每一种元素的原子都有它的特征光谱,根据原子光谱中的元素特征谱线就可以确定试样中是否存在被检元素。

通常将元素特征光谱中强度较大的谱线称为元素的灵敏线。只要在试样光谱中检出了某元素的灵敏线,就可以确定试样中存在该元素。反之,若在试样中未检出某元素的灵敏线,就说明试样中不存在被检元素,或者该元素的含量在检测灵敏度以下。

光谱定性分析常采用摄谱法,通过比较试样光谱与纯物质光谱或铁光谱来确定元素的存在。

②半定量分析　摄谱法是目前光谱半定量分析最重要的手段,它可以迅速地给出试样中待测元素的大致含量,常用的方法有谱线黑度比较法和显现法等。

③定量分析　由于发射光谱分析受实验条件波动的影响,使谱线强度测量误差较大,

为了补偿这种因波动而引起的误差，通常采用内标法进行定量分析。

内标法是利用分析线和比较线强度比对元素含量的关系来进行光谱定量分析的方法。所选用的比较线称为内标线，提供内标线的元素称为内标元素。

2. 原子吸收光谱

原子吸收光谱是原子发射光谱的逆过程。当有辐射通过自由原子蒸气，且入射辐射的频率等于原子中的电子由基态跃迁到较高能态所需要的能量频率时，原子就会从辐射场中吸收能量，电子由基态跃迁到激发态，同时伴随着原子吸收光谱的产生。

基态原子只能吸收特定频率的光跃迁到高能态，因此，原子吸收光谱的谱线也取决于元素的原子结构，每一种元素有其独特的吸收光谱线。

二、实施光谱分析

光谱分析方法较多，工作原理区别较大。

(一)直读光谱仪

针对目前应用较为普便的直读光谱仪，介绍其工作过程。不同品牌、不同型号的光谱仪器，开关机步骤也有所区别，但基本都执行电源—主机—真空—氩气—计算机—软件等操作顺序。

1. ARL3460 机型操作和使用

(1)开机顺序(停电状态—工作状态)

首先打开磁力启动器开关(绿色按钮为开，红色为关)。

打开稳压电源开关(向上为开，向下为关)。

打开光谱仪电源，打开顺序为光谱仪的主开关—真空泵开关—循环冷却水泵开关—电子系统开关—高压系统开关。

依次打开电脑显示器开关、打印机开关、计算机主机开关。

(2)关机顺序

退出“WinOE”主菜单，关掉“WinOE”主程序。

依次关闭计算机、显示器和打印机开关。

关闭光谱仪开关(注意：与开机顺序正好相反，先开后关，后开先关)。

关掉稳压电源开关“ON—OFF”。

按红色按钮，关闭磁力启动器开关。

2. SPECTRO LAB Mg 机型操作和使用

合上电源闸，启动稳压器，待电压稳定到工作电压。

将仪器后面板的红色开关由“OFF”位置扳到“ON”的位置(每次开机后仪器应稳定 2h 再开始试样的测量工作)。

将氩气一级压力(气瓶)调到约 0.5MPa，二级压力(氩气净化器)应大于 0.5MPa。

按下仪器后面板的“STANDBY”待机开关，然后按下仪器后面板的“SOURCE”光源开关；依次打开显示器电源、打印机电源和计算机电源，进入 WINDOWS 操作系统。

双击“Spark analyzer”图标，启动光谱仪分析软件。

关机顺序和开机顺序相反。

3. 主要工作参数条件的选择

(1)光源参数

直读光谱的准确度和灵敏度与光源条件密切相连。日常分析中，只有对光源件进行实验后，才能选择出各材料的最佳分析条件。在光源条件中，电容、电感、电阻这三个电学参数对分析元素的再现性极为重要。

(2)电极的选择

电极选择主要考虑两方面内容：激发电极种类和电极间距。

①激发电极种类的选择　发射光谱分析用的激发电极种类很多，一般根据分析方法、分析对象不同而选用不同的激发电极。

②电极间距的选择　电极间距的大小对分析精度有很大影响。电极间距过大稳定性差，又难于激发，精度差；电极间距过小，虽然容易激发，但是随放电次数的增加，辅助电极凝聚物质增加，容易造成长尖，也会影响分析精度。

一般分析间距采用 4 ~5mm。

(3)冲洗、预燃和曝光时间的选择

①冲洗和预燃　冲洗的目的是尽量减少样品激发台内的空气，特别是对激发有不利影响的 O_2，H_2O 等。一般分析铝等有色金属可用 2s，分析黑色金属时可使用 3s。冲洗时间不宜过长，以免过多消耗氩气，延长分析时间。

不同材料、不同元素的预燃时间不同，中低合金钢的预燃时间可选 4 ~6s，高合金钢的预燃时间可选 5 ~8s，易切削钢的预燃时间可选 10 ~30s，铝合金的预燃时间可选 3 ~10s。

②曝光时间　主要取决于激发样品中元素分析再现性的好坏，曝光过程是光电流向积分电容中充电(也称积分)的过程。为了保证分析精度，火花放电的总次数应在 2000 ~3000 次，使铁与分析元素的光强值和比值比较适中。正常分析时，曝光时间一般采用 3 ~5s。但必须指出，曝光时间长短与光源的能量大小有关。

(4)氩气流量的选择

发射光谱分析的准确度和灵敏度与分析间隙中的激发气氛有很大关系。火花室中的空气对紫外光有强烈的吸收作用，使谱线强度变弱、分析灵敏度下降，同时在激发过程中由于选择性氧化和产生第三元素的影响，也使分析再现性变差。激发过程中产生的大量金属蒸气，容易污染聚光镜和火花室，也会影响分析精度。

一般大流量冲洗为 5 ~8L/min，激发流量为 3 ~5L/min，惰性流量为 0.5 ~1L/min。

(5)内标元素线及谱线条件的选择

在发射光谱分析方法中，变化因素很多，应用“内标法”可明显地补偿各种变化因素，提高分析精密度。

(二)便携式光谱仪(WKX -10A/8A 轻便型看谱镜)

适用于工作现场或实验室对有色金属、黑色金属进行快速定性和半定量分析，图 8 -1 为实物照片。

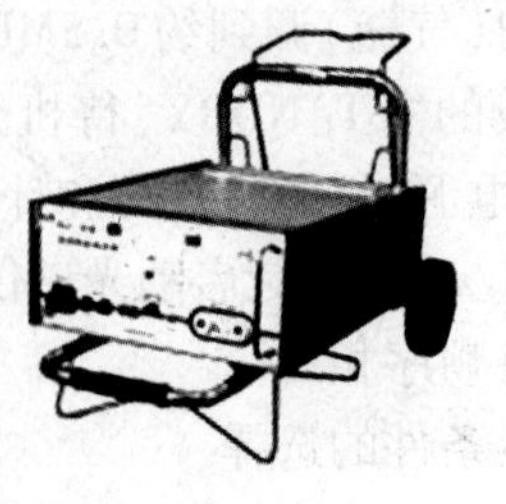

图 8 -1　便携式光谱仪

任务2　认知压力试验

［知识目标］

1. 了解水压试验的作用。

2. 掌握气压试验的应用。

［能力目标］

1. 掌握水压试验的基本要求。

2. 掌握水压试验的试验过程及合格标准。

压力试验的目的是检验压力容器承压部件的强度和严密性。在试验过程中，通过观察承压部件有无明显变形或破裂，来验证压力容器是否具有设计压力下安全运行所必需的承压能力。同时，通过观察焊缝、法兰等连接处有无渗漏，检验压力容器的严密性。

根据试验介质的不同，压力试验分为液压试验与气压试验两大类，二者的目的与作用相同。由于压力试验的试验压力比最高工作压力高，所以应该考虑到压力容器在压力试验时有破裂的可能性。由于相同体积、相同压力的气体爆炸时所释放出的能量要比液体大得多，为减轻锅炉、压力容器在耐压试验时破裂所造成的危害，所以通常情况下试验介质选用液体。因为水的来源和使用都比较方便，又具有做耐压试验所需的各种性能，所以常用水作为耐压试验的介质，故耐压试验也常称为水压试验。

一、水压试验

（一）水压试验的基本要求

水压试验压力应以能考核承压部件的强度，暴露其缺陷，但又不损害承压部件为佳。通常规定，承压部件在水压试验压力下的薄膜应力不得超过材料在试验温度下屈服极限的90%。

根据TGS G0001—2012特种设备安全技术规范规定，水压试验应具备以下要求：

1. 水压试验应在无损探伤合格和热处理以后进行。

2. 试验现场应有可靠的安全防护装置。停止与试验无关的工作，疏散与试验无关的人员。

3. 水压试验应在环境温度高于或等于5℃时进行，低于5℃应有防冻措施。

4. 水压试验所用的水应是洁净水，水温应保持高于周围露点的温度，以防止表面结露，但温度不应过高以防止汽化和过大的温差应力。

5. 合金钢受压元件的水压试验温度应高于所有钢种的脆性转变温度。

6. 奥氏体不锈钢受压元件水压试验时，应控制水中的氯离子含量不超过25mg/L，如不能满足时，水压试验后应立即将水渍去除干净。

7. 水压试验压力和保压时间。整体水压试验保压时间为20min，压力按规定进行。

（二）试验过程

1. 试验前，各连接部件的紧固螺栓必须装配齐全，并将两个量程相同、经过校正的压力表装在试验装置上便于观察的地方。

2. 将锅炉、压力容器充满水后，用顶部的放气阀排净内部的气体，检查外表面是否干燥。

3. 缓慢升压至最高工作压力，确认无泄漏后继续升压到规定的试验压力并满足保压时间。

4. 检查。

5. 放水（泄压）。

（三）合格标准

1. 压力容器水压试验后，无渗漏、无可见的异常变形，试验过程中无异常的响声，则认为水压试验合格。

2. 锅炉水压试验时，在受压元件金属壁和焊缝上没有水珠和水雾；胀口处，在降到工作压力后不滴水珠；水压试验后，没有发生残余变形。

符合上述情况的，则认为水压试验合格。

（四）水压试验方案实例

1. 工程概况

工程名称：×××炼油项目成品油罐区

3000 立方米液化气球罐安装工程

工程内容：

6 台 3000 立方米液化气球罐安装工程

2. 编制依据

（1）GB 50094《球形储罐施工及验收规范》

（2）GB 12337—1998《钢制球形储罐》

（3）设计图纸及技术条件

3. 水压试验流程

（1）水压试验前的准备工作

①球罐的水压试验必须在罐体及接管焊缝焊接合格、整体热处理进行完了之后，在支柱找正、固定的基础上进行。

②试验前应将罐体内所有残留物清除干净。

③将球罐人孔、安全阀座孔及其他接管孔用盲板封闭严实，在罐体顶部留一个安装截止阀的接管以便充水加压时空气由此排出，在底部选一接管作为进水口，且应安装截止阀以便保压时防止泵渗漏引起的压降。

（2）试验要求

水压试验必须按照图纸要求和规范进行。

（3）试验

试验前应在罐顶和罐底各安装一块量程相同的压力表，表盘直径≥150mm；压力表精度应不低于 1.5 级，试验前压力表应校验合格，试验压力读数以球罐顶部的压力表为准。

试验所用设备连接方法如图 8－2 所示。

试压用清洁的工业用水，水温不低于 5℃。

试验压力：2.03MPa。

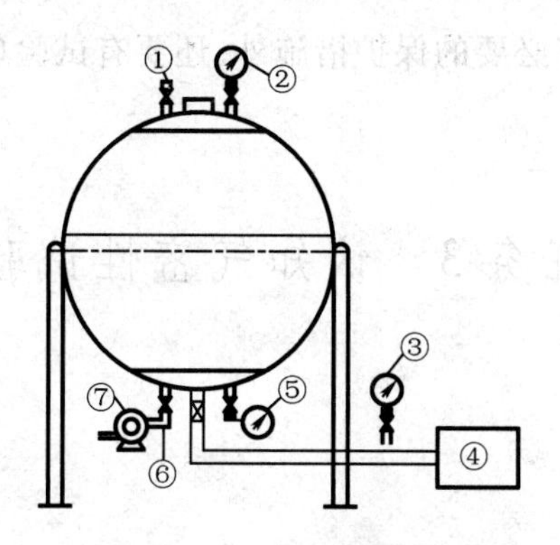

图 8－2　设备连接示意

1—放空口;2—罐顶部压力表;3—试压泵出口压力表;4—试压泵;
5—罐底部压力表;6—进、排水管线;7—进、排水泵

加压分阶段缓慢进行,当压力升到试验压力 50%(1.015MPa)时保持 15 分钟,然后对球罐的所有焊缝和连接部位进行渗漏检查,确认无渗漏后再升压,升压至试验压力的 90%(1.827MPa),保持 15 分钟,再进行检查,确认无渗漏后再升压,当压力升至试验压力时保压 30 分钟,然后将压力降至试验压力 80%(1.624MPa),进行检查,以无渗透、无异常现象为合格。当出现压力不稳定时,应检查法兰密封面是否渗漏,如果密封面渗漏,看法兰螺栓是否有松动现象(没有拔紧),如有松动可重新拔紧螺丝。再看密封面是否损坏,如损坏可卸压更换后重新打压。试验时应保证球罐外表面干燥,试压时严禁碰撞及敲击罐体。

水压试验完后,应将液体排尽,排液时,严禁就地排放。

二、气压试验

由于液压与气压试验的安全性相差极大,条件允许应优先选择液压试验,只有当无法进行液压试验时,方允许采用气压试验。

气压试验比液压试验危险的主要原因是气体的可压缩性。气压试验一旦发生破坏事故,不仅要释放积聚的能量,而且要以最快的速度恢复在升压过程中被压缩的体积,其破坏力极大,相当于爆炸时的冲击波。因此,GB150 要求气压试验应有安全措施,该安全措施需经试验单位技术总负责人批准,并经本单位安全部门检查监督。

(一)选择依据

压力试验应优先选择液压,一般只有在下列情况下才允许采用气压:

1. 容器充满液体后,会因自重和液体的重量导致容器本身或基础破坏,这主要指直径大、压力低且充装气态介质的容器。

2. 因结构原因液压试验后难以将残存的液体吹干排净,而同时容器内不允许残存任何液体。

(二)气压试验的基本要求

气压试验主要是为了检验设备的强度和密封性,试验实际操作时一般采用空气。

气压试验时,不需要在设备上安装安全附件。

气压试验压力为 1.15 倍的设计压力,内压设备还需乘温度修整系数。

气压试验时,容器壳体的环向薄膜应力值不得超过试验温度下材料屈服点的 80% 与圆筒的焊接接头系数的乘积。由于气压试验的危险性比液压试验高,气压试验比液压试验对安全防护的要求高,除了要有必要的保护措施外,还要有试验单位的安全部门人员在现场监督。

任务3 认知气密性试验

[知识目标]

了解气密性试验要求。

[能力目标]

掌握典型气密性试验方案。

气密性试验主要是检验容器的各连接部位是否有泄漏现象,主要为了检验设备的严密性,特别是微小穿透性缺陷。介质毒性程度为极度、高度危害或设计上不允许有微量泄漏的压力容器,必须进行气密性试验。

一、气密性试验要求

1. 气密性试验应在液压试验合格后进行。对设计要求做气压试验的压力容器,气密性试验可与气压试验同时进行,试验压力应为气压试验的压力。

2. 碳素钢和低合金钢制成的压力容器,其试验用气体的温度应不低于5℃,其他材料制成的压力容器按设计图样规定进行。

3. 气密性试验所用气体,应为干燥、清洁的空气、氮气或其他惰性气体。

4. 进行气密性试验时,安全附件应安装齐全。

5. 试验时压力应缓慢上升,达到规定试验压力后保压10分钟,然后降至设计压力,对所有焊缝和连接部位涂刷肥皂水进行检查,以无泄漏为合格。如有泄漏,修补后重新进行液压试验和气密性试验。

6. 气密性试验介质为空气时,试验压力为设计压力,如采用其他介质,还应根据介质情况来调整。

气压试验属于校核强度性试验,气密性试验属于致密性试验。

二、气密试验方案示例

(一)气密试验工艺

设备选用:空气压缩机

试验介质:洁净空气

试验压力:P=1.625MPa

(二)试验步骤

缓慢升压至气密试验压力的50%,保持10分钟并对所有焊缝和连接部位进行初次检查,无泄露可继续升压;升至试验压力,保持10分钟,对所有焊缝和连接部位进行检查,以无渗漏为合格。当有泄露时,应在处理后重新进行气密性试验。

图8-3为设备连接示意,图8-4为气密性试验压力—时间曲线图。

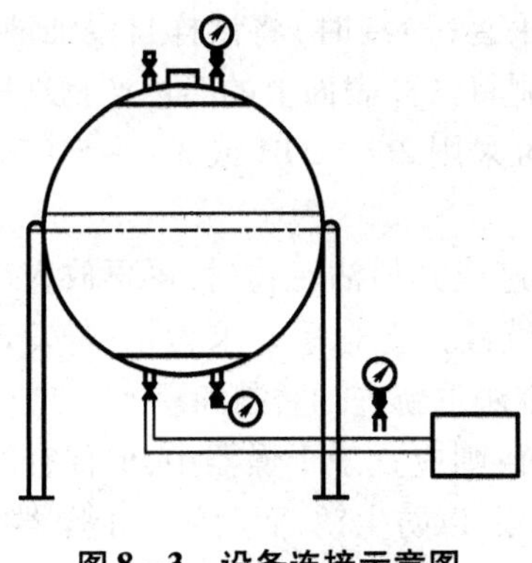

图 8－3　设备连接示意图

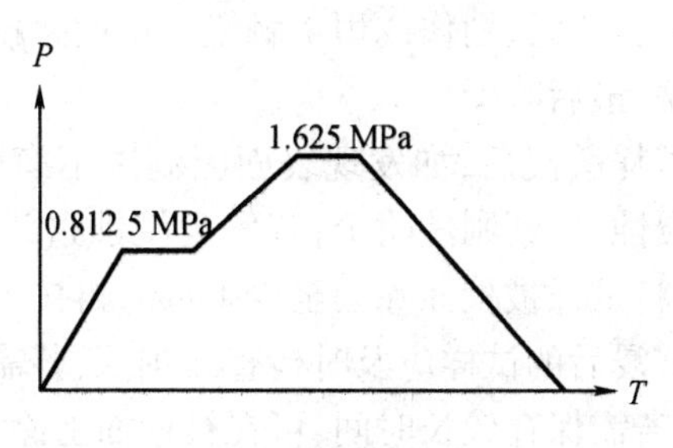

图 8－4　气密性试验压力－时间曲线图

任务 4　认知宏观金相试验

[知识目标]

了解宏观金相试验的分类及基本要求。

[能力目标]

掌握宏观金相试验流程。

金相实验的目的:金属材料的物理性能和机械性能与其内部的组织有关联,因此,可以借着金相试验的宏观组织及微观组织的观察判断其各项性能。

宏观组织试验法以研究金属表面了解其物理或化学之“不均一性”,包括裂纹、空隙等,并以此可做材料断面之“不均一性”,即内部缺陷检查。微观组织试验法可检查压延、锻造及热处理等加工处理导致金相组织变化的情况,晶粒大小检查非金属夹杂物等组织的分布情况、大小等及材料的破坏判断等。

宏观金相试验是指用肉眼或低倍放大镜(放大倍数一般小于50)检查试样,试样表面可处理或不处理,可用于检查管道和部件及其焊接接头的宏观缺陷。

实际生产中,宏观金相试验主要采用酸浸试验,酸浸试验包括热酸浸蚀和冷酸浸蚀。

一、宏观金相试验工艺要求

1. 根据检验目的,确定试样截取的部位、检查面及数量。

2. 试样的截取可采用剪、锯及切割等方法。加工时,必须除去由取样造成的变形和热影响区以及裂纹等加工缺陷,加工后试面粗糙度应不小于 1.6 μm,冷酸浸蚀不大于 0.8 μm,试面不得有油污和加工伤痕,必要时可预先清除。

3. 根据被检件的化学成分及检验目的,确定浸蚀液的成分、浸蚀温度和浸蚀时间,以能准确显示缺陷为准。

酸浸液应盛于耐酸器皿中,酸浸试验宜在通风橱内进行。

试样放入酸浸液时,被检面应不与器皿或其他试样接触,并应全部浸入酸浸液中,以保证浸蚀均匀。浸蚀液可连续使用,但其成分必须能保证试验结果可靠。

4. 酸浸完毕后，即可用耐酸铁钳或戴耐酸胶皮手套（冷浸时）将试样自浸蚀液中取出，并立即在流动的水中（热水或冷水）冲洗，同时用毛刷将试样表面上的腐蚀产物洗刷掉。但注意不要沾污、划伤或用手触摸被检面。刷洗后还可采用 2% NaOH 或 3% ~5% Na_2CO_3 溶液冲洗，最后吹干。

试样酸浸后，如发现表面因刷洗不净而存有水迹或其他沾污物时，可再放入浸蚀液中略加浸蚀，重新刷洗吹干；若发现浸蚀过浅时，可继续浸蚀至合乎要求为止；若发现浸蚀过深，需将试样被检面除去至少 1 mm，再按上述操作方法重新进行磨制和浸蚀。

酸浸后的试样应及时检查或拍照，若需暂时放置，则应置于干燥器中，但保存时间不宜过久；若需保存较长时间，可在被检面上涂油或透明漆，以防生锈，而后放入干燥器中保存。

酸浸试样的质量评定应按有关标准和技术条件的规定进行。检查时如发现折叠、裂纹、气孔和未焊透等缺陷，可绘制简图或摄影记录，拍照时应注明放大倍数并测定缺陷的尺寸与位置，以便评定被检件的质量。

5. 为保证安全，操作人员工作时必须穿好工作服或橡皮围裙，戴好眼镜、口罩、胶皮手套等。

二、管板焊接宏观金相检验示例

管板焊缝的宏观金相检验，可作为检验项目进行焊接质量的评定。

（一）试件的加工

一般禁止采用热切割加工，应采用锯床，铣床等来进行切割，切割速度不宜过快，尤其对不锈钢管板试件应更为小心，防止“打刀”现象。如果有条件能采用线割的，效果更佳。管板试件应按照检验的标准进行切割分块。

其中，切割 2 个不相邻的管子，留 4 块，分别检验 8 个焊接观察面。

（二）试件的磨制和抛光

试件经过粗加工后，要对焊接检验的观察面进行磨制和抛光，首先用 180#金相水砂纸进行磨光，要求观察面的粗磨痕必须磨掉。接下来可以分别用 280#和 400#金相砂纸进行细磨，磨面仍要求除去上道磨制的磨痕。磨制好后，用水进行清洗，此时基本上可以进行宏观检验了，但为了保证最佳的观察效果，还可以稍微抛光，抛光材料可以用水、三氧化二铬或金刚石研磨膏进行抛光。由于试件主要是宏观检验，所以抛光时间不用很长，一般看见检验面光亮即可，然后用流水清洗干净，也可以用点脱脂棉进行擦洗。

（三）腐蚀

抛光好的试件清洗干净后，要进行腐蚀，腐蚀主要是将焊缝部分显露出来，以此来观察焊缝中的缺陷。

在管板的宏观分析中，腐蚀剂用 4% ~6% 的硝酸酒精溶液即可，方便、简单、快捷。

腐蚀时可用擦拭法和侵蚀法，一般擦拭法在腐蚀过程中看见试件表面显现出焊缝即可，侵蚀法是将试件面侵入腐蚀剂中，时间约为 30 秒，随后取出即可。

（四）结果评定

试件腐蚀好后，进行流水冲洗，然后再用酒精清洗，晾干（或用吹风机吹干）然后观察焊缝表面。采用 10 倍放大镜进行观察，如果缺陷很明显的话，肉眼也可以发现。

（五）报告

焊缝的宏观金相检验报告

编号：

制造单位				
检验目的		检验对象		
母材材质		焊接材料		
焊接方式		WPAR 编号		
时效处理		焊后热处理	方式	
腐蚀方法			温度	
参照的方法、标准	锅炉安全技术监察规程附件 A			

检验情况

试件编号	位置	方向	表面情况	宏观			微观			检验结果
				放大倍数	腐蚀方法	腐蚀剂类型	放大倍数	腐蚀方法	腐蚀剂类型	

结论意见：

检验：	日期：	检验机构： （章） 年　月　日
检验：	日期：	

【思考与练习】

1. 什么是光谱分析，有何特点？
2. 光谱分析包含哪些参数，如何选择？
3. 试述压力试验的作用及特点。
4. 试述水压试验过程及验收标准。
5. 气密性试验有哪些要求？
6. 宏观金相试验包括哪些流程？试述管板试件宏观金相试验要点。

参 考 文 献

[1]季成富. 电离辐射防护与安全管理[M]. 南京:江苏人民出版社,2007.
[2]张连生. 金属材料焊接[M]. 北京:机械工业出版社,2010.
[3]刘桂香. 船舶工程机械基础[M]. 北京:人民交通出版社,2012.
[4]曾平. 船舶材料与焊接[M]. 哈尔滨:哈尔滨工程大学出版社,2006.
[5]王鸿斌. 船舶焊接工艺[M]. 北京:人民交通出版社,2007.
[6]龙进军. 船舶检验[M]. 哈尔滨:哈尔滨工程大学出版社,2006.
[7]王凤英. 电离辐射防护与安全基础知识[M]. 南京:江苏人民出版社,2007.
[8]赵熹华. 焊接检验[M]. 北京:机械工业出版社,2010.
[9]强天鹏. 射线检测[M]. 北京:中国劳动社会保障出版社,2007.
[10]饶小江. 船体检验[M]. 北京:人民交通出版社,2007.
[11]曾乐. 现代焊接技术手册[K]. 上海:上海科学技术出版社,1993.
[12]戴建树. 焊接生产管理及检测[M]. 北京:机械工业出版社,2010.